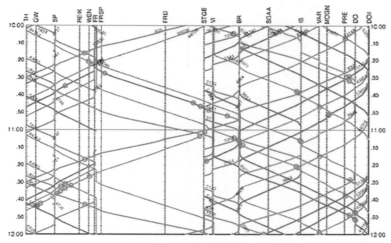

图 2-9　用 TDD 描述的铁路交通（由 H. Brändli 提供，IVT，ETH Zürich），© ETH Zürich

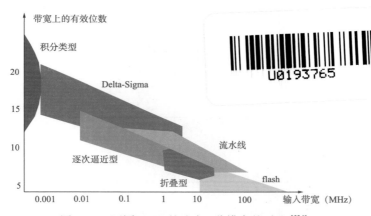

图 3-14　不同 ADC 的速度 / 分辨率的对比 [534]

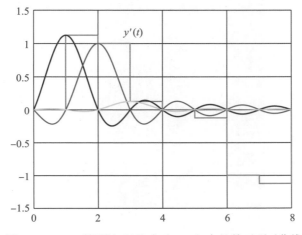

图 3-57　$y'(t)$（折线）以及式（3.29）中的前三项（曲线）

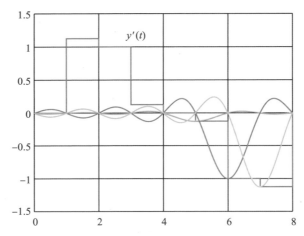

图 3-58　$y'(t)$（折线）以及式（3.29）中的后三个非零项（曲线）

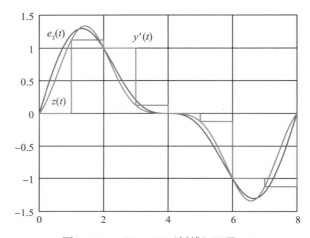

图 3-59　$e_3(t)$、$y'(t)$（折线）以及 $z(t)$

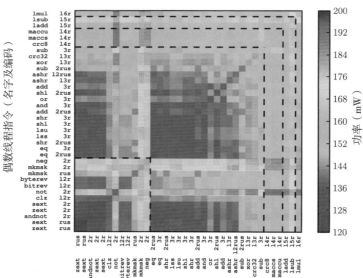

图 5-18　8 位数据的多线程功率分析，© Kerrison, Eder

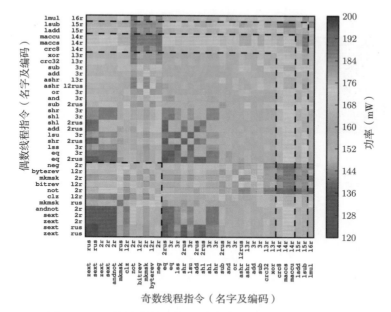

图 5-19　16 位数据的多线程功率分析，© Kerrison, Eder

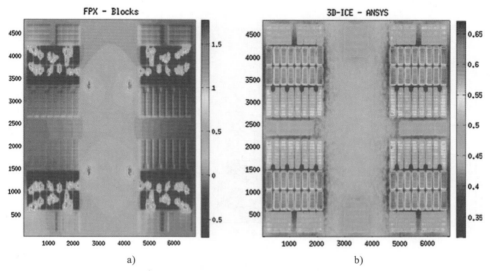

图 5-24　MPSoC 的热仿真结果：a）50% 利用率；b）100% 利用率

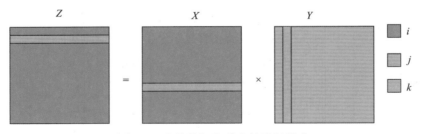

图 7-3　未分块矩阵乘法的访问模式

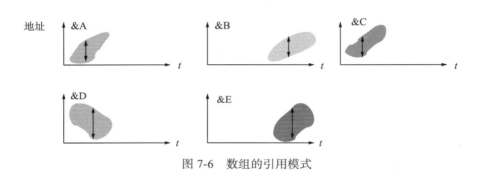

图 7-6　数组的引用模式

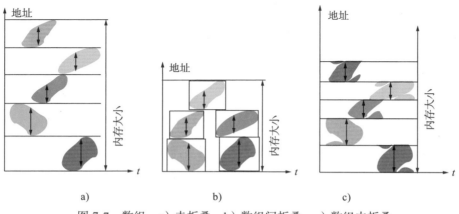

图 7-7　数组：a）未折叠；b）数组间折叠；c）数组内折叠

计算机科学丛书

原书第3版

嵌入式系统设计

CPS与物联网应用

[德] 彼得·马韦德尔（**Peter Marwedel**） 著
多特蒙德工业大学

张凯龙 译
西北工业大学

Embedded System Design

Embedded Systems Foundations of Cyber-Physical Systems, and the Internet of Things Third Edition

机械工业出版社
China Machine Press

图书在版编目（CIP）数据

嵌入式系统设计：CPS 与物联网应用（原书第 3 版）/（德）彼得·马韦德尔（Peter Marwedel）
著；张凯龙译 . —北京：机械工业出版社，2020.8
（计算机科学丛书）
书名原文：Embedded System Design: Embedded Systems Foundations of Cyber-Physical
    Systems, and the Internet of Things, Third Edition

ISBN 978-7-111-66287-7

I. 嵌… II. ① 彼… ② 张… III. 微型计算机－系统设计 IV. TP360.21

中国版本图书馆 CIP 数据核字（2020）第 151900 号

　　本书全面讲解嵌入式系统的基础知识，包括在信息物理系统（CPS）和物联网（IoT）中的应用。首
先对嵌入式和 CPS 的规格模型及语言进行概述，然后介绍相关的硬件设备和系统软件，包括实时操作
系统。之后讨论嵌入式系统的评估和验证技术，以及将应用映射到执行平台（包括多核平台）的技术，
最后介绍优化和测试技术。

　　第 3 版进行了重要更新以反映技术发展趋势，适合作为高校计算机科学、计算机工程和电子工程专
业的教材，也适合嵌入式系统工程师阅读参考。

出版发行：机械工业出版社（北京市西城区百万庄大街 22 号　邮政编码：100037）
责任编辑：曲　熠　　　　　　　　　　　　　　　责任校对：殷　虹
印　　刷：中国电影出版社印刷厂　　　　　　　　版　　次：2020 年 9 月第 1 版第 1 次印刷
开　　本：185mm×260mm　1/16　　　　　　　　印　　张：19（含 0.25 印张彩插）
书　　号：ISBN 978-7-111-66287-7　　　　　　　定　　价：119.00 元

客服电话：（010）88361066　88379833　68326294　　投稿热线：（010）88379604
华章网站：www.hzbook.com　　　　　　　　　　　读者信箱：hzjsj@hzbook.com

版权所有·侵权必究
封底无防伪标均为盗版
本书法律顾问：北京大成律师事务所　韩光 / 邹晓东

文艺复兴以来，源远流长的科学精神和逐步形成的学术规范，使西方国家在自然科学的各个领域取得了垄断性的优势；也正是这样的优势，使美国在信息技术发展的六十多年间名家辈出、独领风骚。在商业化的进程中，美国的产业界与教育界越来越紧密地结合，计算机学科中的许多泰山北斗同时身处科研和教学的最前线，由此而产生的经典科学著作，不仅擘划了研究的范畴，还揭示了学术的源变，既遵循学术规范，又自有学者个性，其价值并不会因年月的流逝而减退。

近年，在全球信息化大潮的推动下，我国的计算机产业发展迅猛，对专业人才的需求日益迫切。这对计算机教育界和出版界都既是机遇，也是挑战；而专业教材的建设在教育战略上显得举足轻重。在我国信息技术发展时间较短的现状下，美国等发达国家在其计算机科学发展的几十年间积淀和发展的经典教材仍有许多值得借鉴之处。因此，引进一批国外优秀计算机教材将对我国计算机教育事业的发展起到积极的推动作用，也是与世界接轨、建设真正的世界一流大学的必由之路。

机械工业出版社华章公司较早意识到"出版要为教育服务"。自1998年开始，我们就将工作重点放在了遴选、移译国外优秀教材上。经过多年的不懈努力，我们与Pearson、McGraw-Hill、Elsevier、MIT、John Wiley & Sons、Cengage等世界著名出版公司建立了良好的合作关系，从它们现有的数百种教材中甄选出Andrew S. Tanenbaum、Bjarne Stroustrup、Brian W. Kernighan、Dennis Ritchie、Jim Gray、Afred V. Aho、John E. Hopcroft、Jeffrey D. Ullman、Abraham Silberschatz、William Stallings、Donald E. Knuth、John L. Hennessy、Larry L. Peterson等大师名家的一批经典作品，以"计算机科学丛书"为总称出版，供读者学习、研究及珍藏。大理石纹理的封面，也正体现了这套丛书的品位和格调。

"计算机科学丛书"的出版工作得到了国内外学者的鼎力相助，国内的专家不仅提供了中肯的选题指导，还不辞劳苦地担任了翻译和审校的工作；而原书的作者也相当关注其作品在中国的传播，有的还专门为其书的中译本作序。迄今，"计算机科学丛书"已经出版了近500个品种，这些书籍在读者中树立了良好的口碑，并被许多高校采用为正式教材和参考书籍。其影印版"经典原版书库"作为姊妹篇也被越来越多实施双语教学的学校所采用。

权威的作者、经典的教材、一流的译者、严格的审校、精细的编辑，这些因素使我们的图书有了质量的保证。随着计算机科学与技术专业学科建设的不断完善和教材改革的逐渐深化，教育界对国外计算机教材的需求和应用都将步入一个新的阶段，我们的目标是尽善尽美，而反馈的意见正是我们达到这一终极目标的重要帮助。华章公司欢迎老师和读者对我们的工作提出建议或给予指正，我们的联系方法如下：

华章网站：www.hzbook.com

电子邮件：hzjsj@hzbook.com

联系电话：（010）88379604

联系地址：北京市西城区百万庄南街1号

邮政编码：100037

华章科技图书出版中心

译者序

Embedded System Design, Third Edition

21世纪以来，以嵌入式计算、5G通信、人工智能、大数据和云计算等为代表的信息技术已成为牵引和决定人类社会生产与生活创新发展的新引擎，传统行业快速升级，新兴行业不断涌现，这标志着万物智联的新时代大幕已经开启，第四次工业革命亦是呼之欲出。

嵌入式系统技术是实现物理装置数字化、信息化、智能化的重要基础，是促进信息世界与物理世界交互融合的重要桥梁，是推动智能制造、智能交通、智慧医疗等新兴应用创新发展的重要动力。从计算机诞生之初的简单功能嵌入，到大规模集成电路阶段的系统整体嵌入，再到基于网络通信技术的多态互联嵌入，直至当今信息物理深度融合的智慧能力嵌入，嵌入式系统的知识体系和技术特征在几十年里快速演化并丰富、更新。纵观本书，其内容密切围绕"信息物理系统"（CPS）和物联网（IoT）的特点与需求进行组织，拓展并全面呈现了嵌入式系统技术的新内涵。如我们所知，经典的嵌入式系统知识体系一般是从系统构成的角度，将内容划分为硬件、软件、开发与验证三个主要部分，并以此为纲来展开。这种知识体系可以清晰地描述系统的构成及组件间的逻辑关系。与之不同的是，本书重点从嵌入式系统的设计过程和方法出发，以"主题"的形式提炼、构建了经典方法与新兴技术相结合的内容体系，并旁征博引地对其进行了拓展和延伸。其中，每个主题的内容组织又以基础知识、方法、设计与技术等主要方面为支撑，突出了传统与新颖、理论与技术的有机融合。总体而言，本书属于质量上乘的专业著作，内容具有一定的深度和难度，适合信息类专业的高年级本科生、研究生以及对该领域感兴趣且具有较好专业基础的读者阅读和学习。

专业书籍的翻译和写作常常是"艰辛"而又"漫长"的，是既"苦心志"又"长智慧"的成长过程，近年来译者对此体会愈发深刻。看完本书目录之后，译者很快就被其新颖的体系、博大的范畴和独特的组织所打动，从而决定接受邀约并再次开启一段"文化苦旅"。由于日常的教学、科研以及社会工作任务较重，翻译工作实际上主要是在工作之余的碎片化时间里完成的，夜晚、假期常常是效率最高的时段。本书篇幅适中，但翻译工作前后历经十月余，实有工作繁重、分身乏术之无奈。当然，这也与自己本着自我教育的态度来生活、坚持"Working by Learning，Learning by Doing"的理念去工作有一定的关系。由此，书籍的翻译已不仅是一项语言文字处理工作，而是成为一个极为宝贵的专业探索、知识学习、思维拓展、语言提升和国际交流过程。这看起来让工作内容更加繁重，但实际上所达成的工作效果更好，受益也更多。除此之外，在以自我教育的态度所度过的这些"艰苦"岁月里，译者也时时感受到由丰富的生活体验升华而来的积极而又厚重的生命体验，相信这于职业、于人生都是极有益的。以价值追求和自我教育为目标的负重前行与不懈努力终究会有积极深远的意义。

感谢机械工业出版社的再一次信任和邀约！感谢多特蒙德工业大学Peter Marwedel教授所奉献的优秀著作以及在本书翻译期间与译者的及时交流！Peter Marwedel教授虽已退休，但他正在将本书翻译为德文，这种潜心向学、严谨治学的宝贵精神令人由衷敬佩！感谢西北工业大学计算机学院张艳宁教授、苗克坚教授和吴晓副教授的关心与鼓励！感谢机械工业出版社曲熠编辑的支持与帮助！感谢在翻译工作期间给予关心、支持和帮助的所有人！

感谢在本书第二阶段校稿中付出辛勤努力、贡献知识和才华的硕士研究生李强、赵启迪、李刘洋、费超、谢尘玉、巩政、吴志豪、刘宇希、阜稳稳、屈冉和王雨佳等，他们认真严谨、聪颖好学、充满活力又富有合作精神，令我印象深刻！

感谢家人让我心中充满爱和责任，同时给予我不断前行的力量！特别感谢我的太太李瑜女士，感谢她对我一如既往的信任和支持，让我能够静心、专心于本书的翻译工作！感谢"邻桌一起做作业"的嘉航同学和天真可爱的嘉芮小朋友，你们让生活充满了乐趣，愿爱伴你们一起成长！

因个人知识与能力有限，译著难免有不妥、谬误之处，敬请广大读者指正并给予宝贵意见（译者邮箱：kl.zhang@nwpu.edu.cn）。

于己亥年甲戌月完成本书翻译之际，自题七言小记一首，与读者共勉。

墨海洲头生沉香，半山烟雨绕四梁；
纷繁不扰心所向，逸趣静得好时光。

张凯龙
于西安

本书讲述什么?

"信息技术(IT)正处于另一次革命的边缘。……网络化的嵌入式计算机系统……通过将诸多允许以前所未有的方式来感知、共享和处理信息的装置和传感器连接在一起,具有彻底改变人们与所处环境的交互方式的潜能。在整个社会中……它的使用……会让信息革命中的前几个里程碑相形见绌。"

这段话引自美国国家科学研究委员会的一份报告 [392],极好地阐述了信息技术中由嵌入式系统所带来的令人瞩目的影响。该类系统可被理解为将信息处理嵌入封闭的产品系统(如汽车或者飞机)中 [355]。这一革命已经产生了巨大的影响且仍会继续。例如,移动设备的出现便对人类社会产生了影响。鉴于计算与物理对象的日益集成,人们引入了信息物理系统[○](Cyber-Physical System,CPS)的概念。该类系统"是由计算与物理组件所构建并依赖于它们的协同效用的工程系统"[394]。对象或者说"物件"在流行的"物联网"(Internet of Things,IoT)术语中扮演着关键角色。IoT"……描述了……各类设备……能够彼此交互并协作来达成共同目标"[179]。普适计算、环境智能以及"工业 4.0"等名词也都指向了由信息技术所带来的巨大改变和影响。无人驾驶汽车和更多远程控制的机载设备等更多变化即将出现。

现有的诸多课程还远远没有反映出嵌入式系统或信息物理系统和物联网的重要性。设计这些系统除了需要进行传统编程以及算法设计之外,还需要其他知识和技能。获取该类知识的综合阐述是极为困难的,因为与之相关的领域范围宽广。本书的目标是帮助读者从相关领域获取知识。本书提供了关于该类系统的基础课程内容,并概述了信息技术与物理对象集成的关键概念。本书包括硬件和软件两个主要方面。这与 ARTIST[○]就嵌入式系统课程所给出的指导方针是一致的:"嵌入式系统的开发不能忽略底层硬件的特性。时序、存储器的使用、功耗以及物理故障等都是非常重要的方面。"[86]

本书适合作为教材。然而,它比常见教材提供了更多的参考文献,这些参考文献有助于读者对该领域进行梳理。因此,本书也适合教职人员与工程师使用。对于学生而言,丰富的参考文献引用使得对相关信息资源的访问更加方便。

本书聚焦于软件与硬件的基础知识。仅当特定的产品及工具具有突出的特点时,它们才会被提及。再次说明,这与 ARTIST 的指导方针是一致的:"如果最初没有学过这些基础知识,要在持续的训练过程中获取它们看上去非常困难,所以我们必须聚焦于这些基础知识。"[86] 为此,本书的内容将会超越基于微控制器编程的嵌入式系统设计。本书讲述信息物理系统和物联网设计所需的嵌入式系统设计基础。基于该方法,我们确保所讲述的内容不会太快就过时。本书所涵盖的概念在未来数年里都将有意义。

参考文献 [356] 中阐述了计算机科学与计算机工程课程中对于现行教材的定位。我们想要将该领域中的大多数重要主题联系起来。这样,就避免了 ARTIST 指导方针中提及的一个问题:"该领域的欠成熟导致了各种各样的工业实践,常常归因于文化习惯。……课程……专注

○ 也常译为信息物理融合系统。——译者注

○ ARTIST(Advanced Real-Time Systems)是欧盟第 5 框架计划下的高级实时系统项目(编号:IST-2001-34820),融合了工业界与学术界的力量,重点关注嵌入式实时系统领域内新技术的研究与应用。——译者注

于某一技术，而且没有呈现足够广泛的视角。……其结果是，难以在工业界找出训练有素、充分了解设计选择的工程师。"[86]

本书有助于在微控制器编程的实践经验和更多理论问题之间建立起可以弥合这一鸿沟的桥梁。此外，这也有助于激发学生和教师查阅更多的细节。本书详细地讨论了多个主题，并简要地介绍了其他一些主题。在内容中覆盖这些简要的主题，是为了让读者全面地了解相关问题。此外，这种方法使得授课教师可以利用书中的链接来添加一些补充性资料。鉴于丰富的参考文献，本书也可被用作综合性教程，为附加阅读提供指引。在实验室、项目、独立学习以及研究的起点阶段，该类参考资料同样对读者有益。

本书涵盖了规格技术、硬件组件、系统软件、应用映射、评估与验证，以及典型的优化与测试方法。本书从广泛的视角讨论了嵌入式系统及其与物理环境的接口，但并未讨论每个与之相关的领域。法律与社会经济学方法、人机接口、数据分析、应用的特定方面以及对物理学和通信等知识的详细阐述都超出了本书的范围。对物联网的讨论仅局限于与嵌入式系统相关的部分。

哪些读者应该阅读本书？

本书主要面向如下读者：

- 计算机科学（CS）、计算机工程（CE）和电子工程（EE）专业的学生，以及想要专门从事嵌入式系统/信息物理系统或者物联网工作的信息与通信技术（ICT）相关领域的学生。本书适合已经掌握计算机硬件和软件知识的大学三年级学生。这意味着本书对象主要是大四的学生⊖。然而，如果本科课程计划中没有嵌入式系统设计或者某些主题的讨论被推迟的话，本书也可用于研究生阶段。本书意在为后续课程中要覆盖的更高级主题铺平道路。本书假定读者已掌握计算机科学的基础知识。要想完全理解书中的主题，电子工程专业的学生可能不得不阅读一些附加资料。他们应熟知本书中所涵盖的部分内容，这将有益于理解本书。
- 长期从事系统硬件工作，有意转向嵌入式系统软件方向的工程师。本书会提供丰富的背景知识，以更好地理解相关的技术出版物。
- 在聚焦于特定研究领域之前想要对嵌入式系统技术中的重要概念进行快速、宽泛了解的博士生。
- 在相关领域中设计一门新课程的教授。

本书与之前版本有何差异？

本书的第 1 版出版于 2003 年。嵌入式系统领域正在快速发展，自那时起很多新的成果已经投入应用。同样，有些领域的重点也已经发生了变化。在某些情况下，对该主题进行更为详细的讨论是有意义的。当本书的第一个德语版本在 2007 年出版的时候，已经出现了一些新的发展。因此，在 2010 年末或 2011 年初出版第二个英语版本就变得非常必要。从那时起，又出现了一些新的技术变化：从单核系统到多核系统就是一个明显的变化；CPS 以及 IoT 受到更多关注；功耗及热量问题已经变得更加重要，因此现在的很多设计都具有严格的功耗和热量约束；此外，可靠性与安全性也变得非常重要。总体而言，出版本书的第 3 版非常有必要。

如上所述的改变对本书的多个章节都产生了影响。现在，我们正在将嵌入式系统的这些方面包含并连接起来，这些方面都是设计信息物理系统与物联网系统的基础支撑。为了反映这些

⊖ 这与 T. Abdelzaher 在近期关于 CPS 教育的报告中所描述的课程相一致 [393]。

变化，前言和第 1 章已被重写。当前"规格与建模"一章已包括偏微分方程以及事务级建模（Transaction-Level Modeling，TLM）。在基于翻转课堂的教学中，使用本书会引发对更多细节的关注，尤其是规格技术。"嵌入式系统硬件"一章包括多核技术、重写的"存储器"一节，以及关于模拟域与数字域间转换的更多信息（包括脉冲宽度调制（Pulse-Width Modulation，PWM））。现场可编程门阵列（Field Programmable Gate Arrays，FPGA）以及关于嵌入式系统中安全问题的小节已经更新。"系统软件"一章现在包括"嵌入式 Linux"一节，以及关于资源访问协议的更多内容。系统评估部分新增了关于质量度量、可靠性与安全性、能量模型以及散热问题的章节。关于映射到执行平台的章节已被重新组织，介绍了调度问题的标准分类，同时增加了多核调度算法。现在，作业（job）与任务（task）之间的差异更加清晰了。同时，缩减了对软硬件协同设计的阐述。关于优化的章节也已被更新，面向特定处理器的编译部分则被缩减。

所有章节已经被仔细审阅并在必要的情况下进行了更新。插图和章末习题也做了同步升级，定义、定理、证明、代码和示例的不同作用变得更加清晰。

就新版而言，在一门本科生课程中覆盖全部内容显然是不可行的，授课教师可以根据具体需要和优先程度自行选择。

Peter Marwedel
德国多特蒙德
2017 年 2 月

　　感谢我的博士生，特别是 Lars Wehmeyer，他在本书第 2 版的校对工作中做出了突出贡献。在第 3 版中，则是 Michael Engel 做了出色的校对工作。学习我的课程的学生也提供了很多有价值的建议。David Hec、Thomas Wiederkehr、Thorsten Wilmer 以及 Henning Garus 对本书内容进行了修订。另外，以下同事和学生对相关内容给出了一些注解和提示，并且已包含到本书中：R. Dömer、N. Dutt（UC Irvine），A. B. Kahng（UC San Diego），T. Mitra（Nat. Univ. Singapore），W. Kluge、R. von Hanxleden（U. Kiel），P. Buchholz、J. J. Chen、M. Engel、H. Krumm、K. Morik、O. Spinczyk（TU Dortmund），W. Müller、F. Rammig（U. Paderborn），W. Rosenstiel（U. Tübingen），L. Thiele（ETH Zürich），以及 R. Wilhelm（Saarland University）。本书的准备过程中使用了以下人员提供的资料：G. C. Buttazzo、D. Gajski、R. Gupta、J. P. Hayes、H. Kopetz、R. Leupers、R. Niemann、W. Rosenstiel、H. Takada、L. Thiele 和 R. Wilhelm。M. Engel 在课程的不同阶段提供了非常宝贵的帮助，包括制作可以在 YouTube 上访问的视频。我组里的博士生对本书中的习题做出了贡献。当然，我应对最终稿中存在的全部错误和失误负责。

　　非常感谢欧盟通过 MORE、Artist2、ArtistDesign、Hipeac（2）、PREDATOR、MNEMEE 以及 MADNESS 等项目所给予的支持。此外，也要感谢德国科学基金会（DFG）授权支持协同研究中心 SFB 876 以及 FEHLER 项目（批准号：Ma 943/10）。这些项目为本书第 3 版的写作提供了非常好的支撑。Synopsys 公司提供了对其 Virtualizer 虚拟化平台的访问支持。

　　本书文稿由 TeXnicCenter 用户接口的 LATEX 排版系统生成。有些功能则是使用 GNU 软件 Octave 来描绘的。我要感谢该软件的作者所做出的贡献。

　　还要感谢因撰写本书而增加工作量的所有人员，这大大减少了他们从事专业工作以及陪伴家人的时间。

　　本书中使用的与版权或商标无关的名称仍可能受到法律保护。

　　请享受本书吧！

Peter Marwedel 出生于德国汉堡，分别于 1974 年、1987 年在德国基尔大学获得物理学专业的自然科学博士学位和计算机科学专业的特许任教博士[⊖]学位。1974~1989 年，他是该大学计算机科学与应用数学研究所的一名教师。自 1989 年起，他在德国多特蒙德工业大学任教授；1989~2014 年，任计算机科学系嵌入式系统方向的负责人。目前，他负责一家专门从事技术转化的地方公司 ICD e.V.。在 1985~1986 年和 1995 年，他分别在德国帕德柏恩大学和美国加州大学欧文分校做访问教授。1992~1995 年，他担任计算机科学系主任。他积极努力地推动 DATE[⊜]学术会议以及 WESE 学术研讨会，并发起了 SCOPES[⊝]系列学术研讨会。从 1975 年（在MIMOLA 项目背景下）开始，他从事高级合成工作且主要研究超长指令字（VLIW）机器的合成。后来，在研究中为嵌入式处理器增加了高效编译技术，重点是可重定向性、存储体系结构以及最坏执行时间的优化。其研究领域还包括处理器自测试程序的合成、可靠计算、基于多媒体的教学以及信息物理系统。他曾担任 ArtistDesign 计划（欧洲在嵌入式和实时系统方面的卓越网络）的领导人，且在 2015 年之前一直担任 SFB 876 资源约束机器学习协同研究中心的副主任。他是 IEEE 会士和 DATE 会士，曾获得所在大学的教学奖、ACM SIGDA[⊛]杰出服务奖、EDAA[⊕]终身成就奖以及 ESWEEK[⊗]终身成就奖。他也是 ACM 会员及德国计算机学会会员。

他目前已婚并有两个女儿和一个儿子。其业余爱好包括徒步、摄影、骑行和铁路模型[⊕]。

E-mail: peter.marwedel@tu-dortmund.de

网站：https://www.marwedel.eu/peter

⊖ 德国最高学位，获得该学位后即可担任教职。——译者注

⊜ DATE（Design, Automation and Test in Europe）是以电子设计自动化为主题的年度会议，由法国、德国轮流举办。——译者注

⊝ SCOPES（Software and Compilers for Embedded Systems）研讨会以面向嵌入式系统的软件与编译器为主题，第一届举办于 1994 年。——译者注

⊛ 美国自动化协会设计自动化分会。——译者注

⊕ 欧洲互动数字广告联盟。——译者注

⊗ ESWEEK 是全球嵌入式系统与软件顶级会议群，包含三个顶级的嵌入式国际学术会议（IEEE/ACM CASES、CODES-ISSS、EMSOFT）、一个主题日、两个专题讨论会（RSP、NOCS）以及多个研讨会。——译者注

⊕ 铁路模型（railway modelling，英国、澳大利亚和爱尔兰）或模型铁路（model railroading，美国和加拿大），是一种业余爱好。——译者注

鉴于本书内容涵盖多个领域，为不同用途采用相同的符号将存在很大风险。所以，本书对这些符号进行了筛选以降低冲突的风险。下表应该有助于保持表示的一致性。

a	重量	g	重力
a	分配	g	运算放大器增益
A	可用性（→可靠性）	G	图
A	面积	h	高度
A	安培	i	索引、任务/作业号
$b..$	通信带宽	I	电流
B	通信带宽	j	索引、依赖任务/作业
c_R	Petri 网的特征向量	J	作业集
c_p	比热容	J	焦耳
c_v	体积热容量	J_j	作业 j
C_i	执行时间	J	抖动
C	电容	k	索引、处理器号
C	Petri 网的条件集	k	玻尔兹曼常数（大约为 1.3807×10^{23} J/K）
C_{th}	热容量	K	开尔文（温度的计量单位）
℃	摄氏度	l	处理器号
d_i	绝对截止期	l_i	任务/作业 i 的松弛度
D_i	相对截止期	L	处理器类型
$e(t)$	输入信号	L	导体长度
e	欧拉数（2.71828..）	L_i	任务 τ_i 的延迟时间
E	能量	L_{max}	最大延迟时间
E	图的边	m	处理器数量
f	频率	m	质量
$f()$	一般函数	m	米
f	概率密度	m	前缀，千分之一，毫
f_i	任务/作业 i 的完成时间	M	标记 Petri 网
F	概率分布	MS_{max}	最大完工时间
F	Petri 网的流关系	n	索引

（续）

n	任务 / 作业数量	V	电压
N	网络	V	伏特
ℕ	自然数集	V_t	电压阈值
$O(\ )$	朗道符号⊖	$V(S)$	信号量操作
p_i	任务 τ_i 的优先级	V	体积
p_i	Petri 网中的库所 i	$w(t)$	信号
P	功率	$W(p,t)$	Petri 网中的权重
$P(S)$	信号量操作	W	瓦特
Q	分辨率	x	输入变量
Q	电荷	$x(t)$	信号
r_i	任务 / 作业 i 的释放时间	$X..$	决策变量
R	可靠性	$Y..$	决策变量
R_{th}	热电阻	$z(t)$	信号
ℝ	实数集	Z	高阻抗
s	时间索引	ℤ	整数集
s	恢复因子	$\alpha^{\cdot\cdot}$	实时演算中的到达曲线
s_j	任务 / 作业 j 的开始时间	α	切换率
s	秒	α	Pinedo 三元组中的第一个元素
S	状态	$\beta^{\cdot\cdot}$	实时演算中的服务函数
S	信号量	β	Pinedo 三元组中的第二个元素
$\mathcal{S}$	调度	β	最大利用率的倒数
S_j	存储器 j 的大小	$\gamma^{\cdot\cdot}$	实时演算中的工作负载
t	时间	γ	Pinedo 三元组中的第三个元素
t_i	Petri 网的变迁 i	Δ	时间间隔
T	周期	κ	热导率
T	定时器（用于 SDL）	λ	失效率
T_i	任务 τ_i 的周期	π	圆周率（3.1415926...）
T	温度	π	处理器集
u_i	任务 τ_i 的利用率	π_i	处理器 i
$U..$	利用率	ρ	质量密度
$U_{\max}$	最大利用率	τ_i	任务 τ_i
v	速度	τ	任务集
V	图的节点	ξ	RM-US 调度的阈值

⊖ 又称渐近符号，大 O 符号。——译者注

引　言

本章介绍嵌入式系统中所使用的术语，以及相关的历史、机遇、挑战及其与嵌入式和信息物理系统的共同特征。此外，还介绍了教育方面、设计流以及本书的组织结构等内容。

1.1　术语演化史

直到 20 世纪 80 年代后期，信息处理还是与大型主机和大型磁带驱动器关联在一起的。之后，微型化使得信息处理可以由个人计算机（PC）来实现。虽然办公应用处于主导地位，但一些计算机也控制着物理环境，典型地是以某些反馈回路的形式。

再后来，Mark Weiser 提出了**泛在计算**（ubiquitous computing）这一专业术语 [548]。这个术语反映出 Weiser 对于在任何时间（anytime）、任何地点（anywhere）实现计算（以及访问信息）的预言。Weiser 同样还预言，计算机将被集成到物件中，进而变得不可见。为此，他又创建了**不可见计算机**（invisible computer）这一术语。基于类似的愿景，关于计算设备对我们日常生活渗透的预测催生了**普适计算**（pervasive computing）和**环境智能**（ambient intelligence）这两个术语。这三个术语仅侧重于未来信息技术中略微不同的几个方面。泛在计算更多地关注随时随地提供信息的长期目标，而普适计算则更多地聚焦于实践方面以及现有可用技术的开发。就环境智能而言，其主要强调了未来家庭或智能楼宇中的通信技术。

微型化同样使得信息处理与使用计算机的物理环境能够集成在一起，这个信息处理类型被称为**嵌入式系统**（embedded system）。

定义 1.1（Marwedel [355]）　嵌入式系统是嵌入封闭产品中的信息处理系统。

这些示例包括汽车、火车、飞机、电信或制造装备中的嵌入式系统。该类系统具有大量的共同特征，包括实时约束、可靠性以及效能要求等。该类系统与物理学和物理系统的结合相当重要。如下引文强调了这个连接 [316]："嵌入式软件是集成到物理进程中的软件。技术问题在于，要管理好计算系统中的时间和并发性。"

该引文可用作"嵌入式软件"这一术语的定义，同样，只要用"系统"一词替换"软件"一词即可扩展为"嵌入式系统"的定义。

然而，近期通过引入术语**信息物理系统**（Cyber-Physical System，CPS），可以更多地强调它与物理学的深度结合。信息物理系统的定义如下。

定义 1.2（Lee [317]）　信息物理系统是计算进程与物理进程的集成。

这个新术语强调了与时间、能量和空间等物理量的连接。强调该连接是有意义的，因为其在运行于服务器或个人计算机的应用世界里经常被忽略。对于信息物理系统来说，我们可能会期望模型中也包括物理环境的模型。从这个意义上来讲，我们可以认为信息物理系统是由嵌入式系统（信息处理部分）和物理环境组成的，或者说信息物理系统等于嵌入式系统加上物理学（CPS＝ES＋Physics）。图 1-1 给出了说明。

图 1-1 根据 Lee 的定义，嵌入式系统与 CPS 之间的关系

在美国自然科学基金委（National Science Foundation，NSF）的提案中还提到了通信[394]："*新兴的信息物理系统将是协调、分布和**连接**的，而且必须具有鲁棒性和响应性。*"

在德国国家工程院（Acatech）关于信息物理系统的报告中也给出了定义："*信息物理系统……代表了控制环路中软件密集型的**网络化**嵌入式系统，其提供网络化、分布式服务。*"

在欧盟的一份提案中，互连与协同也被显式地提及[149]："*信息物理系统是指下一代嵌入式 ICT（信息通信技术）系统，它们**彼此互连**并协作（包括通过**物联网**），为大众和商业提供广泛的创新应用和服务。*"

早前，欧盟就已直观地说明了通信的重要性，如图 1-2 所示。

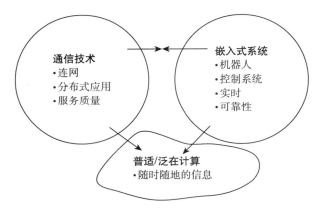

图 1-2 通信的重要性，© 欧盟

由这些引文可知，作者不仅将信息（cyber）和物理世界的集成与 CPS 这一名词关联起来，而且其还涵盖很强的通信方面。实际上，CPS 一词也并非总被一致地使用。有些作者强调与物理世界的集成，而其他作者则强调通信。

通信在**物联网**（Internet of Things，IoT）一词中体现得更加明确，物联网可被定义如下。

定义 1.3[179] 物联网一词"*……描述了各种各样无处不在的设备——如传感器、作动器以及移动电话——能够通过独特的寻址机制彼此交互、合作来达成共同的目标*"。

这个定义强调了传感器（从而使感知的信息在互联网上可用）与作动器（从而可以从互联网上控制物件）的连接。传感器的例子包括烟雾探测器、加热器和冰箱等。人们对物联网的期望在于，其允许世界上数万亿台设备之间的通信。这个愿景对大量的事务都产生了影响。

面向生产的物联网技术开发被称为"工业 4.0"（Industry 4.0）[70]。工业 4.0 的目标在于支持灵活的生产，对其而言，从设计开始的整个生命周期都在物联网的支持下进行工作。

在某种程度上，将物理对象与信息世界的连接称为信息物理系统或物联网是一个偏好问题。综合起来，CPS 和物联网将涵盖大多数未来的 IT 应用。

引 言 3

要设计这些未来的应用，需要懂得嵌入式系统的基础设计技术。本书就聚焦于这种嵌入式系统设计的基本技术与基础。请记住，这些技术都应用在 CPS 和物联网的设计中，尽管没有在每一个场合中都对其进行重复论述。本书讨论嵌入式系统与 CPS 和物联网系统的接口。然而，面向特定应用的 CPS 和物联网方面并未被进一步涵盖进来。

1.2 机遇

在 CPS 和物联网环境中，信息处理的应用存在巨大的潜在可能。下面列出了这些潜力以及相应领域的巨大变化。

- **运输与移动性。**
  - **汽车电子**：只有在包含大量电子装置时，现在的汽车才能在科技发达的国家销售[396]。这包括气囊控制系统、引擎控制系统、制动防抱死系统（ABS）、车身电子稳定系统（ESP）和其他的安全性特征，以及空调、GPS 系统、防盗保护、驾驶员辅助系统，等等。在将来，无人驾驶汽车将会成为现实。这些系统有助于减少交通事故以及对环境的影响。
  - **航电设备**：飞机总体价值中的大部分都取决于信息处理装备，包括飞控系统、防撞系统、飞行员信息系统、自动驾驶仪以及其他系统。其可靠性是极为重要的。嵌入式系统能够减少飞机产生的排放（如二氧化碳）。自主飞行也正在变为现实，至少对于无人机就是如此。
  - **铁路**：对于铁路而言，其情形与之前讨论的汽车和飞机相似。再次强调，可靠安全（safety）特征对于列车的整体价值有着举足轻重的影响，且可行性极为重要。先进的信号系统的目标在于对高速列车的安全操作以及缩短列车间的通行间隔。欧洲列车控制系统（European Train Control System，ETCS）[422]就是在该方向上迈出的重要一步。自主轨道运输已经在某些受限制的环境中得到应用，如机场的摆渡车等。
  - **舰船、海洋技术与海事系统**：以类似的方式，现代舰船也使用了大量的 IT 装备，通常用于航行、安全和优化操作以及海事簿记等（例如，请参阅 http://www.smtcsingapore.com/ 和 https://dupress.deloitte.com/dup-us-en/focus/internetof-things/iot-in-shipping-industry.html）。
- **工厂自动化**：制造设备属于非常传统的领域，数十年来已在广泛应用嵌入式系统。为了进一步优化生产技术，可以使用 CPS/ 物联网技术。CPS/ 物联网技术是迈向更为灵活的生产的关键技术，其目标是"工业 4.0"[70]。

  物流使工厂自动化成为可能。这里有多种将 CPS 和物联网系统应用到**物流**的方式[285]。例如，无线射频识别（RFID）技术让每个对象在全球范围内都很容易被识别。移动通信则支持前所未有的交互。
- **健康领域**：医疗保健产品的重要性正在与日俱增，特别是在老龄化社会中。机会源自新型的传感器，其可以更快、更可靠地检测疾病。可用信息可被存入患者信息系统。新的**数据分析**技术可用于检测增长的风险并提升康复的可能性。进而，医生可以用个性化的药物治疗来支撑治疗方式。我们可以设计新的设备来帮助患者，如残疾人患者。同样，也可以使用新的设备进行外科手术。使用嵌入式系统技术也可显著提升监测结果，从而赋予医生更好的手段来判断某个特定治疗是否产生了好的效果。这样的监测也可用于远程患者。在 http://cps-vo.org/group/medical-cps 和 http://www.nano-tera.ch/program/health.html 等网站上，读者可以找到该领域的项目清单。

- **智能楼宇**：信息处理可用于提高楼宇的舒适度，减少楼宇内的能源消耗，以及提升楼宇自身的可靠安全性（safety）与防护安全性（security）[⊖]。为了这个目的，传统意义上不相关的子系统就必须被连接起来。将空调、照明、访问控制、记账、可靠安全特性以及信息分发集成到单个系统中是一个重要的发展趋势。房间无人时，空调子系统的温度限制级别可以更高，而照明可以自动减少。空调噪声可以被降低到实际操作环境所要求的级别。智能百叶窗的使用也可以优化照明和空调系统。在适当位置显示可用的房间，可以方便临时召开会议以及清洁工作。（所需电力正常的）紧急情况下，有人房间的列表可以显示在楼宇入口。这样一来，就可以节省制冷、制热和照明所需的能源。同时，可靠安全性也可以得到提升。早期，这样的系统主要出现在高科技的写字楼中，但节能楼宇的发展趋势也正在影响着民用住宅的设计。其目标之一就是设计所谓的**零能量建筑**（产生与消耗的能源相等的建筑物）^[404]。这样的设计对于减少全球二氧化碳排放以及减缓全球变暖将是一个贡献。

- **智能电网**：将来，能源的生产应会较之前更加分散。在这样的场景下保证稳定性就变得更困难。为了实现足够稳定的系统，就需要采用信息技术。读者可以在诸如 https://www.smartgrid.gov/the_smart_grid 以及 http://www.smartgrids.eu/ 等网站上找到有关智能电网的信息。

- **科学实验**：现在的很多实验（特别是在物理学领域内），都需要使用 IT 设备来观察实验结果。将物理实验与 IT 设备进行组合可被看作 CPS 的一个特殊案例。

- **公共安全**：对各类安全性的关注正在日益增加。嵌入式与信息物理系统以及物联网可以采用多种方式提升安全性。这包括人的身份识别 / 鉴定，例如用指纹传感器或者人脸识别系统。

- **结构健康监测**：自然及人造物体的结构，如山脉、火山、桥梁以及水坝（如图 1-3 所示），都正潜在地威胁着社会生活。我们可以使用嵌入式系统技术在雪崩或桥梁坍塌等危险增加时提前告警。

图 1-3　被监测的水坝（Möhnesee 水坝），© P. Marwedel

⊖ safety 和 security 通常都译为安全性，但其内涵不同，前者侧重系统自身及内部的可靠性，而后者则强调具有网络连接时的外部安全及对网络攻击的防护。因此，在翻译本书时将二者分别译为可靠安全性和防护安全性，以示区别。——译者注

- **灾难恢复**：在发生地震或洪水等大灾难的情况下，必须尽力拯救生命并为幸存者提供救济。对此而言，灵活的通信基础设施是非常必要的。
- **机器人学**：机器人学同样也是一个使用嵌入式/信息物理系统的传统领域。对于机器人，机械部分非常重要，仿照动物或人类的仿生机器人已经被设计出来。图 1-4 给出了这样的一个机器人。
- **农业与畜牧业**：这些领域中有很多应用。例如，"对放牧动物及其行踪的可追溯性规定需要使用物联网这样的技术，这使得对动物的实时监测成为可能，如传染病爆发期间"[493]。
- **军事应用**：信息处理在军事装备中已应用了很多年。实际上，早期的一些计算机就用于分析军用雷达信号。
- **远程通信**：移动电话在近年来已经成为市场增长最为快速的设备之一。对于移动电话，射频（RF）设计、数字信号处理以及低功耗设计是几个非常关键的方面。远程通信是物联网的关键方面，其他形式的远程通信同样也很重要。

图 1-4　"Johnnie"机器人（H. Ulbrich, F. Pfeiffer, Lehrstuhl für Angewandte Mechanik, 慕尼黑工业大学，授权使用），© TU München

- **消费电子**：音/视频设备是电子工业领域中的一个重要领域。集成到该类设备中的信息处理能力正在稳步增长。先进数字信号处理技术的使用，实现了一些新的服务以及更好的品质。许多电视机（特别是高清电视）、多媒体电话、游戏控制器都采用了强大的高性能处理器和存储系统。它们是嵌入式系统特定案例的代表。

在一份关于物联网机遇与挑战的报告[493]中列出了更多的应用。这份数量庞大的示例说明了 CPS 和物联网系统中各种各样的嵌入式系统的应用。某种程度上，很多 IT 技术的未来应用都将与该类系统相联系。

相应地，嵌入式系统应用领域的这个长列表正在形成该类系统的经济价值。德国工程院的报告[11]中提到，在写该报告时，微处理器总量中的 98% 被应用于该类系统。在某种程度上，嵌入式系统设计对于很多产品都是一个赋能器，并对所有所述领域的组合市场规模具有影响。然而，很难量化 CPS/物联网的市场规模，因为所有这些领域的总市场容量要远远大于它们所采用的 IT 组件的市场容量。有关 CPS/物联网市场中半导体的价值也具有误导性，因为这些价值仅是总价值中的一部分。

CPS 和物联网的经济重要性反映在基金机构（如 NSF[394] 和欧盟委员会[149]）征集的提案中。

1.3　挑战

不幸的是，嵌入式系统的设计及其与 CPS 和物联网系统的集成带来了大量的设计难题。通常共性可见的问题包括如下方面。

信息物理系统及物联网系统必须是**可信的**（dependable）。

定义 1.4　如果一个系统能以很高的概率提供预期服务且不会造成危害，那么该系统就是**可信的**。

要求这些系统是可信的，关键原因在于这些系统直接连接到物理环境且对环境具有直接影响。在整个设计过程中，这个问题需要被仔细考虑。可信性（dependability）包括系统的如下一些特性。

1. 可靠安全性（safety）

定义 1.5　**可靠安全性**是保持'安全'（safe，源自法语 sauf）的状态，是防止破坏或其他非预期结果的条件。[557]

通常，我们考虑的是所使用系统在**正常操作**期间从**内部**产生的破坏或威胁，例如，应没有软件故障会对生命造成威胁。

2. 防护安全性（security）

定义 1.6　如果一个系统受到保护，且不会受到来自系统**以外**的**攻击**的破坏，那么该系统就是**防护安全的**。

物联网系统中相连的组件使得从外部进行攻击成为可能。网络犯罪（cyber-crime）及网络战（cyber-warfare）是该类攻击的特殊情形，具有巨大的潜在危害。连接的组件越多，可能造成的攻击就越多，造成危害也就越大。这在物联网系统的设计与拓展中已经成为一个严重的问题。

实际中唯一的安全方案是断开这些组件的连接，但这与使用网络化系统的最初动机是相互矛盾的。因此，相关的研究就成为 IT 研究中增长速度最快的领域之一。

根据 Ravi 等的研究[289]，存在如下防护安全性需求的典型元素。

- **用户识别进程**在允许用户使用系统之前对其进行验证。
- **安全网络访问**仅在设备得到授权的条件下提供网络连接或服务访问。
- **安全通信**包括一组与通信相关的特征。
- **安全存储**要求数据具有保密性和完整性。
- **内容安全性**施行应用限制。

3. 保密性（confidentiality）

定义 1.7　如果信息只能被预设的接收方访问，那么该系统就提供了**保密性**。

保密性通常是使用加密等安全系统技术来实现的。

4. 可靠性（reliability）

这个术语是指，根据设计时的规格来看，由不能正常工作的那些组件所引起的系统故障。组件故障会导致可靠性不足。**可靠性**是系统不会产生故障的概率[⊖]。对于可靠性评估，我们并不考虑来自外部的恶意攻击，而仅考虑在正常的、期望的操作过程中从系统自身内部产生的结果。

5. 可修复性（repairability）

可修复性（也写为 reparability）是一个发生故障的系统在限定时间内可被修复的概率。

6. 可用性（availability）

可用性是系统可用的概率。为了达到高可用性，可靠性和可修复性必须很高，且安全危害要少。

⊖　定义 5.35 给出了该名词的形式化定义。

设计者可能倾向于在起始阶段仅关注系统功能，假定设计开始时可以增加可信性。通常，这种方式是行不通的，因为在这之后的特定设计决策将无法实现要求的可信性。例如，如果以错误的方式进行了物理分区，就可能无法实现冗余。为此，"让系统可信必然不能是事后的想法"，必须在一开始就被考虑[292]。设计时必须找出好的折中方案，以达到可接受的可靠安全性、防护安全性、保密性以及可靠性级别[284]。

如果负载以及可能的误差假设变成错误的，那么即使是设计完美的系统也可能出现故障[292]。例如，一个系统在设定的温度范围以外运行时就可能发生故障。

如果近距离查看物理与信息世界之间的接口，我们会观察到**物理模型与信息模型（cyber-model）之间的不匹配**。

很多信息物理系统必须满足**实时约束**。若在给定的时间区间内不能完成计算，可能会导致系统提供的服务质量的严重下降（例如，音频或视频质量被影响）或者可能造成对用户的危害（例如，汽车、火车或飞机没有按照预期的方式运行）。有时，这些约束被称为硬实时约束。其他所有的实时约束被称为**软实时约束**。

定义 1.8（Kopetz[292]）　如果时间约束不满足会导致灾难，那么该约束就是**硬约束**。

当今的很多信息处理系统正在使用技术手段来提高信息处理的平均能力。例如，高速缓存（cache）提升了系统的平均性能。在其他情形中，可靠通信则是由重复某些传输来实现的。这些案例中包括以太网协议：在原始消息丢失的任何时候，它们通常都会重新发送消息。就平均而言，这样的重复会引起（仅是希望）很小的损失性能，即使对于某个消息，通信延迟也可能会比正常延迟大几个数量级。在实时系统的情形下，关于平均性能或延迟的参数是不能被接受的。"**必须在没有统计参数的情况下对有保证的系统响应进行说明**"[292]。计算机科学中的很多建模技术并不建模实时性。常见的是，以不附加任何物理单位的形式建模时间，这意味着没有区分几个皮秒（或微微秒）与几个世纪之间的差异。这所带来的问题在 E. Lee 的论述中有非常清晰的阐述[318]："从嵌入式软件的角度，时间属性（timing）的缺乏是（计算机科学）核心抽象中的一个瑕疵"[318]。

从包括模拟和数字组件的意义上，很多嵌入式系统都是**混合系统**。模拟组件使用连续时间上的连续信号值，而数字组件则使用离散时间上的离散信号值。很多物理量是由实数值和单位来表示的。实数集合是不可数的。在信息世界中，每个数字可表示的值集有限。因此，**在数字计算机中几乎所有的物理量都只能被近似表示**。在数字计算机上模拟物理系统的过程中，我们通常假定这种近似可以提供有意义的结果。在参考文献 [499] 中，Taha 讨论了信息世界中实数的不可用性所带来的后果。

物理系统可能呈现出所谓的**芝诺效应（Zeno effect）**⊖。使用弹球示例可以解释芝诺效应。假设我们正在将一个弹球从特定高度抛到地板上。在松开球之后，它开始掉落，并因地球引力而加速。当撞击到地板时，球会再次弹起，并开始朝着相反方向移动。我们假设弹跳过程具有阻尼效应且在接触地后球的初始速度将相较于弹起之前的瞬间速度以因子 $s<1$ 的比例衰减，s 称为恢复因子。鉴于此，该球将不会到达初始高度。此外，第二次触及地板的时间将较初始情形更短。这个过程将被重复，且弹跳之间的间隔会越来越小。然而，根据一些理想的弹跳模型可知，这个过程将一直持续。图1-5形象地给出了弹球的轨迹（高度是时间的函数）。

⊖　一种量子效应：如果我们持续观察一个不稳定的粒子，它将不会衰变。——译者注

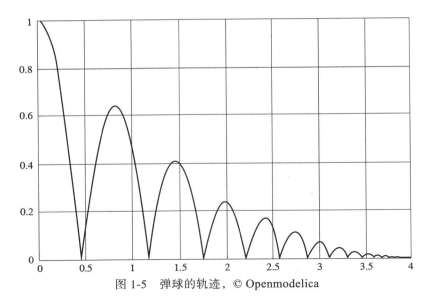

图 1-5　弹球的轨迹，© Openmodelica

　　现在，令 Δ 是任意一个时间间隔，位于时间域中的任何时刻。在该时间间隔内，是否有弹跳次数的上限？没有，不会存在上限，因为弹跳以越来越短的间隔重复。

　　这是芝诺效应的一个特例。当系统在有限长度的事件间隔内拥有无限数量的事件时，我们就说该系统呈现芝诺效应[386]。从数学上来讲，这是可能的，因为无穷级数可以收敛到一个有限值。本例中，弹跳发生时间的无穷级数收敛为时间域的一个有限实例。在理想模型下，弹跳会不停发生，但是弹跳之间的时间间隔变得越来越短。请参见后面的讨论以了解更多细节。

　　在数字计算机上，数量无限的事件只能被近似。

　　很多信息物理系统中都包括控制回路，如图 1-6 所示的情形。

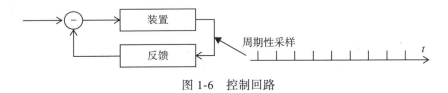

图 1-6　控制回路

　　控制理论最初是基于模拟反馈系统的。对于数字的离散时间反馈，信号的周期性采样已经在数十年来成为默认的设定且运行得非常好。然而，周期性采样可能并不是最佳方法。如果在信号相对恒定的情况下增大采样间隔，我们就可以节省资源。这就是**自适应采样**的思想。自适应采样是一个活跃的研究领域[202]。

　　传统的顺序编程语言并非描述并发、时间系统的最佳方式。传统地，验证某个产品是否正确地实现了规格的过程会产生一个布尔结果：该产品是正确的或者不是。然而，两个物理上存在的产品不会完全相同。因此，我们仅可以检查一个产品正确实现其设计的不精确程度。这引入了模糊化，而且，布尔验证已被模糊验证所代替[178, 424]。

　　Edward Lee 指出，一个确定性物理模型与一个确定性信息模型的组合可能是一个非确定性模型[314]。对其而言，非确定性采样可能是原因之一。

总体上，我们观察到了物理世界与信息世界之间的不匹配。实际上，我们仍然在为信息物理系统寻找合适的模型，但不能期望完全消除这种不匹配。

嵌入式系统必须是**资源感知**的。可以关注如下资源。

1. 能量（energy）

电子信息处理技术（IT）使用电能进行信息处理。所使用电能的数量常常被称为"消耗的**能量**"[⊖]。严格来讲，这个名词并不正确，因为能量的总量是不变的。实际上，我们是将电能**转换**为其他形式的能量了，典型的是热能。对于嵌入式系统，**电功率和能量**（功率在时间上的积分）的可用性是一个决定性因素。在荷兰版研究路线图[⊖]中可以看到相关的工作："功率已被当作嵌入式系统中最为重要的约束。"[144]

我们为什么要关注转化为电能的数量，例如，为什么要有能量感知？对此，存在很多原因。大多数原因对于大多数类型的系统都是适用的，但依然存在例外，如表 1-1 所示。

表 1-1　能量感知的相关原因

系统类型示例	使用中是否有关		
	电源供电工厂	充电笔记本	无源供电传感器网络
全球变暖	有关	几乎无关	无关
能量成本	有关	几乎无关	通常无关
增强性能	有关	有关	有关
与制冷相关的问题，避免过热	有关	有关	有关
避免高电流、金属迁移 a	有关	有关	有关
能量是非常稀缺的资源	无关	几乎无关	有关

a. 在使用过程中，金属迁移到介质中。

全球变暖对于尝试实现能量感知是一个重要的原因。然而，通常只有极为有限的能量被用于无源供电系统，因此，它们对于全球变暖的影响非常小。

每当所需的能量非常昂贵之时，系统与能量成本就是相关的。对于有源供电系统，巨大的能耗会引起这个问题。而对于无源供电系统，数量通常很小，但是在某些情况下，即使提供少量的能量也会非常昂贵。

提升计算性能通常需要更多的能量，从而，对能量消耗也会产生影响。

热效应正在变得越来越重要，因此也必须加以考虑。电路的可靠性会随着温度的升高而降低。为此，能耗的增加通常也在降低可靠性。

在某些情况下（如远程传感器节点），能量确实是稀缺资源。

我们来看一下被认为与节能的某些原因无关的一组示例，这是很有趣的：因为电池的容量有限，无源供电系统消耗非常少的能量，因此对于全球变暖是无关的。对于那些连接到电网的系统，能量并非真正的稀缺资源。对于临时连接到电网的系统而言，其稀缺性处于有源供电系统与无源供电系统之间。

功率与能量效率的重要性最初是在嵌入式系统中被认识到的。对这些目标的关注后来也延伸到了通用计算，并推动了**绿色计算倡议**[10]等多个倡议的发起。

⊖ 定义 5.35 给出了该名词的形式化定义。

⊖ 请查阅阿基里斯追龟说悖论[558]。

2. 运行时（run-time）

嵌入式系统应该尽可能利用可用的硬件体系结构。我们应该让系统避免对执行时间的无效利用（例如，浪费的处理器周期）。这蕴含了跨过所有级别的执行时间优化，从算法到硬件实现。

3. 代码规模（code size）

对于某些嵌入式系统，代码通常必须保存在系统中。但系统的存储容量可能会有严格约束，这对于**片上系统**（SoC）尤其如此，该类系统中所有的信息处理电路都在单个芯片中。如果指令存储器要被集成到该芯片上，那么就应被非常高效地使用。例如，植入人体的医疗设备。由于该类系统在规模和通信方面的约束，其代码必须非常精简。

然而，当动态代码装载变得可接受或者更大的存储密度（用单位体积中的位容量衡量）成为可能时，这个设计目标的重要性可能会发生改变。基于闪存的存储器以及新的存储器技术将具有潜在的巨大影响。

4. 重量（weight）

所有的便携式系统都必须是轻量级的。重量轻常常是购买特定系统时的一个重要因素。

5. 成本（cost）

对于大众市场中的大容量嵌入式系统（尤其是消费电子），市场竞争力是一个极为关键的方面，同时要求高效使用硬件组件以及软件开发预算。在实现特定的功能时，应该使用最少量的资源。我们应该使用最少的硬件资源和能量来满足这些要求。为了降低能耗，时钟频率以及电源电压应该尽可能低。同时，应该只使用那些必要的硬件组件，且避免过量使用。那些不能提升最坏执行时间（如许多高速缓存或内存管理单元）的组件有时可以省略。

鉴于资源感知的目标，不能脱离底层硬件进行软件设计。因此，在设计步骤中必须将软件和硬件放在一起考虑。然而，这很困难，因为这种集成化方法在教育机构中通常并未讲授。电子工程与计算机科学间的协作仍未达到所要求的级别。

将规格映射到定制的硬件可以提供最佳能源效率。然而，硬件实现的成本很高且要求较长的设计周期。为此，硬件设计并不提供改变设计所需的灵活性。我们需要在效率和灵活性之间找到好的平衡。

CPS 与物联网系统常常汇聚着容量巨大的数据。必须存储这些大容量的数据，且对其进行分析。因此，在**大数据**和 CPS/ 物联网问题之间存在很强的关联。这的确也是我们协同研究中心 SFB 876⊖的研究主题。SFB 876 聚焦于资源约束下的机器学习。

超越技术问题的影响：鉴于对社会的巨大影响，还需要考虑法律、经济、社交、人以及环境的影响。来自不同供应商的组件的集成可能会导致关于责任的严重问题。这些问题正在被讨论，例如对于无人驾驶车辆。所有权问题也必须解决。让一家公司拥有全部的所有权是不可接受的。社会问题包括新型 IT 设备对社会的影响。当前，该影响通常仅在技术可用很长时间之后才可能被发现。人的问题包括用户友好的人机接口。由此造成的全球变暖以及生产浪费应该处于可接受的水平。这同样适合资源消耗。

实际系统是并发的，因此管理**并发性**就成为另一个大的挑战。

信息物理系统以及物联网系统通常包括来自不同供应商的异构软硬件组件，且必须在

⊖ 请参见 http://www.sfb876.tu-dortmund.de。

变化的环境中运行。所导致的**异质性**对正确操作这些组件形成了挑战。仅考虑软件或硬件设计是不够的。设计的复杂性要求采用一种层次化方法，而且实际的嵌入式系统是由多个组件组成的，我们感兴趣的是**综合设计**。这意味着我们应研究这些组合组件所造成的影响。例如，我们想要知道是否可以将一个 GPS 系统添加到汽车的信息资源中且不会引起通信总线的过载。

嵌入式系统设计包括来自多个领域的知识。要找到拥有所有相关领域的足够知识的团队成员是极为困难的，即使是在相关领域之间组织知识转化就已经具有很大的挑战性了。对嵌入式系统设计的程序开发，设计一门课程更具挑战性，因为对于学生而言总学习量具有严格的上限要求。总体上，**拆除学科或系之间的高墙**，或者将其降低，将是必要的。

Sundmaeker 等人所撰写的一份报告中也列出了这些挑战[493]。

1.4　共性特征

除了以上列出的挑战，嵌入式系统、信息物理系统以及物联网系统还具有很多共性特征，它们与应用领域无关。

信息物理系统与物联网系统使用**传感器**和**作动器**来连接嵌入式系统和物理世界。对于物联网系统，这些组件与互联网相连。

定义 1.9　**作动器**是将数字转换为物理效应的设备。

通常，嵌入式系统是**反应式系统**（reactive system），其定义如下。

定义 1.10（Berqé[542]）　反应式系统就是与所处环境连续交互且以环境决定的步长来执行操作的系统。

反应式系统被建模为处于某个特定状态之中，且正在等待输入。对于每个输入，它们执行某些计算并生成一个输出以及一个新的状态。因此，自动机就是该类系统的很好模型。数学函数并非一个恰当的模型，其描述大多数用算法解决的问题。

嵌入式系统**在教学以及公共讨论中未被充分展示**。实际的嵌入式系统很复杂。因此，要更为真实地讲解嵌入式系统设计需要综合性的设备。教授 CPS 设计可能是令人感兴趣的，因为其对物理行为的影响非常直观。

这些系统常常是**面向特定应用的**。例如，汽车或火车中运行控制软件的处理器通常总是运行该软件，而且，在相同的处理器上不会尝试运行游戏或者电子表格程序。对此，有两个主要原因：

- 运行附加程序将造成这些系统的可信性降低。
- 仅在存储器等资源未被使用时，运行附加程序是可行的。在一个有效的系统中，不应出现未被使用的资源。

然而，情况正在缓慢地发生变化。例如，AUTOSAR 方案[26] 就论证了汽车工业中更多的动态性。

大多数嵌入式系统不采用键盘、鼠标以及大屏显示器作为用户接口。相反，其采用**专用的用户接口**，包括按键、方向盘、踏板等。出于这个原因，用户很难了解其所执行的信息处理。这与引入的**消失的计算机**一词是一致的。

表 1-2 突出强调了个人计算机（或 PC 类）或者数据中心服务器型系统设计与嵌入式系统设计的一些不同特征。

表 1-2　PC 类以及嵌入式系统设计的区别

	嵌入式	PC/ 服务器类
体系结构	通常是异构极精简的	主要是同构非精简的（x86 等）
x86 兼容性	相关度低	相关度高
是否为固定的体系结构	通常不是	是
计算模型（MoC）	C＋多个模型 （数据流、离散事件……）	主要是冯·诺依曼模型 （C、C＋＋、Java）
优化目标	多个（能量、规模……）	以平均性能为主导
是否为安全关键的	可能是	通常不是
实时相关	通常是	几乎不是
应用	需要保证多个并发应用	尽最大努力来运行应用
设计时应用是否已知	对实时系统而言，是	仅某些（如 WORD）

对于嵌入式系统而言，对个人计算机中传统指令集的兼容并不是重点要考虑的，因为通常可以为正在使用的体系结构编译软件应用。顺序程序设计语言并不能很好地匹配描述并发实时系统的需求，其他建模应用的方式则是优先的。在设计嵌入式系统 / 信息物理系统的过程中，必须要考虑一些目标。除了平均性能，最坏执行时间、能耗、重量、可靠性、运行稳定性等都可能被优化。对于 CPS，满足实时约束是非常重要的，但是对于 PC 类系统并非如此。仅当所有应用在设计时都已知时，才能在该时段进行时间约束的验证。而且，哪些应用应该并发运行必须是已知的。例如，设计者要确保 GPS 应用、电话呼叫以及数据传输可以同时执行，且不丢失声音采样。对于 PC 类的系统，关于并发运行软件的知识几乎永远是不可用的，它通常采用尽力而为的方法。

为什么在一本书中考虑所有类型的嵌入式系统是有意义的？其原因是嵌入式系统中的信息处理具有很多共性特征，尽管在物理形式上可能非常不同。

实际上，并非每一个嵌入式系统都具有上述所有特性。我们也可以用如下方式来定义"嵌入式系统"。

定义 1.11　满足以上所述**大多数特征**的信息处理系统被称为**嵌入式系统**。

这个定义有些模糊，然而，看上去没有必要也不可能消除这些模糊。

1.5　嵌入式系统的课程综合

令人遗憾的是，即使是在 ACM 和 IEEE 计算机学会发布的最新版计算机科学课程中，嵌入式系统也很难被完全覆盖[9]。然而，日益增长的应用要求在该领域教授更多的内容。该过程有助于克服现有可用的嵌入式系统设计技术的限制。例如，仍然需要更好的规格语言、模型、从规格生成实现的工具、时间验证、系统软件、实时操作系统、低功耗设计技术以及用于可信系统的设计技术等。本书会有助于教授一些本质性问题，也是在该领域中开展更多研究的基石。读者**可以从如下网页中获取与本书有关的附加信息**：http://ls12-www.cs.tu-dort-mund.de/ ~ marwedel/es-book。

这个网页中包含幻灯片、视频、仿真工具、勘误以及其他相关素材的链接，也可以直接通过如下网址来访问视频：https://www.youtube.com/user/cyphysystems。

发现这些素材中存在错误或者想要给出改进建议的读者，请发送电子邮件到如下地址：peter.marwedel@tu-dortmund.de。

可以尝试以翻转课堂模式开展教学活动，这也是值得推荐的[358]。采用这种教学模式时，要求学生在家观看视频（或阅读本书）。那么在教室中，学生通常以互动方式来讨论问题。这有助于提升解决问题的能力，促进团队协作以及互动。在这种方式下，互联网就可用于改进面向各大学的学生进行教学的方法。作业则可以来自本书或者其他的参考教材（如参考文献 [82, 168, 565]）。

在翻转课堂教学中，已有的实验室实践环节可以完全致力于对 CPS 实践经验的培养。为达到这个目标，使用本书作为教科书的课程应进一步采用令学生感到兴奋的实验室环境进行补充，例如小型机器人，如乐高头脑风暴（Lego Mindstorms）或者微控制器（如树莓派、Arduino 或 Odroid 等）。市场上可购买的微控制器主板通常配套提供了丰富的教学素材。另一个选择是让学生使用有限状态机工具来获得实践经验。

预备知识：本书假定读者已理解了多个领域的基本知识。
- 高中水平的电子网络（如基尔霍夫定律）。
- 运算放大器（可选）。
- 计算机组成原理，例如 J. L. Hennessy 和 D. A. Patterson 所著入门教材[204]的水平。
- 数字电路基础，如门电路及寄存器等。
- 计算机程序设计（包括软件工程基础）。
- 操作系统基础。
- 计算机网络基础（对于物联网很重要！）。
- 有限状态机。
- 一些微控制器编程的基本经验。
- 基本的数学概念（元组、积分及线性）。
- 算法（图算法以及优化算法，如分支界限法）。
- NP 完全的概念。

统计学与傅里叶级数的知识也是有用的。这些预备知识可以被归入图 1-7 所示的一组课程中。

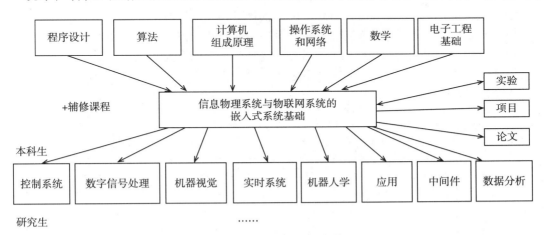

图 1-7　本书中的主题定位

推荐的拓展学习：如下这些领域中提供了更多专门知识的课程可以对本书进行补充（请参见图 1-7 的底端）⊖。

_____

⊖　在不同大学，本科生与研究生的课程划分会有所差异。

- 控制系统。
- 数字信号处理。
- 机器视觉。
- 实时系统、实时操作系统及调度。
- 机器人学。
- 通信、汽车、医疗设备以及智能家庭等应用领域。
- 中间件。
- 嵌入式系统的规格语言及模型。
- 传感器与作动器。
- 计算机系统的防护安全性与可信性。
- CPS 与物联网系统的数据分析技术。
- 低功耗设计技术。
- CPS 的物理方面。
- 特定于应用硬件的计算机辅助设计工具。
- 硬件系统的形式化验证。
- 软硬件系统测试。
- 计算机系统性能评估。
- 普适计算。
- 先进的物联网通信技术。
- 物联网。
- 嵌入式系统、CPS 及物联网系统的影响。
- 嵌入式 CPS 及物联网系统的法律问题。

1.6 设计流

嵌入式系统 / 信息物理系统以及物联网的设计是相当复杂的任务，有必要分解为一组子任务以便于处理。这些子任务被逐个执行，其中一些还必须被重复执行。

信息流的设计以人们脑海中的想法开始，这些想法应包含应用领域的知识，它们必须包含在设计规格中。另外，标准化的硬件和系统软件组件通常可用且应该在任何可能的时候都能重用（如图 1-8 所示）。

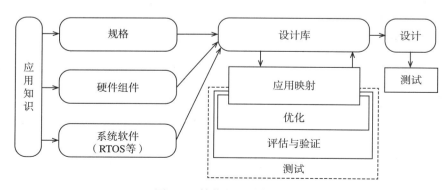

图 1-8　简化的设计信息流

在图 1-8 中（以及本书其他类似的图中），我们使用**圆角框来表示存储的信息**，并用**矩形来表示数据的转换**。具体地，信息存放于**设计库**中，该库允许对设计模型进行跟踪。在大多数情况下，该库应该提供版本管理或者"版本控制"功能，如 CVS[88]、SVN[108] 或者"git"（请参见 https://www.git-scm.com）。一个好的设计库还应具有设计管理接口，其也会跟踪设计工具与序列的适应性，所有这些都应集成于一个友好的图形用户界面（GUI）中。该设计库与 GUI 可被扩展为**集成开发环境**（IDE），也被称为**设计框架**（请参见文献 [329]）。集成开发环境会对工具与设计信息之间的依赖性保持跟踪。

使用该库，就可以采用迭代方式执行设计决策。在每一步中，设计模型信息都必须被重新获取。随后该信息就会被考虑。

在设计迭代中，**应用被映射**到执行平台，并生成新的（部分的）设计信息。该生成过程包括将一组操作映射到并发任务，将操作映射到硬件或者软件（称为软硬件划分），编译以及调度等。

应该根据不同的目标对设计进行**评估**，包括性能、可信性、能耗以及可制造性等。以目前的技术水平，通常不能保证每个设计步骤都是正确的。因此，也就必须对设计进行**验证**。验证包括对照其他描述检查中间或最终的设计描述。为此，每个设计决策都应该被评估和验证。

由于嵌入式系统的效能非常重要，因此，**优化**也就非常重要了。可实施的优化措施非常多，包括高级变换（如先进的循环转换等）以及面向能耗的优化等。

设计迭代也可以包括**测试**生成以及可测试性评估。如果可测试性问题已在设计步骤中得到考虑，那么测试就需要被包括在设计迭代中。在图 1-8 中，测试生成已为设计迭代中的可选步骤（见虚线框）。如果测试生成没有包括在该迭代过程中，那么就必须在设计完成后执行。

在每一步结束后，该库都应该被更新。

设计库与应用映射、评估、验证、优化、可测试性考虑以及设计信息存储之间的设计流细节非常之多。这些操作可以以多种不同的方式交错进行，具体取决于所采用的设计方法。

本书从更广阔的视角来呈现嵌入式系统设计，并不与特定的设计流或工具相关联。因此，我们并未给出具体设计步骤的清单。对于任何特定的设计环境，可以"展开"图 1-8 所示的循环，并为具体的设计步骤设定名称。例如，这就形成了图 1-9 所示的 SpecC[167] 设计流的具体情形。

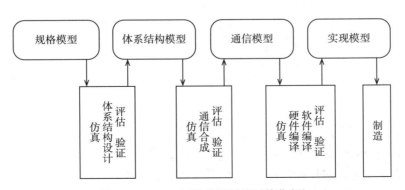

图 1-9　SpecC 工具的设计流（简化版）

本例包括特定的设计步骤集合，如体系结构设计、通信合成以及软硬件编译等。这些术语的精确含义在本书中并未被提及。在图 1-9 所示的例子中，验证和评估在每一步都被显式地给出，但却封装在了一个更大的块中。

图 1-10 给出了图 1-8 中未被展开的第二个实例。这是设计流的 V 模型 [527]，其在德国诸多的 IT 项目中必须被采用，特别是在一些公共部门，但不限于此。

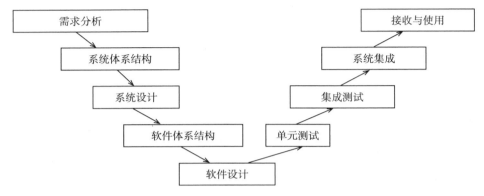

图 1-10　V 模型的设计流

图 1-10 非常清晰地给出了要执行的不同步骤，这些步骤对应于软件开发过程中的特定状态（再次说明，精确的含义与本书内容无关）。请注意，在该图中，设计决策、评估和验证设计被归入一个矩形框。应用知识、系统软件以及系统硬件并未明确给出。V 模型同样包括该图中集成与测试状态的一个模型（见右侧）。这相当于在图 1-8 的循环中包含了测试。给出的模型对应于 V 模型版本"97"。最新的 V 模型 XT 允许有更为通用的设计步骤集合。这个改动很好地匹配了对图 1-8 所示设计流的解释。其他的迭代方法包括**瀑布模型**和**螺旋模型**。关于嵌入式系统软件工程的更多信息可以参见 J. Cooling 的著作 [109]。

通用的设计流模型也与硬件设计中采用的流模型一致。例如，Gajski 的 Y 图（Y-chart）[165]（请参见图 1-11）就是一个非常流行的模型。

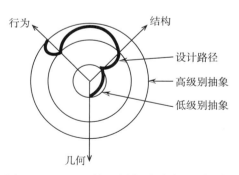

图 1-11　Gajski 的 Y 图与设计路径（粗线）

Gajski 以三个维度来考虑设计信息：行为、结构与布局。第一个维度仅反映行为。高级模型会描述整体行为，细粒度模型则描述组件的行为。第二个维度中的模型包括结构化信息，如关于硬件组件的信息。该维度中的高级别描述对应于处理器以及对晶体管的低级别描述。第三个维度呈现芯片的几何布局信息。设计路径通常从粗粒度行为描述开始，且以细粒度几何描述结束。沿着这条路径，每个步骤都对应于通用设计流模型的一个迭代。在图 1-11 所示的例子中，在行为域完成了一次最初的细化。第二个设计步骤将行为映射到结构化元素，诸如此类。最后，就获得了芯片布局的详细几何描述。之前的三个图表明，很多设计流都正在使用图 1-8 所示的迭代流程。图 1-8 中迭代的本质可以作为一个讨论点。理想情况下，我们想要描述系统的属性，之后让某个聪明的工具来完成剩余任务。设计细节的自动生成被称为**合成**。

定义 1.12（Marwedel [354]）　**合成**是依据期望行为的高级别描述所得到的相关低级别组件来生成系统描述的过程。

自动化合成被设定用来自动地执行这个过程。如果成功，自动化合成就避免了很多手动设计步骤。对于系统设计而言，使用自动化合成的目标已在 Gajski 的"描述与合成"范式（describe-and-synthesize）中得到考虑 [166]。该范式与更为传统的"提出规格 - 确定设计 - 细化方案"方法形成对照，后者也称为"设计与模拟"方法。第二个名词强调了手动设计通常必须与模拟相结合这一事实，例如，为了捕获设计错误，在传统方法中模拟较自动化合成要更为重要。

1.7　本书的组织结构

与如上所示的设计信息流一致，本书的组织结构为：第 2 章对规格技术、语言及模型进行综述。第 3 章阐述嵌入式系统的关键硬件组件。第 4 章给出了系统软件组件，特别是嵌入式操作系统。第 5 章包括嵌入式系统设计评估与验证的必要组件，将应用映射到执行平台是嵌入式系统设计过程中的关键步骤之一。第 6 章列举并阐述一组用于达成该类映射的标准技术（包括调度）。鉴于要生成有效的设计，这需要很多优化技术，第 7 章涵盖大量可用优化技术中的一部分。第 8 章给出测试软硬件混合系统的简要介绍。附录中列出要学习本书所需要的预备知识，对于熟悉这些背景知识的学生而言，可跳过这些内容。

对于特定应用，设计特定用途的硬件或者优化处理器体系结构可能是必需的。然而，硬件设计并非本书内容。Coussy 与 Morawiec[112] 对高级别硬件合成技术进行了综述。

本书的内容与其他大多数嵌入式系统设计类书籍有所不同。传统上，关于嵌入式系统的大多数书籍都关注解释微控制器的使用，包括它们的存储器、I/O 以及中断结构等。这样的书籍有很多 [34, 35, 38, 39, 169-171, 201, 267, 303, 403]。

我们相信，由于嵌入式系统与信息物理系统的复杂度在不断增加，因此关注点就不得不进行扩展，至少要包括不同的规格范式、构建块的硬件基础、应用到执行平台的映射以及评估、验证与优化技术等。在本书中，我们将涵盖所有这些领域。目标在于为学生提供嵌入式系统的入门知识，使得他们能够正确理解不同领域。

关于更多的细节，在这里推荐一些资源（其中的一部分已用于本书的准备工作）：
- 已有大量关于规格语言的信息资源。这包括由 Young [581]、Burns 与 Wellings [81]、Bergé [542] 以及 de Micheli [119] 等早期编写的教材。关于 SystemC [390]、SpecC [167] 以及 Java[16, 73, 126, 258, 549] 等编程语言的信息资源也是非常丰富的。
- Edward Lee 等所著的一本书中也涵盖了信息物理系统中的物理方面 [320]。
- Kopetz 所著的书 [292] 中给出了设计以及使用实时操作系统（RTOS）的方法。
- 实时调度在 Buttazzo [82]、Krishna 和 Shin [297] 以及 Baruah 等人 [40] 所著的书籍中得到了全面阐述。

- 关于嵌入式系统信息的其他资源还有 Laplante [308]、Vahid [529] 等所著的书籍，以及 ARTIST 路线图 [65]、《嵌入式系统手册》[586] 以及 Gajski 等 [168]、Popovici 等 [432] 所著的书籍。
- 嵌入式系统教学方法可在嵌入式系统教育（Embedded Systems Education，WESE）研讨会中查询，请从参考文献 [183] 中查阅 2015 年度研讨会的信息。
- 关于嵌入式与实时系统的欧洲卓越网络 [23] 提供了本领域的大量链接。
- ACM 特别兴趣组（Special Interest Group，SIG）[8] 的网页聚焦于嵌入式系统。
- 专注于嵌入式 / 信息物理系统的研讨会包括嵌入式系统研讨周（embedded systems week，请参见 http://www.esweek.org）和信息物理系统研讨周（cyber-physical systems week，请参见 http://www.cpsweek.org）。
- 机器人学是和嵌入式以及信息物理系统密切相关的领域。关于机器人学的信息，我们推荐 Siciliano 等 [462] 所著的书籍。
- 还有一些关于物联网的专著及文章 [179, 185-186]。

1.8　习题

建议在家里或者翻转课堂的研讨中解决如下问题。

1.1　请列出"嵌入式系统"一词可能的定义。

1.2　你会如何定义"信息物理系统"？是否发现了"嵌入式系统"与"信息物理系统"间的任何差异？

1.3　什么是"物联网"（IoT）？

1.4　"工业 4.0"的目标是什么？

1.5　本书以何种方式来覆盖信息物理系统与物联网？

1.6　你在哪个应用领域中看到了信息物理系统与物联网的机遇？你期望信息技术在哪里引起主要改变？

1.7　运用你所获得的资源来证明嵌入式系统的重要性！

1.8　为了完全把握这些机遇，应克服哪些挑战？

1.9　什么是硬实时约束？什么是软实时约束？

1.10　什么是"芝诺效应"？

1.11　什么是自适应采样？

1.12　在设计嵌入式系统时必须要考虑哪些目标？

1.13　为什么我们对能源感知计算感兴趣？

1.14　基于 PC 的应用与嵌入式 /CPS 应用的主要区别是什么？

1.15　什么是反应式系统？

1.16　你在哪个网站上找到了本书的配套资料？

1.17　请将你的培养计划中的课程与本章所描述的课程进行比较。你的培养计划中缺失了哪些预备知识？有哪些高级课程？

1.18　翻转课堂指的是什么？

1.19　如何建模设计流？

1.20　什么是"V 模型"？

1.21　如何定义"合成"一词？

规格与建模

我们如何描述将要设计的系统，如何表示中间的设计信息呢？本章将阐述获取最初规格以及中间设计信息的模型和描述技术。

2.1 需求

与简化的设计流（如图 1-8 所示）一致，我们将率先阐述规格化嵌入式系统的需求和方法。嵌入式系统的规格提供了在设计系统下（System Under Design, SUD）的模型。这些模型可被定义为如下形式。

定义 2.1（Jantsch [256]） 模型是另一个实体的简化，该实体既可以是一个物理实体也可以是另一个模型。模型精确地包含了与给定任务相关的建模实体的特征与属性。对于一个任务而言，如果模型不包含该任务相关特性以外的任何特性，那么这个模型就是最小化的。

我们可用语言来描述这些模型，语言应该能够呈现如下特征⊖。

层次结构：人们很难理解包含诸多对象（状态、组件等）且彼此具有复杂关系的系统。对所有实际系统的描述需要有比人们能理解的更多的对象。层次结构（与**抽象**相结合）是有助于解决这一难题的一个关键机制。引入层次结构可以让人们在任何时刻都只需处理少量的对象。

这里有两种层次结构。

- **行为层次结构**：行为层次结构是由描述系统行为所必需的对象构成的层次结构。状态、事件以及输出信号都是该类对象的示例。
- **结构化层次结构**：结构化层次结构描述了物理组件如何构成系统。

例如，嵌入式系统可以由处理器、存储器、作动器与传感器组成。而处理器又由寄存器、多路复用器以及加法器构成。多路复用器由门逻辑组成。

基于组件的设计 [464]：根据系统组件的行为来得到系统行为必须是"非常容易"的。如果两个组件相连，那么所产生的新行为就应该是可预测的。例如，假定我们要为汽车增加另一个组件（如某个 GPS 单元）。那么，新加组件对整个系统行为（包括总线）的影响应该是可预测的。

并发性：实际系统是包括多个组件的分布式并发系统。因此，能够对并发性进行便捷的规格化处理是很有必要的。然而，人们并不能很好地理解并发系统，而且，实际系统中的很多问题事实上都是由于对并发系统的可能行为的不完全理解所导致的。

同步与通信：各组件之间必须能够进行通信和同步。没有通信，各组件就不能协作，只能单独使用它们。同样，也必须在资源的使用方面达成一致。例如，表示互斥就是必需的。

⊖ 这里列出的内容引自 Burns 等 [81]、Bergé 等 [542] 以及 Gajski 等 [166] 书籍。

计时行为（timing behavior）：许多嵌入式系统都是实时系统，因此，明确的计时要求是嵌入式系统的特征之一。从"信息物理系统"一词来看，对时间进行显式建模的要求很明显。时间是物理学中的一个关键维度。因此，有关计时的要求**必须**在嵌入式系统/信息物理系统的规格中体现。

然而，计算机科学的标准理论仅以非常抽象的方式对时间进行建模。符号大 O 就是其示例之一。这个符号反映了函数的增长率，常用于建模算法的运行时间，但它并不描述实际的执行时间。物理学中的量具有单位，而符号大 O 却没有。因此，它不能对几飞秒（femtosecond，即毫微微秒）和几个世纪进行区分。类似的说法也适用于算法的终止特性。标准理论所聚焦的是如何证明一个特定算法的最终结束。对于实时系统，我们需要证明某些计算是在给定时间内完成的，但总体而言，算法可能要一直运行直至电源关闭。

据 Burns 与 Wellings 的论述 [81]，必须能够在如下 4 个情景中对时间进行建模。

- 度量**运行时间**（elapsed time，流逝时间、经过的时间）的技术。对于许多应用而言，需要核对自计算开始执行已耗费了多少时间。访问定时器将为此提供相应的机制。

- 将**进程延迟**特定时间的方法。通常，实时语言提供了某种延迟机制。然而，嵌入式系统在软件的典型实现中并不能保证延迟时间的精确性。我们假设任务 τ 要被延迟 Δ 时间。通常，该延迟是通过把任务 τ 在操作系统中的状态从"就绪"或"运行"切换至"挂起"来实现的。在时间间隔结束时，任务状态由"挂起"变为"就绪"。这并不意味着该任务实际已执行。如果某个高优先级的任务正在执行或者没有采用抢先机制，则这个延迟任务的延迟时间会超过 Δ。

- 设定**超时**的可能性。在很多情形中，必须等待特定的事件发生。然而，在给定的时间间隔内该事件可能不会到来，我们想要收到这种状态的通知。例如，我们可能会等待某个网络连接的响应。在给定的时间内（如 Δ），如果没有收到响应，我们希望得到一个通知。这就是**超时**的用途。实时语言也常常提供某种超时机制。超时的实现通常也有之前所述延迟中存在的问题。

- 设定**截止期**与**调度**的方法。许多应用必须在限定的时间内完成某些计算。例如，一旦汽车的传感器通知出现了事故，安全气囊就必须在 10ms 内被弹出。在这种情形下，我们应确保软件在给定的时间内决定是否弹出气囊。如果安全气囊弹出过晚，乘客就有可能受伤。令人遗憾的是，大多数语言并不允许设定定时约束。如果可以设定它们，那么就应该在单独的控制文件、弹出菜单等部分进行设定。然而，即使我们能够设定这些约束，情况依然糟糕：许多现代硬件平台中并没有预测性很好的计时行为。高速缓存、流水线停顿、预测执行、任务抢先以及中断等因素会对执行时间造成影响，使其极难预测。因此，**计时分析**$^{\ominus}$（timing analysis，验证定时约束）是一个非常难的设计任务。

面向状态的行为（state-oriented behavior）：在第 1 章已经提及，自动机为建模反应式系统提供了一个好的机制。因此，自动机所提供的面向状态的行为应该是易于描述的。然而，经典的自动机模型仍是不够的，因为它们不能对时间建模且不支持层次结构。

事件处理（event handling）：鉴于嵌入式系统的反应式本质，必须有描述事件的相应

$\ominus$ 常译为时序分析，这里突出对执行时间的预测，且为了与前文中的译法统一，译为计时分析。——译者注

机制。该类事件可以是外部事件（由环境引发的）或者内部事件（由所设计系统的组件引发的）。

面向异常的行为（exception-oriented behavior）：在许多实际系统中，的确会发生异常。为了设计可信的系统，必须能够描述快捷处理异常的动作。为每个状态（如经典状态图中的情况）都指定异常是不可接受的。

示例2.1 在图 2-1 中，输入 k 可能对应于一个异常。

为每个状态都指定异常会让整个状态图变得非常复杂，这种情形在具有更多迁移的更大状态图中会变得更加糟糕。我们将展示如何用一个迁移来替代所有这些迁移（见图 2-12）。▽

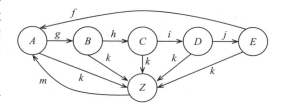

图 2-1　带有异常 k 的状态图

编程元素的存在：流行的程序设计语言已被证明是用来表示必须被执行的计算的有效手段。因此，程序设计语言元素在所采用的规格技术中应该是可用的。经典的状态图并不能满足这个要求。

可执行性：规格并不能与人们头脑中的想法自动保持一致。规格的执行是合理性检查的一个手段。使用编程语言的规格在这种情况下有明显的优势。

对大系统设计的支持：嵌入式软件程序日益庞大和复杂，软件技术已经给出了设计该类大系统的机制。例如，面向对象就是这样一种机制，这在规格方法学中是有效的。

特定于领域的支持：如果同一种规格技术能够应用于所有不同类型的嵌入式系统，当然是再好不过的事情了，因为这将最小化开发规格技术和支持工具的工作量。然而，由于应用所涉及的领域广泛（包含 1.2 节所列出的那些内容），在所有这些领域中采用一种语言来有效表示规格几乎是不可能的。例如，控制为主、数据为主以及集中式和分布式应用等领域都可以从专用于这些领域的语言特征中获益。

可读性：当然，规格对于设计人员必须是可读的，否则，就不能验证规格是否满足人们在设计系统中所指定的真实意图。所有的设计文档也应是机器可读的，以便在计算机中进行处理。因此，规格要以人和计算机都可读的方式来进行编制。

最初，这样的规格可以采用英语或日语等自然语言来编写。实际上，这种自然语言描述应该被编制在设计文档中，从而可以在这些最初的文档上检验最终的实现。然而，自然语言对于后续的设计阶段是远远不够的，因为自然语言缺少了规格技术的关键要求：必须检验规格的完整性和无二义性。此外，应该以系统方式从规格中派生出实现。自然语言并不能满足这些需求。

可移植性和灵活性：规格应独立于特定的硬件平台，以便被应用于不同的目标平台。理想情况下，更改硬件平台不应对规格产生影响。实际上，可能必须要容忍一些小的改动。

终止：从规格中识别**终止**进程应是可行的。这意味着我们希望对停机问题（关于特定算法是否将会终止的问题，请参考文献 [469]）使用那些规格。

对非标准 I/O 设备的支持：很多嵌入式系统使用 PC 中并不常见的 I/O 设备。对于这些设备，应方便地描述输入与输出。

非功能性属性：在设计实际系统时，必然会呈现出一组非功能性属性，如容错、规模、可扩展性、期望的寿命、功耗、重量、可处置性（disposability）、用户友好以及电磁兼容性

（EMC）等。我们不能期望可以正式定义所有这些属性。

对可信系统设计的支持：规格技术应该对设计可信系统提供支持。例如，规格语言应具有清晰的语义、方便的形式化验证且能够描述防护安全性和可靠安全性需求等。

不存在影响生成高效实现的障碍：因为嵌入式系统必须是高效的，所以在规格中不应出现禁止生成高效实现的任何障碍。

合适的计算模型（MoC）：结合顺序执行与某些通信技术的冯·诺依曼模型是一个常用的计算模型。然而，该模型存在一系列严重的问题，对于嵌入式系统更是如此。其存在的问题有如下几个方面。

- 缺少描述计时的组件。
- 隐式地，冯·诺依曼计算模型以访问全局共享内存为基础（像 Java 语言中一样）。这就必须保证对共享资源的互斥访问。否则，允许在任何时候都可以抢先的多线程应用可能会导致不可预测的程序行为$^{\ominus}$。然而，为确保互斥访问使用的原语可能容易引起死锁。这些可能的死锁难以检测，也可能在很多年里都不会被发现。

示例2.2 Lee[316] 在该方向上给出了一个相当令人担忧的示例。Lee 使用 Java 研究了一个简单的观察者模式实现。该模式中，值的改变必须从某个生产者传播到一组订阅的观察者。这在嵌入式系统中是一个非常常用的模式，但在带有抢先机制的多线程冯·诺依曼环境中很难正确实现。Lee 给出的代码是在多线程环境下该观察者模式的 Java 实现。

```
public synchronized void addListener(listener) {...}
public synchronized void setValue(newvalue)
  {
   myvalue=newvalue;
   for(int i=0; i<mylisteners.length; i++) {
     myListeners[i].valueChanged(newvalue) }
  }
```

addListener 方法订阅了新的观察者，setValue 方法则将新的值广播给订阅的观察者。通常，在多线程环境下，这些线程在任何时候都可被抢先，从而造成这些线程任意交错执行。在 setValue 已被激活时添加观察者可能会引起混乱，即我们将不知道新值是否已经分发给了新的监听者（listener）。此外，观察者集合构成了这个类的全局数据结构。因此，为了避免在这些值部分传播时对观察者集合产生变动，这些方法会被同步。这种方式下，以上两个方法在某个特定时刻只能有一个被激活。在多线程环境下，为了防止不可预测地交替执行这些方法，互斥执行是有必要的。为什么说这段代码是有问题的？问题在于 valueChanged 方法会尝试独占地访问某些资源（如 R）。如果该资源已被分配给其他方法（如 A），那么这个访问就会被延迟，直至 A 释放了 R。如果 A 在释放 R 之前调用（可能是间接地）了 addListener 和 setValue，那么这些方法将会陷入死锁：setValue 等待 R，释放 R 则要求 A 进行处理，而 A 不能在它所调用的 setValue 或 addListener 方法得到服务之前进行处理。因此，将会陷入死锁。

这个示例证明了采用多线程引起了死锁，这些线程可被任意抢先且要求以互斥方式访问临界资源。Lee[316] 指出，针对该问题提出的诸多"解决方案"都是有问题的。因此，这

$\ominus$ 操作系统课程中通常会给出示例。

个极为简单的模式在多线程冯·诺依曼环境中也很难正确地实现。这个示例表明，并发性对于我们而言的确有些难以理解，而且，即使是进行了严格的代码审查也可能存在失察的风险。   ▽

Lee 得出了极端结论，即"使用线程、信号量以及互斥等机制所编写的复杂软件对于人们而言是不可理解的"以及"作为并发模型，线程与嵌入式系统的匹配很差。……仅在尽力调度策略足够有效的情况下……它们运转良好"[318]。

在操作系统范畴，已对造成死锁的潜在原因进行了详细研究（例如，请参考文献[483]）。从该范畴的研究可知，要在运行时进入死锁需要满足 4 个条件：互斥、资源的非抢先、持有资源并等待更多资源以及多线程之间的循环依赖。显然，上例满足了全部这 4 个条件。操作系统理论没有给出解决该问题的通用方式。对于 PC，死锁很少是可接受的，对于安全关键型系统而言死锁是明确不可接受的。

我们希望指定 SUD，从而无须关心可能发生的死锁。因此，研究能够避免该问题的非冯·诺依曼计算模型是有意义的。从下一节开始，将研究该类计算模型。我们将看到，观察者模式可以在其他计算模型中轻松实现。

从需求列表中可以清楚地看出，没有任何一种形式化语言能够满足全部需求。因此，在实践中，我们必须采取折中方案并且可能会使用混合语言（其中的每一种都只适合描述特定类型的问题）。为一个实际的设计选择所用的语言，将依赖于应用领域以及该设计所要运行的环境。在接下来的内容中，我们将对可用于实际设计的一组语言进行论述，这些语言将展示对应于计算模型的内在特性。

2.2　计算模型

计算模型（MoC）描述了假定用于执行计算的机制。一般情况下，我们必须考虑由组件构成的系统。现在，常见的做法是严格区分在组件中执行的计算以及通信。这类区分为在不同环境中**复用组件**铺平了道路，同时也使系统组件可以即插即用。因此，如下给出了计算模型的定义[255-257, 315]。

定义 2.2　**计算模型**（MoC）定义了如下内容。
- **组件**以及基于组件的计算架构：程序、进程、函数、有限状态机都是可能的组件。
- **通信协议**：描述了组件间的通信方法。异步消息传递与预约式通信都是通信协议的例子。

组件间的关系可以表示为图。在图中，我们把计算也称为进程或任务。相应地，组件间的关系用**任务图**和**进程网络**表示。图中的节点表示执行计算的组件，计算将输入数据流映射到输出数据流。有些时候，计算是采用高级编程语言实现的，典型的计算包括（可能是无穷尽的）迭代。在迭代的每一个周期中，它们都使用输入数据，处理接收到的数据，并在输出流上生成数据。图中的边代表了组件间的关系。现在，我们将更详细地讨论图。

计算间最为明显的关系是因果依赖：很多计算仅在其他计算完成后方能执行，这种依赖关系通常表示在**依赖图**中。图 2-2 给出了一组计算的依赖图。

定义 2.3　依赖图是一个有向图 $G=(\tau, E)$，其中 τ 是**顶点**或**节点**的集合，E 是**边**的集合。$E \subseteq \tau \times \tau$ 表示 τ 上的关系。如果有 $(\tau_1, \tau_2) \in E$ 且 $\tau_1, \tau_2 \in \tau$，那么 τ_1 就被称为 τ_2 的**直接前驱**，τ_2 则被称为 τ_1 的**直接后继**。假设 E^* 是 E 的传递闭包，如果 $(\tau_1, \tau_2) \in E^*$，那么 τ_1 就被称为 τ_2

的**前驱**，而 τ_2 则被称为 τ_1 的**后继**。

依赖图形成了任务图的一个特例。任务图可能比图 2-2 所示模型包含更多的信息。例如，任务图可能包括如下的依赖图扩展。

计时信息。任务可能具有到达时间、截止期、周期以及执行时间。为了将其以图形化方式展示，将这些信息包含在图中是有用的。然而，我们在本书中把这些信息与图分开进行说明。

计算之间**不同关系类型的区别**。优先序关系仅对可能的执行序列约束进行建模。在更加详细的层次上，这对于区分调度约束和计算间的通信可能有用。通信也可用边来表示，但在每一条边上会有一些额外信息，如通信时间和交换的信息量等。优先序的边是这些边中独立的一类，因为可能会存在这样一种情形，即使这些边不交换信息，计算也必须按顺序执行。

在图 2-2 中，输入与输出（I/O）并未被明确描述。隐含地，假设该图中没有任何前驱的计算可能会在某些时刻接收输入。同样，它们可能为后继生成输出，而且，该输出仅在该计算结束后才有效。这对于更为明确地描述输入和输出通常是有用的。为了做到这一点，我们需要另一种关系。使用与 Thoen[515] 相同的符号，我们采用半实心圆符号来表示输入和输出。在图 2-3 中，半实心圆标识了 I/O 边。

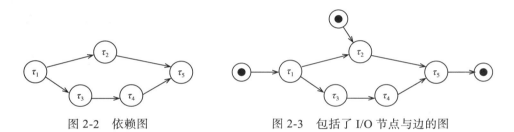

图 2-2　依赖图　　　　　　　图 2-3　包括了 I/O 节点与边的图

资源的独占访问。计算可能会请求对某些资源进行独占访问，例如，某些 I/O 设备或存储器中某些用于通信的区域。在调度过程中，与必要的独占访问有关的信息应该被考虑进来。例如，使用该信息可避免优先级翻转问题（请参见 4.2.1 节）。涉及资源独占访问的信息可包含在这些图中。

周期性调度。很多计算，尤其是数字信号处理中的计算，都是周期性的。这意味着我们必须更加仔细地区分任务及其执行（后者常被称为**作业**（job）[332]）。该类调度的图是无限的。图 2-4 包含了一个周期性任务的 J_{n-1} 到 J_{n+1} 作业。

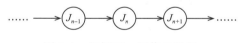

图 2-4　包括了一组作业的图

分层图节点。图节点所表示的计算复杂度可能会有很大差异。一方面，特定的计算可能相当复杂，包含成千上万行程序代码；另一方面，程序可以被分割为小的代码段，从而在极端情况下，每个节点仅对应于某个操作。图节点的复杂度也被称为**粒度**（granularity）。那么，应该采用什么样的粒度呢？对此，并不存在统一的答案。对于某些情形而言，粒度应尽可能大。例如，如果我们将每个节点都作为被实时操作系统（RTOS）调用的一个进程，为了将不同进程间的上下文切换最小化，采用大的节点可能是明智的。而对于其他情形，采用仅建模为单个操作的节点可能会更好。例如，节点必须被映射到硬件或软件。如果某个操作（例如常用的离散余弦变换，简写为 DCT）可以被映射到特定用途的硬件，那么，它就不应放置在一个包含诸多其他操作的复杂节点之中。反之，应将其建模为自己的节点。为了避免粒度的频繁改变，分层图节点非常有用。例如，在较高的层次，节点可能表示复杂任务，在较低层次表示一些基本块[⊖]，而在更低层次上则表示单个算术操作。图 2-5 给出了图 2-2 所示依赖图的分层版本，其使用矩形来表示一个分层节点。

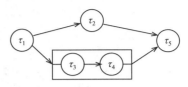

图 2-5　分层的任务图

　　如上所述，可以根据通信模型（表示为任务图中的边）以及组件（表示为任务图中的节点）中的计算模型对计算模型（MoC）进行分类。下面，我们将解释该类模型的一些典型示例。

　　通信模型。我们区分一下**共享内存**和**消息传递**两个通信范式，当然，还存在其他通信范式（如量子力学中的纠缠状态 [64]），但本书中并未提及。

- **共享内存**：通信是通过让所有组件都访问相同的内存区域来实现的。共享内存的访问应得到保护，除非访问被全部限定为读取。如果包含写操作，那么在多个组件访问共享内存时就必须保证对内存区域的独占访问。必须保证独占访问的程序代码段被称为**临界区**（critical section）。研究人员已经提出了确保对资源进行独占访问的一组机制，包括信号量、条件临界区、监控器以及自旋锁等（请查阅操作系统书籍，如Stallings[483]）。基于共享内存的通信非常快速，但在不提供物理公共内存的多处理器系统中这是难以实现的。

- **消息传递**：该机制中，发送和接收消息。即使没有可用的公共内存，消息传递的实现也非常简单。然而，消息传递一般都比基于共享内存的通信更慢。我们对 3 类消息传递进行了区分。

  - **异步消息传递**（也称为**非阻塞式通信**）：在异步消息传递中，组件经由通道发送消息以实现通信，通道可以缓冲消息。发送方无须等待接收该消息的接收方就绪。在实际生活中，这对应于发送一封信件或电子邮件。潜在的问题是，必须存储消息而且消息缓冲区可能会溢出。该机制还有很多变体，包括通信有限状态机以及数据流模型。

  - **同步消息传递**或**阻塞式通信**、**基于预约**（rendez-vous）的通信：在同步消息传递中，可用的组件会以原子的、称为预约的瞬时动作进行通信。到达通信位置的第一个组件必须等待，直至与之对应的组件也执行到它的通信位置。在实际生活中，这对应于会议或者电话呼叫。这种方式不会有溢出的风险，但性能可能会打折扣。符合该计算模型的语言示例包括 CSP 以及 Ada。

  - **扩展的预约**、**远程调用**：该机制下，仅在发送方接收到接收方发来的应答之后，发送方才能继续执行后面的操作。接收方不必在接收到消息后立即发送应答，可以在实际发送应答之前进行一些基本的校验。

组件中的计算组织。

- **微分方程**：微分方程能够对模拟电路和物理系统进行建模，因此，我们可以在信息物理系统模型中找到它们的应用。

- **有限状态机**（FSM）：该模型是基于状态、输入、输出及状态间迁移的有限集概念建立起来的。这些状态机中的一部分可能需要通信，形成所谓的**通信有限状态机**（CFSM）。

⊖　基本块是不包括任何分支（除了末端之外）且不作为分支的最大长度的代码块。

- **数据流**：在数据流模型中，由数据的可用性来触发和执行可能的操作。
- **离散事件模型**：在该模型中，有些事件带有完全有序的时间戳，其表示事件发生的时间。离散事件仿真器通常存储一个按时间排序的全局事件队列。该队列中的条目都依这个顺序进行处理。不足之处在于，该模型依赖于事件队列的全局概念，这使得将该语义模型映射到并行实现非常困难。类似的示例包括 VHDL、SystemC 以及 Verilog。
- **冯·诺依曼模型**：该模型是以原始计算序列的顺序执行为基础的。

组合模型。实际的语言通常将组件中的计算架构与某种通信模型相结合。例如，StateCharts 组合了有限状态机与共享内存；SDL 组合了有限状态机与异步消息传递机制；Ada 和 CSP 将冯·诺依曼执行与同步消息传递机制进行了组合。表 2-1 给出了组合模型的概览，我们将在本章关注这些模型中的大多数。该表也包括许多计算模型的语言示例。

表 2-1 所关注的计算模型与语言概览

组件的通信 / 组织	共享内存	消息传递	
		同步	异步
未定义组件	纯文本或图形、用例		
		（消息）序列图	
微分方程	Modelica、Simulink、VHDL-AMS		
通信有限状态机（CFSM）	StateCharts		SDL
数据流	Scoreboarding 算法、Tomasulo 算法		卡恩网络、SDF
Petri 网		C/E 网、P/T 网	
离散事件（DE）模型 [a]	VHDL、Verilog 以及 SystemC	（仅实验系统）Ptolemy 中的分布式离散事件	
冯·诺依曼模型	C、C++、Java	C、C++、Java、库	
		CSP、Ada	

a. VHDL、Verilog、SystemC 是基于这些语言在仿真器中的实现来分类的，用这些语言可以在仿真器内核 "之上" 对消息传递进行建模。

我们来看看带有已定义模型的一组计算模型，该模型用于组件内的计算。对于微分方程来说，Modelica 建模语言 [382]、Simulink[510] 等商业语言、硬件描述语言 VHDL 的扩展 VHDL-AMS [236]，都是相应语言的例子。

Scoreboarding 算法以及 Tomasulo 算法是由数据流驱动的技术，在计算机体系结构中用于动态调度指令。这些算法在计算机体系结构类书籍中有广泛阐述（例如，请参见 Hennessy 与 Patterson 的著作 [205]），在本书中则未提及。

某些计算模型对于某个特定的应用领域具有优势，而其他计算模型则对于其他应用领域具有优势。为特定应用选择 "最好的" 计算模型可能会比较困难。混合计算模型（如 Ptolemy 框架 [435]）可能是应对这个困境的一条出路。同样，也可以将这些模型从一个计算模型转换为另一个。非冯·诺依曼模型通常被转换为冯·诺依曼模型。如果不同模型之间的转换并不难，就说明这些模型之间的差异是较为模糊的。

从非冯·诺依曼模型开始的设计通常被称为**基于模型的设计** [400]。基于模型的设计的关键思想是对在设计系统（System Under Design，SUD）建立某个抽象模型。之后，就可以在该模型层面上对在设计系统的属性进行研究，而不用关心软件代码。只有在对模型的行为进行了细致研究之后，才可生成软件代码，该软件是自动生成的[453]。"基于模型的设计"一词常常与控制系统的模型相关联，这种控制系统包含积分器、微分器等传统的控制系统部件。这个观点可能过于严苛，因为我们也可以从消费者系统的抽象模型开始。

在接下来的内容里，我们将讨论不同的计算模型，并采用已有的语言作为示例来说明其特征。Edwards 给出了一个与之相关（但简短）的综合论述[141]。如果读者想要更为全面地了解相关内容，请参考文献 [180]。

2.3 早期设计阶段

有关系统的最初想法常常是以非正式的方式获得的，很可能是纸面上的。通常，在设计项目的早期阶段，仅存在基于英语或日语等自然语言的在设计系统描述。它们经常采用一种非正式的形式。这些描述应该体现在某些机器可读的文档中，应按某种文字处理器的格式进行编码并且由管理设计文档的工具进行存储。一个好的工具应该允许需求间的连接、依赖性分析以及版本管理。DOORS[221] 就是该类工具的一个典型代表。

2.3.1 用例

对于许多应用而言，设想在设计系统的潜在使用方式是非常有益的，这些使用方式在**用例**中被捕获。用例描述了在设计系统的可能应用。用例中可使用不同的符号。

支持早期规格阶段的系统化方法，是 UML 标准化的目标[161, 199, 413]。UML 是"统一建模语言"（Unified Modeling Language），由顶级的软件技术专家设计并得到商业工具的支持。UML 主要瞄准于对软件设计过程的支持，为用例提供了一个标准形式。

就用例而言，既不存在精确表示的计算模型也不存在精确表示的通信模型。常见的争论在于，这样做是故意的，以避免在早期设计阶段对细节有过多的关注。

示例2.3 图 2-6 给出了应答机的一些用例⊖。应答机的拥有者有 5 个用例，潜在的呼叫者有 1 个用例。我们必须确保这 6 个用例可被正确实现。   ▽

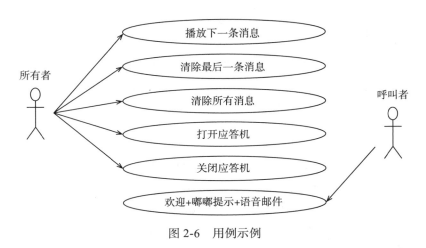

图 2-6   用例示例

用例确定了不同的用户类型以及在设计系统所支持的应用。这种方式下，有可能在较高的层次上达成期望。

⊖ 假设在软件工程课程里已深入讲解了有关 UML 的内容，因此，在本书中 UML 仅被简要讨论。

2.3.2 （消息）序列图以及时间 / 距离图

在更为详细的层次上，我们可能想要明确地表示为了实现在设计系统的某种用法而必须在组件之间交换消息的序列。**序列图**[*]（Sequence Chart，SC）——早期被称为**消息序列图**（MSC）——对此提供了一种机制。序列图使用二维图中的一维（通常是竖直维度）来表示序列，第二个维度用于表示不同的通信组件。序列图描述消息传递之间的偏序，同时展示在设计系统的可能行为。在 UML 中，序列图已被标准化。UML 2.0 提供了扩展的序列图，其带有较 UML 1.0 中的描述更为详细的元素。

示例2.4 作为示例，图 2-7 给出了应答机的一个用例。虚线也被称为生命线，假定消息是沿着它们的生命线进行排序的。在本例中，我们假设所有信息都以消息的形式进行发送。图中的箭头表示异步消息，这意味着发送方可以发送多个消息而无须等待接收方的确认。生命线顶部的方框表示对应组件的主动控制。本例中，应答机正在等待用户在某一时间内接听电话。如果他没有这样做，应答机会自己发送一个接听信号并向呼叫者发送一条欢迎消息。假定呼叫者随后会留下一条语音消息。在此处未列出其他情形的序列（例如，呼叫者更早地结束呼叫或者被呼叫者接听电话）。   ▽

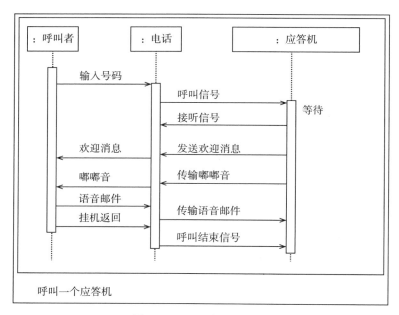

图 2-7　UML 中的应答机

依赖复杂控制的动作不能用序列图来描述。对此，必须使用其他计算模型。通常，在使用序列图之前必须要满足某些前置条件，该类前置条件（可能发生的序列与必然发生的序列之间的区别）以及其他扩展在活动序列图（live sequence chart）中都是可用的[114]。

时间 / 距离图（TDD）是序列图的一个常用变体。在时间 / 距离图中，垂直维度不仅反映序列，还给出了实际时间。在某些情况下，水平维度也对组件之间的距离进行建模。TDD 为火车或公交车的可视化调度提供了合适的方法。

---

[*]　也称为时序图、循序图或顺序图。——译者注

示例2.5 图 2-8 是一个 TDD 示例。该示例描述了在阿姆斯特丹、科隆、布鲁塞尔和巴黎之间运行的火车。火车可以从阿姆斯特丹或科隆经由布鲁塞尔驶往巴黎，亚琛是科隆和布鲁塞尔之间的经停站。竖线段对应于在车站停留的时间。在这些火车中，从科隆和阿姆斯特丹驶来的火车会在布鲁塞尔站有停靠时间上的重叠。在巴黎和科隆之间行驶的第二类火车与阿姆斯特丹并无关联。这个示例以及其他例子都可以用 levi 模拟软件来模拟[473]。　　▽

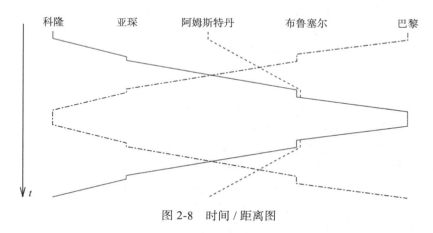

图 2-8　时间 / 距离图

示例2.6 图 2-9 给出了一个更大、更加现实的示例。

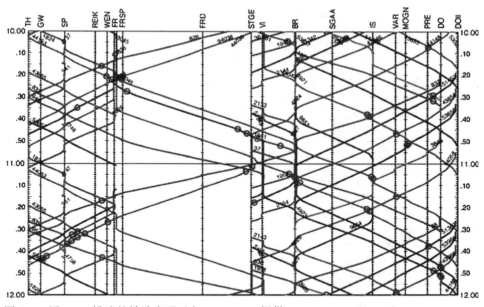

图 2-9　用 TDD 描述的铁路交通（由 H. Brändli 提供，IVT，ETH Zürich），© ETH Zürich

这个示例[215]模拟表示了瑞士 Lötschberg 地区的铁路交通。不同车站的名字沿着水平线标注，垂直维度则给出了实际时间。在图 2-9 中，慢车和快车用它们的斜率来区分。慢车的特点是斜率更大，也可能包含客观的在车站等待时间（垂直斜率）。对于快车而言，斜率几乎是扁平的，它们只在部分车站停靠。

在上述示例中，无法获知停靠时间的重叠是巧合还是接驳车辆实际同步的需求。此外，

从该调度中也无法看出所允许的偏差（最小 / 最大时间行为）。　　　　　　　　　▽

序列图和时间 / 距离图在实际中使用得非常频繁。例如，它们对于物联网应用非常有价值。序列图和时间 / 距离图之间的一个关键区别在于，序列图中未包含任何对实际时间的引用。就常见的调度而言，时间 / 距离图是更为合适的方式。然而，序列图和时间 / 距离图都无法提供与同步相关的必要信息。

UML 最初并非为实时应用设计的。UML 2.0 中包括了**定时图**[⊖]（timing diagram），其是图中特定的类。这样的图支持对物理时间的引用，这与时间 / 距离图类似。同样，某些 UML 的"配置"文件允许为时间引用增加一些附加的注解 [352]。

2.3.3　微分方程

我们可以用数学语言写出微分方程。设计工具的输入通常需要该类语言的某些变体。我们以 Modelica 作为该类变体的一个示例 [382]，该语言主要用于对信息物理系统进行建模。Modelica 具有图形以及文本两种形式。使用图形形式时，系统可被描述为互连块的集合，每个块可由一组方程表示，块之间的连接表示数学意义上的公共变量。每个块的信息可与关于连接的信息一起被转换为全局方程组，这个过程被称为层次结构的扁平化。正如数学中方程（以及连接）具有双向的含义一样（与编程语言对比）。

示例2.7 如下模型[⊖]对应于给出的弹跳球示例。

```
model StickyBall
  type Height = Real(unit = "m");
  type Velocity = Real(unit = "m/s");
  parameter Real s = 0.8 "Restitution";
  parameter Height h0 = 1.0 "Initial hight";
  constant Velocity eps = 1e-3 "small velocity";
  Boolean stuck;
  Height h;
  Velocity v;
initial equation
  v = 0;
  h = h0;
  stuck = false;
equation
  v = der(h);
  der(v) = if stuck then 0 else -9.81;
  when h< = 0.0 then
      stuck = abs(v)<eps;
      reinit(v, if stuck then 0 else -s*v);
  end when;
end StickyBall;
```

在方程部分，速度 v 被定义为高度 h 的导数。速度的导数（加速度）被设置为标准的重力加速度（-9.81），除非这个球已经停在地面。方程组具有双向含义。对于这组方程，在初始方程部分定义了一组边界条件。数学方程可以被数字化地积分，该过程可用于描述弹跳：when 语句可用来定义求解方程时发生的事件。在具体的示例中，当高度小于等于 0 时就会

　⊖　也常译为时序图。——译者注
　⊖　该模型源自 M.Tiller 所发布的模型 [517]。

生成一个事件。无论这个事件何时产生，只要速度足够大，该速度就会被反向且以因子 s 减小，这称为**回弹**。reinit 语句实际上定义了另一个边界条件。

然而，如果速度小于 eps，球就被假定为是黏性的且其速度为 0，并停止未来的一切活动。我们可用工具（如 OpenModelica[⊖]）对所得到的模型进行模拟。

其数学背景可描述为：被释放后，球从开始弹起（弹起时为 0）经过了距离 $x = \frac{g}{2}t^2$，此时是 t_0 时刻，$x = h_0$ 且速度为 v_0。t_0 可由 $h_0 = \frac{g}{2}t_0^2$ 计算，v_0 则由 $v_0 = gt_0$ 计算。因此，$v_0 = \sqrt{2gh_0}$ 且 $t_0 = \frac{v}{g}$。弹起后，球以速度 $v = -sv_0 + gt$ 运行直至 $v = 0$。到达最高处的时间 t_1' 可由 $0 = -sv_0 + gt_1'$ 或者 $t_1' = s\frac{v_0}{g}$ 来计算。下落时，球下降的距离和弹起时一样多。因此，下一次弹起（弹起 1）将出现在弹起 0 的 $t = 2t_1' = 2s\frac{v_0}{g}$ 时间单元之后。每次弹起和下落的距离会较上一次的距离以一个因数 s 缩短。因此，1 到 n 次的弹跳发生时间可由式（2.1）计算。

$$t_n = \frac{v_0}{g} + \frac{2v_0}{g}\sum_{k=1}^{n}s^k = \frac{2v_0}{g}\sum_{k=0}^{n}s^k - \frac{v_0}{g} \qquad (2.1)$$

只要 s<1，这个几何级数将收敛于：

$$t_{\text{final}} = \lim_{n\to\infty}\frac{2v_0}{g}\sum_{k=0}^{n}s^k - \frac{v_0}{g} = \frac{2v_0}{g(1-s)} - \frac{v_0}{g} \qquad (2.2)$$

这意味着弹跳时间有一个上界，而不是在弹跳次数上。从数学上来说，其对应于无穷级数会收敛于一个有限值这一事实[⊖]。

使用 Modelica[⊜] 中关于导数的方程组使我们更接近数学和物理语言。然而，事件引入了序列化行为。隐式的数值积分过程也引入了数字精度问题的风险。实际上，之前的 <=0.0 测试已经反映出我们可能会错过 h 恰好为 0 的情形。另一个风险出现在已发布的非黏性球模型中[517]：数值精度问题导致了球 t 次穿透地板的 OpenModelica 解。产生这个问题的原因在于，当两次弹跳之间的时间间隔太小时未能生成事件。

该示例表明了 Modelica 的优点和局限性：一方面，描述信息物理系统中的物理部分是可行的；另一方面，我们没有精确地使用数学语言，在这种方式下，引入了对危险性的建模。   ▽

2.4 通信有限状态机

在接下来的内容里，我们将仅考虑数字系统的设计。与早期设计阶段相比，我们需要更加精确的在设计系统模型。前面已提到，需要描述面向状态的行为。状态图是解决该问题的一个经典手段，图 2-10（与图 2-1 一样）给出了一个经典状态图的示例，表示了一个**有限状态机**（FSM）。

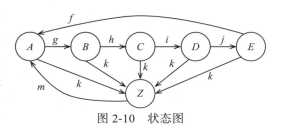

图 2-10   状态图

⊖ 请参见链接 https://openmodelica.org/。

⊖ 请查阅阿基里斯追龟说悖论[558]。

⊜ 一种开放的面向对象的以方程为基础的跨领域语言，可以方便地实现复杂物理系统的建模，包括机械、电子、电力、液压、热、控制及面向过程的子系统模型等。——译者注

圆圈表示状态。我们将关注仅有一个活跃状态的有限状态机。该类有限状态机也被称为**确定**有限状态机。边表示状态迁移，边的标号表示事件。假设有限状态机的某个状态是活跃的，且发生的一个事件对应于活跃状态的一条出边。之后，有限状态机将从当前的活跃状态迁移到这条边所指向的状态。有限状态机可能会隐式地计时。这样的有限状态机被称为**同步有限状态机**。对于同步有限状态机而言，其状态改变仅在时钟变化时发生。有限状态机也可以生成输出（在图 2-10 中未给出）。要获取关于经典有限状态机的更多信息，请查阅文献，如 Kohavi 等 [290]。

2.4.1 时间自动机

经典的有限状态机并未提供关于时间的信息。为了对时间进行建模，经典自动机需被扩展以包括计时信息。时间自动机本质上是使用实值变量扩展的自动机，"这些变量对系统中的逻辑时钟进行建模，系统启动时时钟初始化为 0，之后以相同的速率同步递增。时钟约束（如边上的监督条件）用来限制自动机的行为。当时钟值满足边上的监督条件时，边所代表的迁移将会发生。当一个迁移发生时，时钟被重置为 0" [46]。

示例 2.8 在图 2-11 给出的示例中，应答机通常处于左侧的初始状态。当接收到振铃（ring）信号时，时钟 x 被重置为 0 并迁移到等待（wait）状态。如果被呼叫者拿起了扬声器，应答机就会切入交谈模式，直至扬声器被放回。否则，如果时间值已达到 4，就迁移到播放信息（play text）状态。

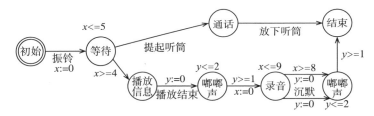

图 2-11 应答机中的接线服务

一旦发生迁移，就会播放一条已记录的语音信息，而且这个阶段会以嘟嘟声（beep）结束。时钟 y 确保该嘟嘟声至少持续一个时间单元。在嘟嘟声之后，时钟 x 再次被重置为 0 且应答机准备好录音。如果时间值达到 8 或者呼叫者保持沉默，就播放下一个嘟嘟声。第二个嘟嘟声再次持续至少一个时间单元。在第二个嘟嘟声之后，迁移至结束状态。在本例中，迁移要么是由输入引起的（如提起听筒），要么是由所谓的**时钟约束**触发的。   ▽

时钟约束描述了**可以**但并不是必须发生的迁移。为了确保迁移实际已发生，可以附加定义**位置不变量**。在本例中，采用位置不变量 $x \le 5$、$x \le 9$ 以及 $y \le 2$ 使得迁移在使能条件为真之后不超过一个时间单元的期限内发生。使用两个时钟仅是为了演示，单个时钟就已足够。

规范地讲，时间自动机可被定义为如下形式 [46]：令 C 表示时钟的实值非负变量集合，令 Σ 是可能输入的字母表。

定义 2.4 **时钟约束**是形式为 $x \circ n$ 或 $(x-y) \circ n$ 的一组原子约束的合取公式，其中 $x, y \in C$，$\circ \in \{\le, <, =, >, \ge\}$，且 $n \in \mathbb{N}$。

请注意，在约束中使用的常量 n 必须是整数，即使时钟是实数。扩展为有理数常量比较容易，因为使用简单的乘法就可以将它们转换为整数。令 $B(C)$ 是时钟约束的集合。

定义 2.5（Bengtsson [46]）　**时间自动机**是一个元组 (S, s_0, E, I)，其中各个参数的含义如下。

- S 是一个有限状态集。
- s_0 是初始状态。
- $E \subseteq S \times B(C) \times \Sigma \times 2^C \times S$ 是边的集合。$B(C)$ 对必须保持的合取条件进行建模，Σ 对迁移所需的输入进行建模，其中的迁移待使能。2^C 表示时钟变量的集合，无论迁移何时发生时钟变量都会被重置。
- $I : S \rightarrow B(C)$ 是每个状态的不变量集合。$B(C)$ 表示对于特定状态 S 必须成立的不变量，该不变量被描述为一个合取公式。

第一个定义常被扩展用来支持并行的时间自动机组合。拥有大量时钟的时间自动机通常是难以理解的。读者可在一些文献中找到有关时间自动机的更多细节，如 Dill 等 [128]、Bengtsson 等 [46]。

采用流行的 UPPAAL 工具[⊖]，就可以对时间自动机进行模拟和验证。UPPAAL 支持并发以及数据变量。

时间自动机用计时信息扩展了经典自动机。然而，时间自动机并不能满足我们对规格技术的诸多要求。特别是，在它们的标准形式中，并不提供对层次结构和并发的支持。

2.4.2　StateCharts：隐式共享内存通信

在这里，StateCharts 语言作为基于自动机语言的一个突出代表进行阐述，其支持层次结构模型以及并发。它包括对计时进行规格化的一种有限方式。

StateCharts 语言是由 David Harel 于 1987 年提出的 [197]，之后在参考文献 [135] 中给出了更为精确的描述。据 Harel 所说，该语言的命名源于"唯一未被使用的**流**（flow）或**状态**（state）与**图**（diagram）或**图表**（chart）的组合"。

2.4.2.1　层次化建模

StateCharts 语言描述扩展的有限自动机。鉴于此，它们可用于对面向状态的行为进行建模。这里关键的扩展是**层次结构**。层次结构是通过**超状态**的方式引入的。

定义 2.6　包含其他状态的状态被称为**超状态**。

定义 2.7　包含在超状态中的状态被称为超状态的**子状态**。

示例2.9　图 2-12 给出了一个 StateCharts 示例。这是图 2-10 的一个层次化版本。

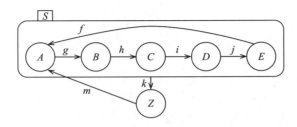

图 2-12　层次化状态图

⊖ 请在 http://www.uppaal.org 上获取学术版本，在 http://www.uppaal.com 上获取商业版本。

超状态 S 包括状态 A、B、C、D 和 E。假设该有限状态机处于状态 Z 中（我们也将 Z 称为**活跃状态**）。现在，如果输入 m 应用于该有限状态机，那么，状态 A 和 S 将成为新的活跃状态。如果有限状态机处于状态 S 中且输入为 k，那么，状态 Z 将成为新的活跃状态，而无须考虑有限状态机处于 S 的 A、B、C、D 或 E 的哪个子状态中。在本例中，包含 S 的所有状态都是非层次结构状态。   ▽

一般而言，S 的子状态可以是由本身一组子状态构成的超状态。另外，**无论何时，只要超状态的一个子状态是活跃的，则该超状态也是活跃的**。

定义 2.8 每个不包含其他状态的状态都称为**基本状态**。

定义 2.9 对于每个基本状态 s，包含 s 的超状态被称为**祖先状态**。

任何时候，图 2-12 所示的有限状态机只能处于超状态 S 的某个子状态中。该类超状态被称为**或型超状态**[⊖]。

在图 2-12 中，k 可能对应于一个必须从状态 S 中离开的异常。这个示例已经说明，StateCharts 中引入的分层机制能够对异常进行精简表示。

StateCharts 允许系统的层次化描述，其中，系统描述由子系统描述组成，而子系统描述又可能包含它的子系统描述。整个系统的**分层结构**可以被表示为**树**。树根对应于整个系统，所有的内部节点对应于分层的描述（在 StateCharts 中称为超节点）。分层体系中的叶子是非层次化的描述（在 StateCharts 中称为基本状态）。

迄今为止，我们已经对基本状态采用了显式、直接的边，以指明后续状态。该方法的不足之处在于，不能在环境中隐藏超状态的内部结构。然而，在一个真实的层次化环境中，我们应该能够隐藏这个内部结构，从而使其在后续可被描述或改变，且不会对环境造成影响。对于描述下一个状态的其他机制，这是可能的。

第一个附加机制是**默认状态机制**。该机制可用于超状态中，指定超状态变为活跃时将要激活的特定子状态。在图中，默认状态由起始端为小实心圆的边来标识。

示例2.10 图 2-13 给出了使用默认状态机制的状态图，其等价于图 2-12 所示的状态图。请注意，实心圆本身并不构成一个状态。   ▽

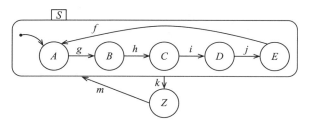

图 2-13   使用默认状态机制的状态图

用于指定下一个状态的另一种机制是**历史机制**。采用这个机制，就可能回到超状态退出之前最后一个活跃子状态。历史机制是由包含字母 H 的圆圈来表示的。请注意，不要将包含该字母的圆圈与状态相混淆！我们将为状态和历史机制使用不同的字体，以降低混淆的风险。为了给最开始进入超状态的迁移定义下一个状态，通常会将历史机制与默认机制组合起来使用。

⊖   更为精确地说，它们应被称为异或型（XOR）超状态，因为有限状态机处于 A、B、C、D 和 E 状态中的某一个。然而，这一命名在参考文献中并不常用。

示例2.11　图 2-14 给出了一个示例，该有限状态机的行为现在有些不同了。如果我们在系统处于 Z 状态时输入 m，之后恰好第一次进入 S，那么，有限状态机将进入 A 状态，否则它将进入之前离开 S 时所在的最后一个状态。这种机制有很多应用。例如，如果 k 表示一个异常，我们可以用输入 m 返回到异常之前的那个状态。状态 A、B、C、D 和 E 也可以像过程一样调用 Z。在完成"过程" Z 之后，将返回到调用状态。这种方式下，我们正在将编程语言的元素添加到 StateCharts 之中。

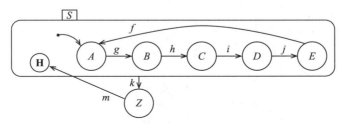

图 2-14　使用历史和默认状态机制的状态图

图 2-14 也可被重画为图 2-15 所示的形式。在这种情况下，默认和历史机制的符号被组合在一起。　　　　　　　　　　　　　　　　　　　　　　　　　　　　　　　▽

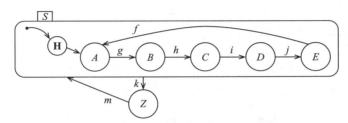

图 2-15　组合历史和默认状态机制的符号

规格技术也必须能够方便地描述并发性，为此，StateCharts 语言提供了第二类超状态，称为**与型状态**。

定义 2.10　如果无论什么时候包含状态 S 的系统在进入 S 状态时都将进入 S 的**所有**子状态中，那么超状态 S 就称为**与型超状态**。

示例2.12　一个与型超状态包含在图 2-16 所示的应答机示例中。应答机通常并发地执行两个任务：监听来电线路以及检测用户输入的按键。在图 2-16 中，对应的状态分别称为 Lwait 和 Kwait。在状态 Lproc 中处理来电，在状态 Kproc 中生成对按键的响应。无论何时，呼叫者挂掉电话时应答机都应从状态 Lproc 中退出。由于被呼叫者挂断电话返回到 Lwait 状态这一行为并未被建模，因此，这个模型没有提供针对跟踪的保护。

暂且假设 on/off 开关（分别产生事件 key-off 和 key-on）被分别解码，且按下开关并不会导致进入 Kproc 状态。如果应答机被关闭，它就会从线路监听状态以及按键检测状态退出，当且仅当开机时才会重新进入。此时，它会进入默认状态 Lwait 和 Kwait。当机器开机后，将始终处于线路监听状态和按键检测状态。　　　　　　　　　　　　　　　　　　　　▽

对于与型超状态，进入超状态时所进入的这些子状态都可以被独立定义，它们可以是历史、默认及显式迁移的任意组合。对于理解即使只存在到某个子状态的一个显式迁移也始终会进入**所有**子状态，这是非常关键的。相应地，从一个与型超状态中迁移出来也会导致离开**所有**子状态。

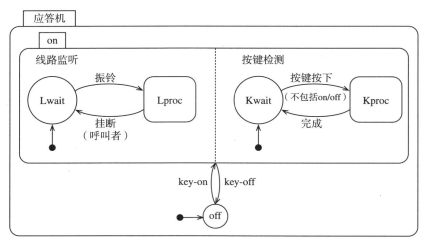

图 2-16   应答机

示例2.13   修改应答机，使得 on/off 开关像其他所有开关一样在状态 Kproc 中解码（请参见图 2-17）。

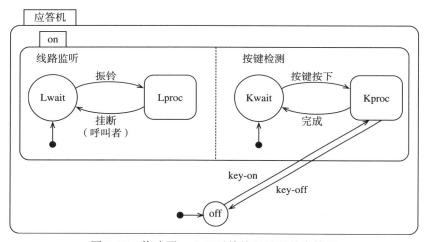

图 2-17   修改了 on/off 开关处理过程的应答机

如果在 Kwait 中检测到了按键被按下，就假定迁移首先进入状态 Kproc，然后进入 off 状态。第二个迁移也使系统从线路监听状态中退出。再次打开应答机则会让系统进入线路监听状态。   ▽

与型超状态为描述并发侵入 StateCharts 提供了关键机制。每个子状态本身可以看作一个状态机，这些状态机彼此通信，形成**通信有限状态机**（CFSM）。

总而言之，我们可以这样讲：**StateCharts 图中的状态要么是与型状态、或型状态，要么是基本状态。**

2.4.2.2   定时器

鉴于嵌入式系统对时间进行建模的需求，StateCharts 还提供了定时器。定时器由图 2-18 所示左侧部分的符号表示。

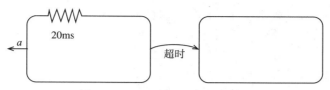

图 2-18　StateCharts 中的定时器

在系统已经进入包含定时器的状态一段时间之后，超时将会发生且系统将离开这个指定状态。定时器也可以被分层使用。

例如，在应答机的下一个较低的层次结构上，使用定时器可以描述状态 Lproc 的行为。图 2-19 给出了该状态的可能行为，这个定时规格与图 2-11 所示的略有不同。

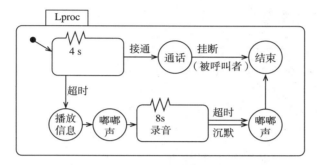

图 2-19　Lproc 中的接入线路服务

鉴于图 2-16 中呼叫者挂机对应的类似异常的迁移，无论呼叫者何时挂机，状态 Lproc 都会结束。对于被呼叫者挂机（返回），状态 Lproc 的设计会引起一个麻烦：如果被呼叫者先挂电话，那么在呼叫者也挂掉电话之前，通话就会结束（且静音）。

StateCharts 语言包括了大量其他语言元素，要了解完整的描述，请参考 Harel[197]。更为详细的 StateCharts 语义描述可参阅 Drusinsky 和 Harel 的著作[135]。

2.4.2.3　边的标号与 StateMate 语义

截至目前，我们还未考虑由扩展的有限状态机所生成的输出，生成的输出可用边的标号来指定。边的标号的一般形式是"**事件 [条件]/ 反应**"（event[condition]/reaction）。这 3 个标号都是可选的。reaction 部分描述有限状态机对状态迁移的反应。可能的反应包括事件生成与变量赋值。condition 部分隐含了变量值的测试或者对系统当前状态的测试。event 部分是指对当前事件的测试。事件可以是外部生成的也可以是内部产生的。内部事件由迁移生成，且在 reaction 中描述。外部事件通常是在模型环境中描述的。示例如下：

- on-key/on:＝1（事件测试及变量赋值）
- [on＝1]（对变量值进行条件测试）
- off-key[not in Lproc]/on:＝0（事件测试、对状态的条件测试、变量赋值。当该事件发生或者条件为真时，执行赋值操作）

边的标号的语义仅可在 StateMate 语义的上下文中进行解释[135]，StateMate 是 StateCharts 的商用实现版本。StateMate 假设基于执行步进行 StateMate 描述。每一个执行步包括如下 3 个阶段。

- 在第一阶段，评估外部变化对条件和事件的影响，这包括对依赖外部事件的函数进行评估。该阶段并不包含任何状态改变。在我们给出的简单示例中，实际上并不需要这个阶段。
- 在第二阶段，计算当前执行步中应执行迁移的集合。评估变量的赋值，但仅更新临时变量的值。
- 在第三阶段，状态迁移生效且变量获得其新值。

第二、三阶段的划分对于保证可再现 StateMate 模型行为非常重要。

示例2.14 请考虑图 2-20 所示的 StateMate 模型。

在第二阶段，a 和 b 的新值被存放在临时变量中，也就是 a' 和 b'。在最终阶段，临时变量被复制到用户定义的这两个变量中：

```
phase 2:a':=b; b':=a;
phase 3:a:=a'; b:=b'
```

因此，每当事件 e 到来时就会交换这两个变量的值。这个行为对应于连接到相同时钟（如图 2-21 所示）的两个交叉耦合寄存器（每个存放一个变量）的动作，并且反映了包括这两个寄存器的同步（时钟控制的）有限状态机的操作[⊖]。

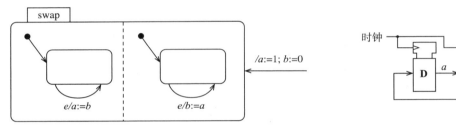

图 2-20 互相依赖的赋值　　　图 2-21 交叉耦合的 D 型寄存器

无须划分为多个阶段，两个寄存器将被赋予相同的值。其结果将依赖于所执行赋值操作的顺序。　　▽

对于尝试反映同步硬件操作的语言，划分为（至少）两个阶段是非常常见的。我们将在 VHDL 中看到相同的划分。由于这样的划分，结果就不再依赖模型中各个部分的仿真运行顺序了。这个属性是极为重要的。否则，就会出现通过仿真产生不同结果的情况，而这些结果都会被认为是正确的。这并不是我们在仿真一个具有确定行为的实际电路时所期望看到的，而且，它会在设计过程中引起极大的混乱。对于这一属性，这里有不同的命名：

- Kahn[266] 将这个属性称为**确定的**（determinate）。
- 在其他文献中，该属性被称为**确定性**（deterministic）。然而，"deterministic" 一词具有不同的含义。
  - 它若被用于确定有限状态机的上下文中，则说明有限状态机每次只能处于一个状态中。反之，非确定有限状态机在同一时刻可处于多个状态之中 [212]。

⊖ 对于本书所有原理图中的门逻辑、寄存器，我们都采用 IEEE 标准的原理图符号 [230]。图 2-21 中的符号是时钟控制的 D 型寄存器。

- 语言会拥有非确定算子。对于这些算子，不同的行为都是合法实现。近似、非确定计算就是非确定算子的相关特例。
- 很多作者认为，如果系统的行为取决于一些运行时之前未知的输入，则这些系统就是非确定的。
- "deterministic"一词也被用作"determinate"来使用，如 Kahn 所给出的。

在本书中，我们倾向于使用 Kahn 的方法以减少可能的混淆⊖。请注意，对于未定义行为，仅当不存在其他原因时，StateMate 模型才会是确定的。例如，迁移之间的冲突可能是被允许的（见图 2-22）。

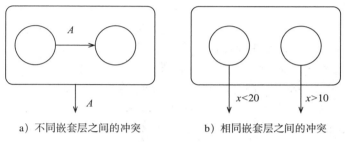

a）不同嵌套层之间的冲突   b）相同嵌套层之间的冲突

图 2-22

我们来看图 2-22a。如果事件 A 在系统处于左侧状态时到来，我们就必须确定将要执行哪个迁移。如果这些冲突被随意处理，就会得到一个非确定行为。通常，可通过定义优先级来消除该类型的冲突。现在，再来看图 2-22b。在 $x=15$ 时将会出现冲突，该类冲突是难以检测的。要获得一个确定性行为，就要求不存在那些被随意解决掉的冲突。

请注意，可能会存在我们想要描述非确定行为（例如，如果我们要选择两个输入之一进行读取）这种情形。此类情形下，我们通常明确地指出，可以在运行时做出这样的选择（请查看 Ada 语言的 select 语句）。

分层状态图而非 StateMate 的实现通常并不呈现出确定行为，这些实现对应于分层状态图中面向软件的视图部分。在该类实现中，通常并不会显式地描述这些选择。

之前描述的 3 个阶段必须被重复执行，每次执行被称为一个**执行步**（step，见图 2-23）。

图 2-23   StateMate 模型执行期间的执行步

假定每当时间或变量发生改变时，这些执行步都会被执行。变量的所有值的集合以及所生成的事件集合（以及当前时间）被定义为 StateMate 模型的**状态**⊖（status）。在执行完第三阶段后，就得到新的状态。执行步的概念允许我们更加精确地定义**事件**的语义。如前所述，事件是由内部或外部产生的。**这些事件仅对某些执行步可见，这些执行步紧跟在生成事件的执行步之后**。因此，事件的行为就像时钟跳变时被存储在永久使能的寄存器中的单个位值，

⊖ 在本书的第 1 版中，我们使用了"deterministic"一词，并给出了附加的解释。

⊖ 我们通常使用"state"一词而不是"status"。然而，"state"一词在 StateMate 中有另外的含义。

而且会影响下一个时钟跳变时存储的值。它们并非被永远保持。

与之相反，在重新赋值之前变量会保持它们的值。根据 StateMate 语义，新的变量值对于模型中赋值操作之后的所有部分都是可见的。这表示 StateMate 语义隐含地约定，新的变量值会在模型的两个执行步之间的所有部分中传播。StateMate 隐含地**为变量更新假定了一个广播机制**。因此，StateCharts 或者 StateMate 都很容易在基于共享内存的平台上实现，但这不太适合消息传递与分布式系统。这些语言本质上假设了基于共享内存的通信，即使这一点并未被明确描述。对于分布式系统，很难在两个执行步之间更新全部变量。鉴于这个广播机制，StateMate 并不适合作为分布式系统的建模语言。

2.4.2.4　评估与扩展

StateCharts 的主要应用领域是以控制为主的本地系统。采用自由选择的 AND（与）以及 OR（或）状态，可在任意级别进行嵌套分层的能力是 StateCharts 的关键优势。另一个优势在于，StateMate 语义的定义足够详细 [135]。此外，已有相当多基于 StateCharts 的商用工具。StateMate[220] 以及 StateFlow[365] 都是基于 StateCharts 的商用工具。在这些工具中，有许多能将 StateCharts 转换为 C 或 VHDL 形式的等价描述。基于 VHDL，使用合成工具就能生成硬件。因此，基于 StateCharts 的工具提供了从基于 StateCharts 的规格到硬件的完整路径。生成的 C 程序可被编译和执行。因此，也存在一条到基于软件的实现的路径。

然而，自动转换的效率有时需要关注。例如，我们可以将这些与（AND）状态的子状态映射到操作系统级的进程中。在小型处理器上，这很难形成高效的实现。在 StateCharts 中，并不能从面向对象的编程中获得效率的提升，原因在于它并不是面向对象的。此外，广播机制也使其很难适用于分布式系统。StateCharts 不包括描述复杂计算的程序结构，也不能描述硬件结构或者非功能性行为。

StateCharts 的商业实现通常会提供一些机制来移除模型的限制。例如，C 代码可用于表示程序结构，StateMate 的**模块图**（module chart）可以表示硬件结构。

StateCharts 允许超时。不存在直接对其他计时要求进行规格化的方法。

UML 包括 StateCharts 的一个变体，从而允许对状态机进行建模。在 UML 1.0 版本中，这些图被称为**状态图**（state diagram）；从 UML 2.0 版本开始，它们则被称为**状态机图**。但是 UML 中状态机图的语义与 StateMate 中的有所不同：其未包括 3 个仿真阶段。

2.4.3　同步语言

2.4.3.1　动机

以状态机图来描述复杂的在设计系统是很有难度的，因为这类图不能表示复杂的计算。虽然标准的程序设计语言能够表示复杂的计算，但一组线程的执行顺序可能是不可预测的。在采用抢先调度的多线程环境中，这些不同的计算可能会有不同的交错次序。要理解该类并发系统的所有可能行为是有难度的。通常而言，其中的一个关键原因在于，很多不同的执行顺序都是可行的，也就是说执行顺序并非指定的。执行顺序会显著影响结果，由此引起的非确定行为可能会导致若干负面结果，如验证特定设计所涉及的那些问题。对于使用独立时钟的分布式系统，确定行为是很难获得的。然而，对于非分布式系统，我们可以尝试避免不必要的非确定性语义问题。

对于同步语言，有限状态机和程序设计语言被融合到一个模型之中。同步语言可以表示复杂计算，但底层的执行模型是有限自动机，它们描述并发运行的自动机。通过以下关键特征可以获得确定行为："……当一组自动机以并行方式构造时，生成的迁移是由所有这些自动机'同时'迁移所构成的。"[191] 这意味着，如果自动机拥有自己的时钟，我们不必关注自动机状态的改变可能会生成所有不同序列。反之，我们可以假定存在一个全局时钟。在每个时钟发生变化时，读取所有输入，计算新的输出和状态，之后进行迁移。这要求有一个到模型所有部分的快速广播机制。这种理想化的并发具有确保**确定行为**的优势。与普通的通信有限状态机（CFSM）模型相比，这是一个限制，因为模型中的每个有限状态机都有自己的时钟。同步语言反映了同步硬件中的运行机制以及 IEC 60848[223] 和 STEP 7[463] 等控制语言中的语义。关于同步语言的综述，请参见 Potop-Butucaru 等的论文 [433]。

2.4.3.2 同步语言示例：Esterel、Lustre 及 SCADE

确保所有语言特征的确定行为已经成为 Esterel[63, 148]、Lustre[193] 以及 Quartz[455] 等同步语言的一个设计目标。

Esterel 是一种反应式语言：当被一个输入事件激活时，Esterel 模型以生成一个输出事件的方式来反应。Esterel 也是一种同步语言：所有的反应（reaction）都被假设在零时间内完成，且足以及时地在离散时刻对行为进行分析。这个理想化模型避免了对时间区间重叠以及早前反应动作尚未完成时所出现事件的所有讨论。像其他的并发语言一样，Esterel 提供了一个并行算子，记为 ||。与 StateCharts 类似，它的通信是基于广播机制的。然而，与 StateCharts 相比，其通信却是即时的。在这里，即时是指"在相同的时钟周期内"。这意味着，在一个特定时钟周期内生成的所有信号也在同一个时钟周期内对模型的其他部分可见，如果其他部分受这些信号影响，就会在同一个时钟周期内进行反应。在到达稳定状态之前，可能需要进行多轮计算。例如，在 Boldt 等 [59] 中，对所引起的最坏反应时间进行了计算。在相同的宏观时刻，值的传播对应于同一时刻在 StateMate 中生成的下一个状态，除了现在的广播是瞬时的，不会像在 StateMate 中一样延迟到下一轮计算。要想了解更多关于 Esterel 的信息，请参见 Esterel 的主页[148]。

Esterel 和 Lustre 采用不同的语法技术来表示通信有限状态机。Esterel 是作为命令式语言出现的，而 Lustre 看起来更像一个数据流语言（2.5 节给出了数据流的描述）。SyncCharts 是 Esterel 的图形化版本。在这三种情况下，语义都是由密切相关的底层通信有限状态机来解释的。商业图形化语言 SCADE[147] 包括了这三种语言的所有元素。SCADE 工具集被一些企业（如空客）用来开发与安全有关的软件组件。

由于 StateMate 中有 3 个仿真阶段，因此该工具拥有同步语言的关键属性，如果冲突被解决，其就是确定性的。Halbwachs 的说法是："StateMate 几乎就是同步语言，即时广播是 StateMate 中唯一缺失的特性。"[192]

2.4.4 消息传递：以 SDL 为例

2.4.4.1 语言特征

StateCharts 不适合对分布式通信有限状态机进行建模。对于分布式系统，消息传递是更好的通信范式。为此，我们给出了一个采用异步消息传递的通信有限状态机。

以规格描述语言（SDL）作为示例。SDL 是面向分布式应用设计的，最早可以追溯到 20 世纪 70 年代。自 20 世纪 80 年代起，其开始使用形式化语义，后被国际电信联盟（ITU）

标准化。第 1 版的标准化文档是 1980 年发布的 Z.100 推荐标准，之后在 1984 年、1988 年、1992 年（SDL-92）、1996 年以及 1999 年分别进行了更新。相关的标准版本有 SDL-88、SDL-92、SDL-2000 以及 SDL-2010[444, 457]。

一些用户更喜欢图形化的规格语言，而另外一些用户则喜欢文本化的规格语言。SDL 可以同时满足这两类用户的需求，因为其提供了文本化和图形化两种形式。进程是 SDL 的基本元素，表示建模为扩展有限状态机的组件，这里的扩展包括对数据执行的一组操作。图 2-24 给出了 SDL 图形化表示中所使用的图形符号。

图 2-24　SDL 图形化版本中使用的符号

示例2.15 作为示例，我们来看看图 2-25 所示的状态图在 SDL 中是如何表示的。除了增加输出、删除状态 Z 以及改变信号 k 的作用之外，图 2-25 的其他部分与图 2-13 完全相同。

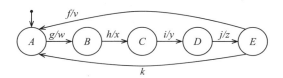

图 2-25　用 SDL 描述的有限状态机

图 2-26 包括了对应的图形化 SDL 表示。

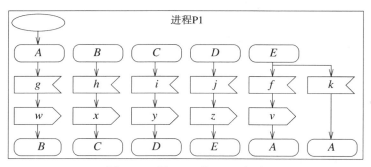

图 2-26　图 2-25 的 SDL 表示

显然，图 2-26 中的表示等价于图 2-25 中的状态图。　　　　　　　　　　　　　　▽

作为有限状态机的扩展，SDL 进程可以对数据进行操作，可以在本地为进程声明变量。它们的类型要么是预定义的，要么是在 SDL 描述自身时定义的。SDL 支持抽象数据类型（ADT），声明和操作的语法与其他语言中的类似。图 2-27 描述了在 SDL 中如何表示声明、赋值和决策。

SDL 还包括过程（procedure）等程序设计语言元素。过程调用也可以图形化地表示。SDL-92 版本支持面向对象的特征，且在 SDL-2000 中进行了扩展。

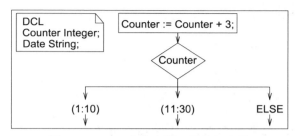

图 2-27　SDL 中的声明、赋值与决策

扩展的有限状态机仅是 SDL 描述的基本元素。通常而言，SDL 描述包括一组交互进程或者有限状态机。一个进程可以给其他进程发送信号。在 SDL 中，进程间通信的语义是基于异步消息传递的，且在概念上是通过关联到进程的先进先出队列（first-in first-out（FIFO）-queue）实现的。每个进程只有一个输入队列。发送给特定进程的信号将被添加到相应的 FIFO 队列中（如图 2-28 所示）。

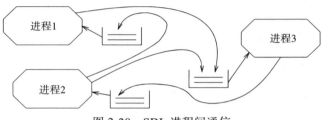

图 2-28　SDL 进程间通信

假定每个进程从 FIFO 队列中获取下一个可用的条目并检查其是否与当前状态所描述的输入相匹配。如果匹配，就进行相应的状态迁移并生成输出。如果从 FIFO 队列中获取的条目与任何输入都不匹配，则将其忽略（除非采用了所谓的 SAVE 机制）。概念上，FIFO 队列被视为具有无限长度。这意味着在 SDL 模型的语义描述中，永远不用考虑 FIFO 溢出。然而，在实际系统中，无限长度的 FIFO 队列是无法实现的。它们只能有有限长度。SDL 的问题之一在于：为了从规格中得到实现，FIFO 队列长度的安全上限必须得到证明。

进程交互图可用于彼此通信的进程可视化。进程交互图包括用于发送和接收信号的**通道**（channel）。在 SDL 中，"信号"一词表示被建模自动机的输入和输出。

示例2.16　图 2-29 给出了一个带有通道 Sw1 和 Sw2 的进程交互图 B1。方括号中给出了沿特定通道传播的信号名称。　　　　　▽

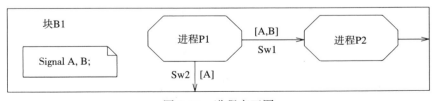

图 2-29　进程交互图

有 3 种指定信号接收方的方式。

1. 通过进程标识符指定：在图形化的输出符号中，使用接收方进程的标识符（如

图 2-30a 所示）来指定接收方。

图　2-30

在编译时，无须确定进程的数量，因为在运行时可以动态生成进程。OFFSPRING 表示由进程动态生成的子进程标识符。

2. 显式地指定：通过指定通道名称（见图 2-30b）来指定指收方。Sw1 是通道的名称。

3. 隐式地指定：如果信号名称隐含了通道名称，那么就使用那些通道。例如，对于图 2-29，信号 B 将总是隐式地通过通道 Sw1 进行通信。

一个进程不能定义在任何其他进程之中（进程不能嵌套）。然而，它们可以被分层组织为所谓的**块**（block），最高层的块称为**系统**（system）。如果环境也被建模为一个块，那么系统的边界上将没有任何通道。进程交互图是块图的特定情形，是分层描述的叶子层之上的层。

示例2.17 示例 2.16 中的块 B1 可用于中间层的块中（例如在图 2-31 的块 B 中）。

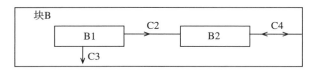

图 2-31　SDL 块

在整个层次结构的最高层，我们可以得到这个系统（见图 2-32）。

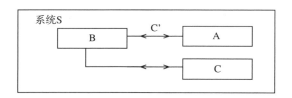

图 2-32　SDL 系统

图 2-33 给出了由图 2-29、图 2-31 和图 2-32 中的块图所建模的层次结构。

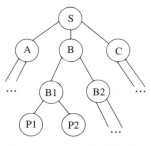

图 2-33　SDL 的层次结构

该示例说明，进程交互图在层次结构描述中位于叶子节点的下一级，而系统描述则表示了它们的根节点。 ▽

在该语言的 SDL-2000 版本中，建模层次结构的一些限制被取消了。在 SDL-2000 中，块和进程的描述能力被通用的代理（agent）概念所统一和取代。

为了支持对时间进行建模，SDL 中包括了一组**定时器**。对于进程而言，可以在本地声明定时器。使用 SET 原语可以设置这些定时器。该原语具有两个参数：绝对时间以及定时器名称。绝对时间定义了定时器的运行时间，内置的 now 函数可用于获取 SET 原语的执行时间。一旦定时器开始运行，信号就会被存储到输入队列中。该信号的名称可从该 SET 调用的第二个参数中获得。之后，该信号通常会触发在有限状态机中发生的某个迁移。由于这个迁移可能会被输入队列中的其他条目（必须要先处理）所延迟，因此，该定时器概念是根据通信行业中常见的软时间约束来设计的，不适合硬时间约束。第二个内置函数 expirytime 可用于避免 now 函数中的一些限制。

使用 RESET 原语可以重置定时器。该原语将停止计时进程，并且在信号已经存储在输入队列的情况下，将该信号从队列中移除。隐式的 RESET 会在最开始 SET 执行时被执行。

示例2.18 图 2-34 给出了定时器 T 的使用方式。除了在从状态 D 迁移到状态 E 期间定时器 T 被设置为当前时间 now 加上 p 之外，该图的其他部分都与图 2-26 相对应。对于从状态 E 到状态 A 的迁移，我们现在设定 p 个时间单元的超时。如果在信号 f 到来之前这些时间单元已经耗尽，那么，就实现到状态 A 的迁移而不产生输出信号 v。严格来讲，在这种方式下以周期 p 执行周期性处理是难以实现的，因为其可能会被输入队列中的其他条目所延迟。 ▽

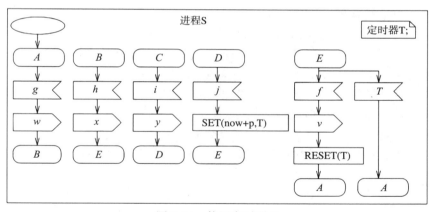

图 2-34　使用定时器 T

示例2.19 SDL 可用于描述计算机网络中可见的协议栈，而且是非常适合的。图 2-35 所示为 3 个通过路由器连接的处理器，处理器与路由器之间的通信是基于 FIFO 机制的。这些处理器以及路由器实现了分层协议（如图 2-36 所示）。协议的每一层都在更为抽象的层次上描述通信，每一层行为通常建模为一个有限状态机。对于这些有限状态机的详细描述则取决于网络协议，而且可能会相当复杂。通常，该行为包括错误条件的检查与处理，以及信息包的排序与转发。 ▽

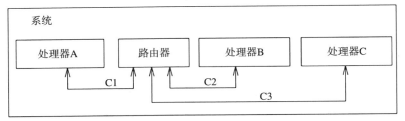

图 2-35　SDL 中描述的小型计算机网络

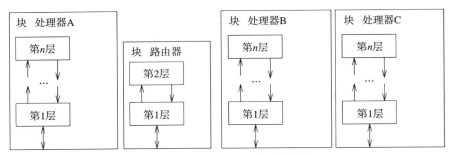

图 2-36　SDL 中表示的协议栈

支持 SDL 的工具包括 UML 的接口以及 SC。SDL 论坛提供了完整的工具列表[458]。

Estelle[76] 是另一种语言，被设计用来描述通信协议。与 SDL 相似，Estelle 也假定通过通道以及 FIFO 缓冲区进行通信。尝试统一 Estelle 和 SDL，但尚未取得成功。

2.4.4.2　SDL 的评价

对于分布式应用而言，SDL 是非常适用的，例如，其已经被用于规格化 ISDN。

SDL 不必是确定性的（并未指定同时到达某个 FIFO 信号的处理顺序）。

可靠的实现要求知道 FIFO 长度的上限信息，而这个上限可能是难以计算的。定时器概念对于软截止期而言是够用的，但对于硬截止期则不够。

并未像在 StateCharts 中那样支持层次结构。

没有完整的编程支持（但标准的修订版改变了这一点），也没有对非功能属性的描述。

对于异步消息传递，SDL 是非常有用的参考模型，但人们对 SDL 的兴趣正在降低。

2.5　数据流

2.5.1　范畴

数据流是描述实际应用程序的一个非常"自然"的方式。数据流模型反映了数据从组件流向组件的方式[140]，每个组件都以这样或那样的方式转换数据。如下是数据流的一个可能定义。

定义 2.11[554]　数据流建模"是识别、建模和记录数据如何在信息系统中流动的过程。数据流建模会检查过程（将数据从一种形式转换为另一种的活动）、数据存储（存放数据的区域）、外部实体（向系统发送数据或从系统中接收数据的对象）以及数据流（数据可以流经的路径）"。

数据流程序（data flow program）可用有向图来表示，图中被称为**角色**（actor）的节点

（顶点）表示计算而弧线则表示了通信通道。每个角色执行的计算都被假定为是功能性的，也就是说，仅取决于输入值。数据流图中的每个过程都会被分解为一个触发序列，这些触发都是原子动作，每个触发都会生成或消耗一组令牌。

〖示例2.20〗 作为示例，图 2-37 描述了视频点播（VOD）系统中的数据流[287]。观看者正在通过网络接口进入系统，他们的访问请求被添加到消费者队列。一旦请求被接受，就会被调度到文件系统。与存储控制协同的文件系统则为用户提供视频数据。 ▽

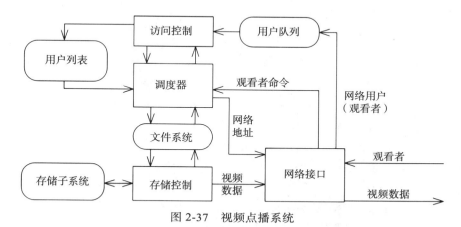

图 2-37　视频点播系统

对于不受限制的数据流，很难证明所请求系统的属性。因此，通常采用受限制的模型。

数据流中的一个特定类型用于实现计算机体系结构中的指令乱序执行，这种执行方式也被称为指令的动态调度。用于动态调度的两个著名算法分别是 scoreboarding 算法和 Tomasulo 算法[520]。这两个算法在计算机体系结构类的书籍中已有详细阐述（例如，请参阅 Hennessy 等的著作[205]）。因此，本书中并未提及这些算法。然而，这些算法的变体也有一些用于任务级（例如，请参阅 Wang 等的著作[537]）。

2.5.2　卡恩进程网络

卡恩进程网络（Kahn Process Network，KPN）[266] 是数据流模型的一个特殊示例。与其他的数据流模型类似，KPN 由节点和边构成。节点对应于由某个程序或任务执行的计算。和所有的数据流图类似，KPN 图给出了要执行的计算及其之间的依赖关系，而并非要采取的计算执行顺序（这与 C 等冯·诺依曼语言中的规格形成对比）。边暗示了通过通道的通信，该通道包含潜在的带有无限制的 FIFO。计算时间和通信时间可能会有所差别，但可确保通信会在有限的时间内发生。写操作是非阻塞式的，因为 FIFO 被假定为足够大。读操作必须指定一个将要读取的单个通道。节点不能在尝试执行读操作之前检查数据是否可用，不允许进程每一次在多个端口上等待数据。无论何时，尝试读取一个空 FIFO 队列的操作都会被阻塞。一个进程仅允许从某个特定的队列上读取数据，且仅允许一个进程写入一个队列。因此，如果输出数据必须发送到多个进程，就必须在进程内复制数据。除了采用 FIFO 队列，没有其他可用于进程间通信的方式。

在如下的示例中，p1 和 p2 对从对方接收到的值执行增、减操作。

```
process p1(in int u, out int v){
    int i;
    i = 0;
    for(;;)      {
     send(i,v);                    /* send i via channel v */
     i = wait(u);                  /* read i from channel u */
     i = i-1;    }
    }
process p2(in int v, out int u){
    int i;
    for(;;)      {
    i = wait(v);
    i = i+1;
    send(i,u);    }
    }
```

图 2-38 给出了该 KPN 的图形化表示。

显然，在本例中我们并不是真正需要 FIFO，因为在这些通道中消息是不能累积的。用 levi 仿真软件可以对本例及其他示例进行仿真[471]。

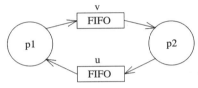

图 2-38　KPN 的图形化表示

这些限制就形成了 **KPN 最美的地方**：节点从通道中读取数据的顺序是由读操作的顺序所决定的，且不依赖于生产者在这些通道上发送数据的顺序。这意味着操作顺序与节点数据产生的速度无关。**对于给定的输入数据集，KPN 总会生成相同的结果，与节点的速度无关**。该属性对于仿真非常重要：无论我们以多么快的速度来仿真该 KPN，结果总是相同的。特别是，结果与某些节点是否采用硬件加速器并无依赖关系，而且，分布式执行会得出与集中式执行相同的结果。该属性被称为"确定性"，我们遵循这个说法。不存在类似于 SDL 在 FIFO 上产生的冲突。鉴于这个漂亮的属性，在设计流中 KPN 常常被用作内部表示。

有时候，会使用"合并"（merge）算子对 KPN 进行扩展（对应于 Ada 的 select 语句，请参见 2.8.2 节）。该算子允许对包含通道列表的一组读命令进行排队。当这些通道中的第一个通道生成数据之后，该算子完成执行。这种算子引入了非确定行为：如果两个输入同时到来，则处理这两个输入的顺序是不确定的。在实际情况下，这个扩展是很有用的，但是，它破坏了 KPN 最美的地方。

通常而言，卡恩进程要求的是运行时的调度，因为要精确预测它们随时间变化的行为是很难的。这些问题源于我们未对通道和节点的速度做出任何假设这一事实。然而，在早期的设计阶段，执行时间实际上是未知的，所以，这个模型完全可以满足要求。

KPN 是图灵完备的，这意味着凡是能被图灵机（可计算性的标准模型）计算的，也能被 KPN 计算。这个证明基于这样一个事实，KPN 是布尔数据流（Boolean DataFlow，BDF）的一个超集，而根据 Buck 的说法[75]，BDF 可以仿真图灵机。然而，必须在设计时确定进程的数量，对许多应用而言这是一个重要的限制。

关于有限长度的 FIFO 对于实际 KPN 模型是否够用的问题，在一般情况下是无法判定的。然而，对于某些特定的情形，存在一些有用的调度算法[281]或者 FIFO 有界性的证明[100]。例如，可以由多面体进程网络（PPN）得出这些边界。就 PPN 而言，每个节点的代码包括编译时已知边界的循环。对于动态任务迁移，Derin[120]研究了有关节点代码的内容。

2.5.3 同步数据流

调度变得简单多了,而且,如果我们对节点和通道的时间施加限制,则关于缓冲区大小的问题也可以得到确定的答案。同步数据流(SDF)[319] 就是这样一个模型。介绍 SDF 的最好方法是参考它的图形符号。SDF 模型包括一个有向图,即 SDF 模型包括节点和有向边。节点就是所谓的**角色**(actor);边可以存储令牌,默认它是没有数量限制的。一般而言,某些边会初始地包括一些令牌。每条边都有入度和出度。SDF 模型的执行假定有一个时钟。对于将要被使能的角色,指向该角色的每一条边上的令牌数量至少等于这条边的出度。

示例2.21 图 2-39a 给出了一个同步的数据流图。因为指向角色 B 的边上有足够数量的令牌,所以角色 B 被使能,角色 A 未被使能。假定角色 A 顶部的输入边提供了无限的令牌流。对于每个时钟节拍,所有被使能的角色都会被**触发**(fire)。结果是,入边上的令牌数量会以入度值减少,而出边上的令牌数量则以出度值增加。显然,在一次特定的触发中,产生或消耗的令牌数量是固定不变的(在模型执行期间不发生变化)。对于我们的示例,所产生令牌的数量如图 2-39b 所示。 ▽

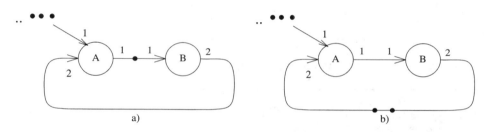

图 2-39 SDF 的图形化表示:a)初始情形;b)触发 B 之后的情形

实际上,令牌代表数据,角色则代表计算,而边则对应于 FIFO 缓冲区。

边上的缓冲区意味着 SDF 使用了**异步**消息传递。我们可以用后向边表示有限的缓冲区容量,而不是使用默认的无限制缓冲区容量。这些后向边上的初始令牌数量与该 FIFO 缓冲区的容量相对应。图 2-40 给出了这样的情形图中的两个模型是等价的。

图 2-40 用后向边替换显式 FIFO 缓冲区

例如,A 的第一次触发将消耗后向边上的 3 个令牌,这时后向边上仅剩下 1 个令牌,这对应于左图中第一次触发 A 之后的一个空的 FIFO 槽。

产生和消耗固定数量令牌这个属性使得在编译时确定执行顺序和内存需求成为可能,从而避免了复杂的运行时执行调度。SDF 图可以被转换为周期性调度。

示例2.22 让我们更近距离地观察一下 SDF 模型的调度如图 2-41 所示的例子,假定边 e_1 上初始有 6 个令牌。

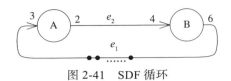
图 2-41   SDF 循环

随后，表 2-2a 给出了触发所形成的调度。鉴于初始令牌的数量有限，触发只能是串行的。

表 2-2   SDF 中的循环调度：a）e_1 上初始有 6 个令牌；b）e_1 上初始有 9 个令牌

a)				b)			
时钟	边上的令牌		下一个角色 A 或 B 的动作	时钟	边上的令牌		下一个角色 A 或 B 或 (A 和 B)的动作
	e_1	e_2			e_1	e_2	
0	6	0	A	0	9	0	A
1	3	2	A	1	6	2	A
2	0	4	B	2	3	4	A 和 B
3	6	0	A	3	6	2	A
4	3	2	A	4	3	4	A 和 B

现在，我们假定边 e_1 上有 9 个初始令牌，那么，就会产生表 2-2b 所示的调度。基于这个假设，A 和 B 同步触发。　　　　　　　　　　　　　　　　　　　　　▽

在调度的生成过程中，我们也可以关注可用处理器的有限数量等 [60] 约束和目标。

在本例中，使用边的标号 2、3、4、6 产生角色 A 和 B 的不同执行速率。通常而言，边的标号使得对**多速率**信号处理应用的建模更加容易，对于该类应用而言，一些信号的产生频率是其他频率的几倍。例如，在电视机中，某些计算可能需要以 100Hz 的频率执行，而其他计算则以 50Hz 的频率执行。在忽略某些初始的瞬时状态并考虑更长周期的前提下，发送给一条边的令牌数量必定与其消耗令牌的数量相等。否则，令牌将在 FIFO 缓冲区中累积，这样有限的 FIFO 容量是不够的。令 n_s 是发送方在每次触发时所产生的令牌数量，且 f_s 是相应的速率。令 n_r 是接收方在每次触发时所消耗的令牌数量，且 f_r 是相应的速率。必然有如下等式成立。

$$n_s f_s = n_r f_r \tag{2.3}$$

该条件在表 2-2 所示示例的稳态中得到满足。

SDF 图中也包括延迟，用边上的符号 D 表示（如图 2-42）。

用 SDF 可以方便、正确地实现观察者模式，它被描述为用冯·诺依曼语言建模问题（见图 2-43）。在这种实现中不存在死锁的风险，然而，SDF 不允许在运行时添加新的观察者。

因为使能节点会同步触发，所以 SDF 中的字母 S 最初代表了**同步**一词。然而，表 2-2 中的两个调度表明，同步触发所有角色的情形可能确实是非常罕见的。因此，SDF 中的"S"又被重新解释以表示"静态"一词，而不是"同步"。

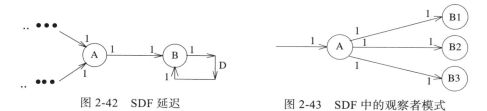

图 2-42   SDF 延迟   图 2-43   SDF 中的观察者模式

SDF 模型是确定性的,但它们并不适合建模控制流,如分支。SDF 模型的一些扩展和变体也已被提出(例如,请参见 Stuijk[491])。

- 例如,我们拥有的一组**模式**(mode)对应于关联有限状态机的状态。对于每个模式,可能存在不同的 SDF 图与之对应。然后,某些事件可能会导致这些模式之间的迁移。
- **同构同步数据流**(HSDF)图是 SDF 图的一个特例。在 HSDF 图中,每次触发时消耗和生成的令牌数量总为 1。
- 对于**循环静态数据流**(CSDF),每次触发时所生成和消耗的令牌数量会随着时间而变化,但必须是周期性的。

必须采用更为通用的计算图结构对包括控制流在内的复杂的在设计系统进行建模。

2.5.4   Simulink

计算图结构也常用于控制工程。在该领域中,MATLAB 的 Simulink 工具箱[506,510] 是非常流行的。MATLAB 是基于包含偏微分方程在内的数学模型建模与仿真工具。图 2-44 给出了 Simulink 模型的示例[349]。

右侧的放大器以及饱和组件表明了对模拟建模的包含。一般情况下,"原理图"应包含表示模拟组件(如积分器、微分器等)的符号。中间位置的开关表明,Simulink 也允许对一些控制流进行建模。

这种图形化的表示是非常直观的,并允许控制工程师聚焦于控制功能,而无须关注实现该功能的代码。这些图形化的符号表明,在控制设计中采用模拟电路作为传统组件。关键的目标是,从这些模型中合成出软件。该方法通常与**基于模型的设计**(model-based design)这一术语相关。

Simulink 模型的语义反映了数字计算机上的仿真,且其行为可能与模拟电路的相似,但可能并不完全相同。Simulink 模型的实际语义到底是什么? Marian 和 Ma[349] 将该类语义描述为:"Simulink 为块(节点)的执行以及通信采用了一个理想的计时模型。二者在模拟时间的精确时间点上无限快地出现。之后,模拟时间就以精确的时间步进行推进。边上的所有值在时间步之间保持稳定。"这意味着我们一个时间步接一个时间步地执行模型。对于每个时间步,我们(在零时间处)计算节点的功能并将新值传播到所连接的输入端。这个解释没有指定两个时间步之间的时长。同样,其也没有明确说明如何将该系统实现为软件,因为即使是缓慢变化的输出可能也会被频繁地重新计算。

这个方法适合在较高层次对诸如汽车、火车等物理系统进行建模,并仿真这些系统的行为。同样,使用 MATLAB 和 Simulink 也可方便地对数字信号处理系统进行建模。为了生成实现,MATLAB/Simulink 模型必须被首先翻译为软件或硬件设计系统所支持的某种语言,如 C 或 VHDL。

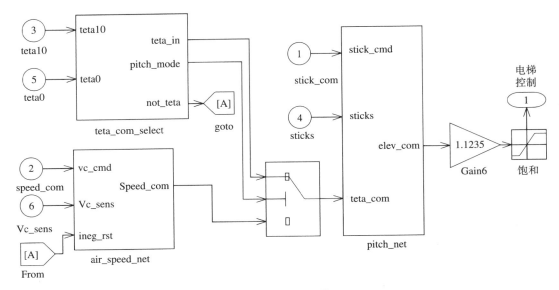

图 2-44   Simulink 模型

Simulink 模型中的组件提供了**角色**的特殊情况。我们可以假定，角色正在等待输入，一旦所要求的输入全部到达角色就执行它们的操作。SDF 是另一种基于角色的语言。在**基于角色的语言**（actor-based language）中，不需要将控制传递给这些角色，就像在冯·诺依曼语言中一样。

2.6 Petri 网

2.6.1 概述

使用我们所熟知的 Petri 网中的计算图可以对控制流进行非常复杂的描述。实际上，Petri 网**仅**对控制和控制依赖性进行建模。对数据建模同样也要求对 Petri 网进行扩展。Petri 网聚焦于因果依赖关系的建模。

在 1962 年，卡尔·亚当·佩特里⊖发表了用于建模因果依赖关系的方法，这就是众所周知的 Petri 网[427]。Petri 网并未假设任何的全局同步，因此，其特别适合对分布式系统进行建模。

条件、**事件**以及**流关系**都是 Petri 网的关键元素。条件要么是满足的，要么是不满足的；事件可以发生；流关系描述事件发生之前必须要满足的条件，同时也描述事件发生时转变为真的那些条件。Petri 网的图形化符号通常用圆圈来表示条件、用方框来表示事件、箭头则表示流关系。

[示例2.23] 图 2-45 给出的示例描述了在双向通行的铁轨上行驶的火车之间的互斥关系。一个令牌用来防止相向行驶的火车发生碰撞。在该 Petri 网中，这个令牌被表示为模型中心的一个条件。部分填充的圆圈（内有一个小的实心圆）表示条件已满足（这意味着铁轨是可用的）。当一辆火车要行驶至右侧（同样图 2-45 中表示为部分填充的圆圈），事件"火车正从左侧驶入铁轨"所需的两个条件都被满足。我们将这两个条件称为**前置条件**。如果一个事件的前置条件被满足，事件就会发生。

⊖ 卡尔·亚当·佩特里（1962—2010），德国数学家、信息学家。

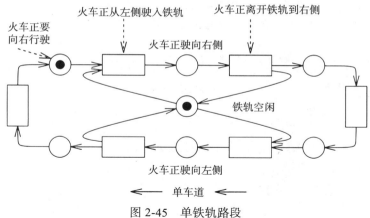

图 2-45　单铁轨路段

发生这个事件所造成的结果是，该令牌不再可用且没有等待进入铁轨的火车。因此，这些前置条件不再被满足且部分填充的圆圈也会消失（见图 2-46）。

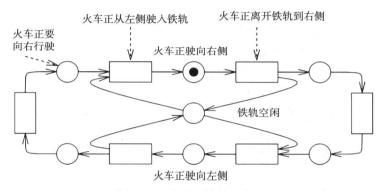

图 2-46　使用"铁轨"资源

然而，铁轨上现在正有一辆火车从左侧驶向右侧，而且对应的条件也满足（见图 2-46）。在一个事件发生后得以满足的条件被称为**后置条件**。通常而言，仅当事件的所有前置条件都为真（或被满足）时该事件才能发生。如果事件已发生，则其前置条件不再为真，而后置条件则变为有效。箭头标明了哪些条件是事件的前置条件而哪些是后置条件。继续分析这个示例，可以看到，离开这段铁轨的火车将会把该令牌返回给位于模型中心位置的条件（见图 2-47）。

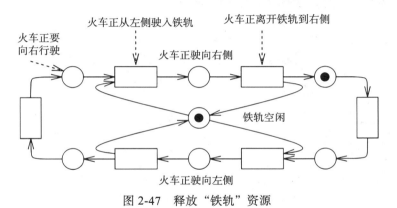

图 2-47　释放"铁轨"资源

如果两列火车竞争这段铁轨（见图 2-48），那么仅能有一列驶入。在这种情形下，对要触发（Petri 网中也常称为激发）的下一个变迁的选择是非确定性的。   ▽

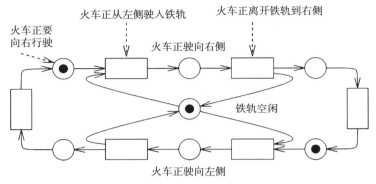

图 2-48   "铁轨"资源的冲突

对该网络的分析必须考虑所有可能的触发序列。对于 Petri 网而言，我们有意地对非确定性进行建模。

Petri 网的一个主要优点是，它们是关于系统属性的形式化证明的基础，而且也有生成该类证明的标准化方法。为了使这些证明成为可能，我们需要 Petri 网的更加形式化的定义。将考虑 Petri 网的 3 个类别：条件 / 事件网、库所 / 变迁网以及谓词 / 变迁网。

2.6.2   条件 / 事件网

条件 / 事件网是我们要进一步形式化定义的第一类 Petri 网。

定义 2.12   当且仅当（iff）如下条件成立时，$N=(C, E, F)$ 被称为一个网：

1. C 和 E 是不相交的集合；

2. $F \subseteq (E \times C) \cup (C \times E)$ 是二元关系，被称为流关系。

集合 C 被称为条件，集合 E 被称为事件。

定义 2.13   令 N 是一个网，且 $x \in (C \cup E)$。$\cdot x := \{y | yFx, y \in (C \cup E)\}$ 被称为 x 的**前置集合**。如果 x 表示一个事件，则 $\cdot x$ 也被称作 x 的**前置条件**。

定义 2.14   令 N 是一个网，且 $x \in (C \cup E)$。$x \cdot := \{y | xFy, y \in (C \cup E)\}$ 被称作 x 的**后置集合**。如果 x 表示一个事件，则 $\cdot x$ 也被称为 x 的**后置条件**。

如果这些集合确实表示了属于 C 的一组条件，且 $x \in E$，那么就应首先选用前置条件和后置条件这两个术语。

定义 2.15   令 $(c, e) \in C \times E$，如果 $cFe \wedge eFc$，那么 (c, e) 被称为**循环**。

定义 2.16   令 $(c, e) \in C \times E$，如果 F 不包含任何循环（见图 2-49a），则 N 就被称为**单纯网**。

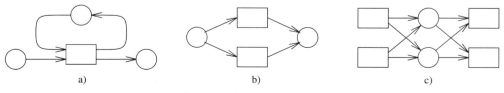

图 2-49   a）非单纯网；b、c) 非简单网

定义 2.17　如果这样两个变迁 t_1 和 t_2 不具有相同的前置、后置条件集，那么该网络就是一个**简单网**（见图 2-49b、c）。

不带有孤立元素（应满足某些附加约束）的简单网被称为**条件 / 事件网**。条件 / 事件网是二分图（图带有两个不相交节点）的一个特殊情形。因为在接下来的内容里我们将关注更为通用的类，所以，不再详细讨论这些附加约束。

2.6.3　库所 / 变迁网

对于条件 / 事件网，每个条件最多只有一个令牌。对于很多应用而言，去除这个限制并允许每个条件有多个令牌是有意义的。允许每个条件有多个令牌的网络被称为库所 / 变迁网。库所对应于所谓的条件，变迁则对应于我们所说的事件。每个库所中令牌的数量被称为**标记**（marking）。从数学上，标记是从库所的集合到一个用无穷大 ω 符号扩展了的自然数集合的一个映射。

令 $\mathbb{N}_0$ 表示包含 0 的自然数。那么，从形式上讲，库所 / 变迁网可以由如下形式来定义。

定义 2.18　(P, T, F, K, W, M_0) 被称为库所 / 变迁网 $\Longleftrightarrow$

1. $N=(P, T, F)$ 是一个包括了库所 $p \in P$、变迁 $t \in T$ 以及流关系 F 的网络。
2. 映射 $K: P \rightarrow (\mathbb{N}_0 \cup \{\omega\})\backslash\{0\}$ 表示库所的容量（ω 表示无限容量）。
3. 映射 $W: F \rightarrow (\mathbb{N}_0\backslash\{0\})$ 表示图中边的权重（weight）。
4. 映射 $M_0: P \rightarrow \mathbb{N}_0 \cup \{0\}$ 表示库所的初始标记。

边的权重影响变迁发生之前所需令牌的数量，同样也标识了某个变迁发生时所产生的令牌数量。令 $M(p)$ 是库所 $p \in P$ 的当前标记，$M'(p)$ 是某个变迁 $t \in T$ 发生之后的标记。前置条件中边的权重代表了从前置集合库所中所移除令牌的数量。同样，后置条件中边的权重表示了添加到后置集合库所中的令牌数量。从形式上说，标记 M' 可由下式计算：

$$M'(p)=\begin{cases} M(p)-W(p,t) & \text{如果 } p \in {}^\bullet t \backslash t^\bullet \\ M(p)+W(t,p) & \text{如果 } p \in t^\bullet \backslash {}^\bullet t \\ M(p)-W(p,t)+W(t,p) & \text{如果 } p \in {}^\bullet t \cap t^\bullet \\ M(p) & \text{其他} \end{cases}$$

图 2-50 说明了变迁 t_j 对当前标记的影响。

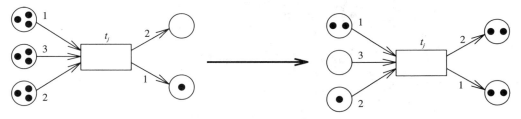

图 2-50　新标记的产生

默认情况下，无标记的边的权重被看作 1，无标记的库所具有无限的容量 ω。

我们现在需要解释一下在变迁 $t \in T$ 发生之前必须满足的两个条件：

- 对于前置集合中的所有库所 $p \in P$，令牌的数量至少必须等于从 p 到 t 的边的权重。
- 对于后置集合中的所有库所 p，其容量必须足够大，以容纳由 t 产生的新令牌。

满足这两个条件的变迁被称为 **M 活性的**（M-activated），其可被形式化地定义为如下形式。

定义 2.19   变迁 $t \in T$ 被认为是 M 活性的 $\Longleftrightarrow$

$$(\forall p \in {}^\bullet t : M(p) \geqslant W(p,t)) \wedge (\forall p' \in t^\bullet : M(p') + W(t,p') \leqslant K(p'))$$

活性变迁可以发生，但并不需要它们。如果有多个变迁是活性的，那么它们发生的顺序并未被明确地定义。

触发变迁 t 对令牌数量的影响可用与 t 相关的向量 $\underline{t}$ 来方便地表示。$\underline{t}$ 的定义如下所示：

$$\underline{t}(p) = \begin{cases} -W(p,t) & \text{如果 } p \in {}^\bullet t \setminus t^\bullet \\ +W(t,p) & \text{如果 } p \in t^\bullet \setminus {}^\bullet t \\ -W(p,t) + W(t,p) & \text{如果 } p \in {}^\bullet t \cap t^\bullet \\ 0 & \text{其他} \end{cases}$$

对于所有库所 p，可用如下公式计算从触发变迁 t 中得出的新令牌的数量 M'：

$$M'(p) = M(p) + \underline{t}(p)$$

用"+"表示向量加法，我们可以将该等式重写为如下形式：

$$M' = M + \underline{t}$$

所有向量 $\underline{t}$ 的集合构成了关联矩阵 $\underline{\underline{N}}$。$\underline{\underline{N}}$ 以列方式包含了多个向量 $\underline{t}$。

$$\underline{\underline{N}} : P \times T \to \mathbb{Z}; \quad \forall t \in T : \underline{\underline{N}}(p,t) = \underline{t}(p)$$

使用矩阵 $\underline{\underline{N}}$，就可能形式化地证明系统属性。例如，我们可以计算库所的集合，那么对于这些集合而言，触发变迁不会改变总的令牌数量[445]。该类集合被称为**库所不变量**。为了找出这样的不变量，我们先来考虑单个变迁 t_j。找出 t_j 触发时令牌总数不会改变的库所集合 $R \subseteq P$。对于这样的集合，必须满足如下条件：

$$\sum_{p \in R} \underline{t}_j(p) = 0 \tag{2.4}$$

图 2-51 给出了一个触发时令牌总数不会发生改变的变迁。

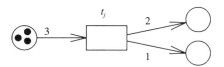

图 2-51   具有不变数量的令牌变迁

现在，我们来介绍某个库所集合 R 的特征向量 $\underline{c}_R$。

$$\underline{c}_R(p) = \begin{cases} 1 & \text{当且仅当 } p \in R \\ 0 & \text{当且仅当 } p \notin R \end{cases}$$

基于这个定义，我们可以将式（2.4）重写为如下形式，其表示数量积$^\ominus$。

$\ominus$ 数量积，也称点积，是欧几里得空间的标准内积。——译者注

$$\sum_{p\in R}\underline{t}_j(p)=\sum_{p\in P}\underline{t}_j(p)\cdot\underline{c}_R(p)=\underline{t}_j\cdot\underline{c}_R=0 \tag{2.5}$$

现在，我们来找出**任何**变迁的触发都不会改变令牌总数的库所集合。这意味着对于所有变迁 t_j，必须满足式 (2.5)：

$$\underline{t}_1\cdot\underline{c}_R=0$$
$$\underline{t}_2\cdot\underline{c}_R=0 \tag{2.6}$$
$$\cdots$$
$$\underline{t}_n\cdot\underline{c}_R=0$$

使用转置关联矩阵 $\underline{N}^{\mathrm{T}}$，式 (2.6) 可被合并为如下形式。

$$\underline{N}^{\mathrm{T}}\cdot\underline{c}_R=0 \tag{2.7}$$

式（2.7）表示齐次线性方程组。矩阵 $\underline{N}$ 是这个 Petri 网的边的权重。对于这个方程组，我们寻找解向量 $\underline{c}_R$，这些解必须是一组特征向量。因此，它们的元素必须是 1 或 0（如果我们使用加权的令牌总数，则可以接受整数权重）。这比求解带有实值解向量的线性方程组更加复杂，也可以通过求解式（2.7）来获取信息。例如，使用这个证明方法可以证明我们正确地实现了对共享资源的互斥访问。

示例2.24　现在来看一个更为复杂的示例：再来考虑火车的同步问题。具体来讲，我们正尝试对运行于阿姆斯特丹、科隆、布鲁塞尔和巴黎之间的 Thalys 高速火车进行建模。从阿姆斯特丹和科隆到布鲁塞尔段的火车独立行驶。在布鲁塞尔，这些段连接在一起并驶往巴黎。在从巴黎返回的路上，它们再次在布鲁塞尔分离。假设 Thalys 火车必须与巴黎站的其他火车同步。对应的 Petri 网如图 2-52 所示。

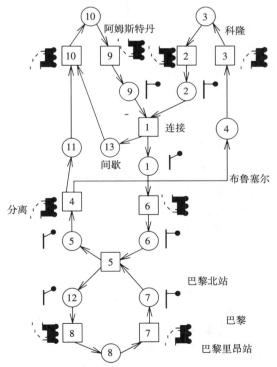

图 2-52　运行于阿姆斯特丹、科隆、布鲁塞尔和巴黎之间的 Thalys 火车模型

库所 3 和 10 分别建模了在科隆和阿姆斯特丹等待的火车。变迁 2 和 9 建模了从这些城市开往布鲁塞尔的火车。在它们到达布鲁塞尔之后，库所 2 和 9 包含令牌。变迁 1 表示两列火车的连接，这个杯状图形表示其中一趟火车的司机将在布鲁塞尔间歇休息而另一位司机将继续前往巴黎。变迁 5 建模了在巴黎北站与其他火车的同步，这些火车将巴黎北站与其他车站连接起来（我们以巴黎里昂车站为例，巴黎的情况有些复杂）。当然，Thalys 火车并未采用蒸汽机，它们只比现代高速火车更易于形象化表示。表 2-3 给出了本例中的矩阵 N^{T}。

表 2-3   Thalys 示例的 N^{T}

	p_1	p_2	p_3	p_4	p_5	p_6	p_7	p_8	p_9	p_{10}	p_{11}	p_{12}	p_{13}
t_1	1	−1							−1				1
t_2		1	−1										
t_3			1	−1									
t_4				1	−1						1		
t_5					1	−1	−1					1	
t_6	−1					1							
t_7							1	−1					
t_8								1				−1	
t_9									1	−1			
t_{10}										1	−1		−1

例如，第 2 行说明触发 t_2 将使得 p_2 上的令牌数量加 1，并让 p_3 上的令牌数减 1。使用线性代数的方法，我们能够证明如下的 4 个向量就是线性方程组的解。

$$c_{R,1}=(1,1,1,1,1,1,0,0,0,0,0,0,0)$$
$$c_{R,2}=(1,0,0,0,1,1,0,0,1,1,1,0,0)$$
$$c_{R,3}=(0,0,0,0,0,0,0,0,0,1,1,0,0,1)$$
$$c_{R,4}=(0,0,0,0,0,0,0,1,1,0,0,0,1,0)$$

这些向量分别对应于从科隆发出火车的沿线库所、从阿姆斯特丹发出火车的行驶沿线的库所、从阿姆斯特丹发出火车的司机的沿线库所，以及在巴黎市内铁路沿线的库所。能够证明这些铁路沿线的火车和司机数量是不变的（我们的确希望如此）。这个示例说明，库所不变量为我们提供了证明系统属性的标准化技术。   ▽

2.6.4   谓词 / 变迁网

对于大量的示例而言，条件 / 事件网和库所 / 变迁网可能会迅速变得很庞大。使用谓词 / 变迁网通常可以减小网络的规模。

示例2.25   我们以哲学家就餐问题为例来说明这个事实。该问题基于这样的假设，一组哲学家围绕一个圆桌用餐，在每位哲学家面前放着一个盛有意大利面的盘子（见图 2-53），在每两个盘子之间只有一个叉子，每位哲学家要么在用餐要么在思考。由于用餐的哲学家需要使用相邻的叉子，因此，哲学家只有在邻居们都不用餐时才能用餐。

该情形可被建模为条件/事件网，如图 2-54 所示。

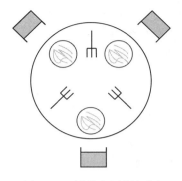

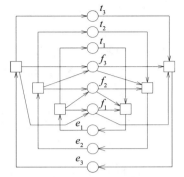

图 2-53 哲学家用餐问题　　　　图 2-54 哲学家用餐问题的库所/变迁网模型

条件 t_i 对应于思考状态，条件 e_i 对应于用餐状态，条件 f_i 表示可用的叉子。问题的规模并不大，但这个网却已经是非常大了。通过采用谓词/变迁网，这个网的规模可被缩小。图 2-55 所示为该问题的谓词/变迁网模型，在谓词/变迁网中，令牌具有标识且可以彼此区分开。谓词/变迁网也被称为**着色 Petri 网**（Colored Petri Net，CPN）。有关采用 CPN 建模包括通信协议等 IT 系统的综述请参考文献 Jensen[260]。我们在图 2-55 中使用了这个方法，以区分 $p_1 \sim p_3$ 这 3 位不同

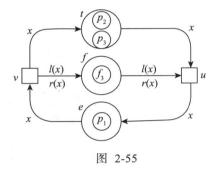

图 2-55

的哲学家，并标识叉子 f_3。此外，可以用变量和函数对边进行标记。在本例中，我们用变量表示哲学家的身份，函数 $l(x)$ 和 $r(x)$ 分别表示哲学家 x 左侧和右侧的叉子。对于变迁 u，这两个叉子是必要的前置条件，而且会作为变迁 v 的后置条件被返回。这个模型可被方便地扩展到 $n>3$ 个哲学家，只需要添加更多的令牌即可。与图 2-54 所示的网络相比，该网络结构无须被改变。　　　　　　　　　　　　　　　　　　　　　　　　▽

2.6.5 评价

Petri 网的关键优势在于其建模因果依赖关系的能力。在标准的 Petri 网中没有时间概念，且可以仅通过分析变迁及前置与后置条件在局部做出全部决策。因此，它们可用于建模空间中的分布式系统。此外，Petri 网具有非常强的理论基础，这简化了系统属性的形式化证明。Petri 网不必是确定性的：不同的触发序列可能导致不同的结果。Petri 网的描述能力涵盖了其他计算模型（包括有限状态机在内）的能力。

在某些情形中，这些优点也会成为缺点。如果要对时间进行建模，就不能采用标准的 Petri 网。另外，标准 Petri 网没有层次结构这个概念，也没有编程语言元素，就更不必说面向对象的属性了。通常而言，其很难表示数据。

Petri 网的一些扩展版本避免了上述不足。然而，并不存在满足本章开头所述全部要求的 Petri 网的通用扩展版本。虽然如此，但由于分布式计算的规模持续增长，Petri 网也正日益变得流行。

UML 中包括称为**活动图**（activity diagram）的扩展 Petri 网。这些扩展包括了表示决策

的符号（和普通流程图中的相同），这些符号的位置与 SDL 中的类似。

示例2.26   图 2-56 给出了在标准化过程中所要遵循的过程活动图。控制的分叉（fork）与合并（join）对应于 Petri 网中的变迁，而且，它们也使用了 Petri 网中早期采用的符号（水平线）。底部的菱形给出了用于决策的符号。活动可被组织为"泳道"（竖向虚线之间的区域），这样就可以可视化不同的功能以及所交换的文档。   ▽

有意思的是，Petri 网最初并非主流技术，但由于它包含在 UML 中，因此在其诞生几十年之后才变得流行起来。

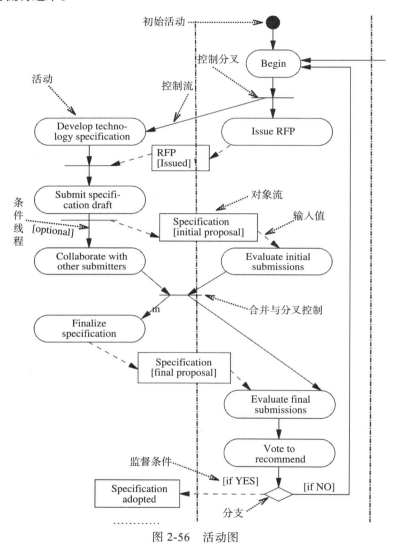

图 2-56   活动图

2.7   基于离散事件的语言

2.7.1   基本的离散事件仿真周期

基于离散事件的计算模型是以仿真事件生成以及随时间进行的事件处理为基础的。我们采用了一个未来事件的队列，这些事件以它们应被处理的时间为基准进行排序。通过获取队首事件、执行相应的动作以及可能将新的事件加入队列等来定义这些语义。任何时候，如果当前不存在要执行的动作，那么时间向前推移。如下是基本算法：

```
loop
    从队列中取出下一个条目；
    执行功能（例如，对该列表条目中的变量进行赋值）
        （这可能包括了新事件的生成）；
until 满足结束条件；
```

硬件描述语言（HDL）通常就是基于离散事件模型的。我们将把 HDL 作为离散事件建模的典型示例。

示例2.27 展示该通用机制在仿真 RS 锁存器中的运用（见图 2-57）。该锁存器由两个交叉耦合的 NOR 门构成。

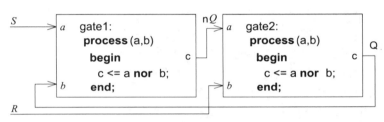

图 2-57　两个 NOR 门交叉耦合构成的 RS 锁存器

图 2-57 中也给出了对应的硬件描述语言代码（本例中为 VHDL）。表 2-4 给出了代表性的输入和输出序列值。

表 2-4　RS 锁存器的输入和输出值序列

	$t<0$	$t=0$	$t>0$		
R	0	1	1	1	1
S	0	0	0	0	0
Q	1	1	0	0	0
nQ	0	0	0	1	1

假定初始时该锁存器已被设置且状态将保持，如输出 $Q=1$ 且 $R=S=0$。进程 gate1 和 gate2 描述了两个 NOR 门的操作。这些进程初始时是不活跃的，在等待输入 a 或 b 上的某个事件。这个等待由列表 (a, b) 来表示。我们说，gate1 和 gate2 对该列表中的全部条目都是**敏感的**。

现在，假定在零时刻，输入 R（即复位输入），被改变为 1。我们期望复位该锁存器。从事件的角度来讲，其以如下方式工作：输入 R 的改变是一个事件，其被存储在未来事件的队列中。

这个事件会被立即处理，因为它是队列中的唯一事件。该事件将会唤醒 gate2，因为该逻辑门对其输入 b 上的变化是敏感的。gate2 将执行 NOR 运算，且由于结果为 0，因此随后执行赋值操作 $c<=$ expression，这个符号表示**信号赋值**。这意味着，这个新值首先将仅被存放在未来事件条目中。仅当开始处理未来事件列表中的这个条目时，对左侧变量的实际赋值才会生效。在我们的示例中，将创建请求把 gate2 的输出 c 设置为 0 且将其存储在这个事件队列中。

该事件将会被立即读取，因为它是唯一事件。该事件将把输出 c 设置为 0。因为 gate1 的敏感性，其会被唤醒。gate1 也将执行 NOR 运算。这个计算生成一个事件，会请求把 gate1 的输出 c 设置为 1。这一事件也将存放在队列中。

这个事件也将立即得到处理，将输出设置为所要求的值。这个变化将再次唤醒 gate2，gate2 将会再次生成一个输出 0。进一步的细节则依赖于具体机制，该机制检测不再请求生成更多事件的稳定状态的。

可以在每个信号赋值中增加关于实际物理单位的延迟，这将允许我们保持对经过时间的跟踪。总体而言，这个基于事件的仿真近似了实际锁存器的行为。   ▽

2.7.2 多值逻辑

在之前的示例中，应该为这些信号使用哪些值呢？本书中，我们将限定使用二值逻辑实现嵌入式系统。然而，使用多于两个值来建模该类系统可能是明智的或者必要的，例如，我们的系统中可能会有不同强度的电信号。计算由两个或多个电信号源连接所产生的信号强度和逻辑电平有可能是必要的。接下来，我们将区分信号的**电平**和**强度**。前者是信号电压的抽象，而后者则是电压源阻抗（电阻）的抽象。我们将使用信号值的离散集来表示信号电平及强度。**使用强度的离散集避免了必须求解基尔霍夫网络方程[⊖]的问题，且使得我们可以避开电子工程中使用的模拟模型**。我们也将采用特定的信号值来建模未知的电信号。

实际上，电子设计系统使用各种不同的值集。某些系统仅允许 2 个，而其他系统则可能会允许 9 个或 46 个。建立离散值集的总目标在于，避免求解网络方程以及用足够的精度来建模现有系统。

接下来，将给出构建值集所需的系统化技术，并将其相互关联。我们使用电信号的强度作为区分不同值集的关键参数。Hayes[200] 给出了一个称为 CSA 理论的值集构建方法，CSA 代表了"连接器、开关和衰减器"（Connector、Switch、Attenuator），这 3 个是构成该理论的关键元素。随后我们会说明，对于大多数基于 VHDL 建模的情形，如何将标准值集作为特殊情况进行导出。

2.7.2.1 单信号强度（两个逻辑值）

作为最简单的情形，我们从两个逻辑值开始（即 0 和 1），这两个值被认为具有相同的强度。这意味着如果两条线路**连接**了 0 和 1，我们将无法确定所得到的信号电平。

如果不存在携带 0 和 1 值的两条线路相连，且电路中不存在连接不同强度信号的节点，那么，单信号强度应该是够用的。

2.7.2.2 双信号强度（三个或四个逻辑值）

在许多电路中，可能存在某个电信号不被任何输出驱动的情形。当某条线路没有连接到地、电源或任何电路节点时就会存在这样的情况。

例如，系统可能具有开路集极输出（见图 2-58a）[⊜]。

⊖ G. R. 基尔霍夫（Gustav Robert Kirchhoff，1824—1887），德国物理学家，1845 年从德国哥尼斯堡大学毕业时在他的第 1 篇论文中提出了适用于网络状复杂电路计算的两个基尔霍夫定律。该定律能够迅速地求解任何复杂电路，成功地解决了当时阻碍电气技术发展的难题。——译者注
⊜ 电路原理图有助于学生理解信号值，但不要使其过于复杂。不熟悉原理图的学生可以仅学习逻辑值。

图 2-58   可有效断开的输出：a) 开路集电极输出；b) 三态输出

如果"下拉"晶体管 PD 截止，输出就会被有效地断开。对于三态输出（见图 2-58b），在将使能信号置为 0 时会在 AND 门（符号 &）的输出端输出 0，这将使得两个晶体管截止。结果是，输出 A 将被断开[⊖]。因此，采用合适的输入信号就可以让该类输出从线路上有效断开。

对于断开的输出端，其信号强度是我们可以想象的最小值，用 Z 来表示已断开输出端的值。Z 的信号强度较 0 和 1 的要小得多。另外，Z 的信号电平是未知的。如果一个值为 Z 的信号连接到了另一个信号上，则其他信号总是主导的。例如，如果两个三态输出连接到同一个总线上且一个输出端的值为 Z，那么，该总线上的结果值总是取决于第二个输出值（见图 2-59）。

在大多数情形下，会以第四个称为 X 的值对三值逻辑集 {'0', '1', 'Z'} 进行扩展。X 代表了与 0 或 1 相同强度的未知信号电平。更为确切地讲，我们使用 X 来表示未知的信号值，其可能是 0 或 1，或者既非 0 又非 1 的某个电压[⊜]。

如果多个信号连接在一起，我们就必须计算出结果值。如果使用 4 个信号值 0、1、Z 和 X 中的偏序，则其实现将很容易。图 2-60 的**哈斯图**（Hasse diagram）描述了这种偏序关系。

图 2-60 中的边反映了信号值的支配关系，这些边定义了一个关系 >。如果 $a>b$，那么 a 支配 b，0 和 1 支配 Z，X 支配所有其他信号值。基于 > 关系，我们定义关系 $\geqslant$。当前仅当 $a>b$ 或者 $a=b$ 时 $a \geqslant b$ 成立。

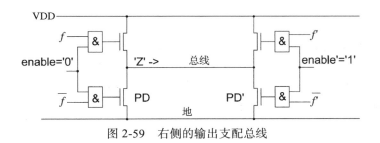

图 2-59   右侧的输出支配总线

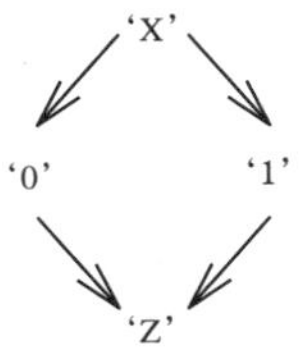

图 2-60   值集 {'0', '1','Z', 'X'} 的偏序关系

我们定义两个信号的 sup 操作，它返回这两个信号值的**上确界**[⊜]（supremum）。

⊖　上拉晶体管可以是耗尽型晶体管，三态输出可以是反相的。

⊜　"X"还有其他解释[67]，但我们所给出的说明在这里最有用。

⊜　也称为最小上界。——译者注

定义 2.20 令 a 和 b 是偏序集 $(S, \geqslant)$ 中的两个信号值，值 a 和 b 的**上确界** $c \in S$ 是使得 $c \geqslant a$ 和 $c \geqslant b$ 成立的最小值。

例如，sup ('Z','0') ='0' 和 sup ('Z','1') ='1'。

引理 2.1 令 a 和 b 来自一个偏序集的两个信号值，所选择的偏序关系如上所示。**如果两个信号连接在一起，那么，sup 函数计算所得的信号值。**

上确界对应于 CSA 理论中的**连接**（connect）元素。

2.7.2.3　三信号强度（七个信号值）

在许多电路中，两个信号强度是不够的。使用耗尽型晶体管就是需要使用多个值的常见情形（见图 2-61）。

耗尽型晶体管的效应与提供到 VDD 供电电压端的低电导率通路的电阻作用是类似的。耗尽型晶体管和"下拉晶体管" PD 作为电路中节点 A 的驱动器，节点 A 的信号值可用上确界函数计算。下拉晶体管提供驱动值 0 或 Z，这取决于到 PD 的输入。耗尽型晶体管提供一个弱于 0 和 1 的信号值，其信号电平对应于 1 的信号电平。我们用 H 表示耗尽型晶体管所提供的信号值，并将其称为"弱逻辑 1"。类似的，也会有弱逻辑 0，它表示为 L。由 H 和 L 连接所得的值被称为"未定义弱逻辑"，表示为 W。结果是，我们可以得到 3 个信号强度和 7 个逻辑值 {'0', '1', 'L', 'H', 'W', 'X', 'Z'}。基于这 7 个值的偏序关系，就可以计算出所得的信号值。图 2-62 给出了对应的偏序关系。

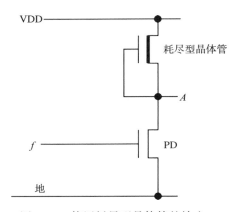

图 2-61　使用耗尽型晶体管的输出

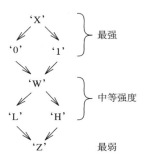

图 2-62　值 {'0', '1', 'L', 'H', 'W', 'X', 'Z'} 的偏序关系

针对这个偏序集合，同样也定义了 sup。例如，sup ('H','0') ='0'和 sup ('H','Z') ='H' 以及 sup ('H','L') ='W'。

0 和 L 代表相同的信号电平，但强度不同。对于 1 和 H 也是如此。增强信号强度的设备被称为**放大器**，而减小信号强度的设备则被称为**衰减器**。

2.7.2.4　十个信号值（四个信号强度）

在某些情况下，3 个信号强度也不够用。例如，有些电路使用存储在线路上的电荷，该类线路会在电路的某些运行阶段充电至与 0 或 1 相对应的电平。这些存储的电荷可以控制某些晶体管的（高阻抗）输入。然而，如果这些线路被连接到最弱的信号源（除 Z 之外），那么它们也会丢失电荷以及占主导地位的信号源的信号值。

示例2.28　在图 2-63 中，我们用一个特定的输出端来驱动一条总线（bus）。

这条总线具有一个高电容负载 C。当函数 f 保持为 0 时，设置 pre 为 1，对电容 C 进行充电。随后，将 pre 设置为 0。如果函数 f 的实际值变为已知且结果为 1，就对总线进行放电。

采用预充电机制的主要原因在于，耗尽型晶体管的电阻很大，使用图 2-61 所示的输出对总线进行充电会是一个非常缓慢的过程。通过常规的下拉晶体管 PD 进行放电是一个非常快速的过程。

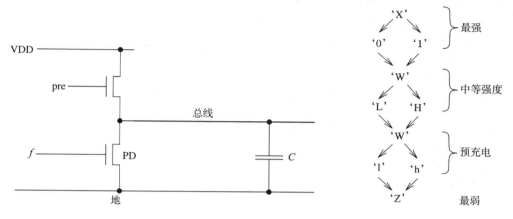

图 2-63　预充电一条总线

图 2-64　{'0', '1', 'L', 'H', 'l', 'h', 'X', 'W', 'w', 'Z'} 的偏序关系

为了对这些情形进行建模，我们需要弱于 H 和 L 但又强于 Z 的信号值。我们将这样的值称为"极弱信号值"，且将其记为 h 和 l。相应地，极弱未知值可记为 w。因此，我们就得到了 10 个信号值 {'0', '1', 'L', 'H', 'l', 'h', 'X', 'W', 'w', 'Z'}。使用信号强度，我们可以再次定义这些值的偏序关系（如图 2-64 所示）。

请注意，预充电并非无风险。一旦让预充电线路因为一个瞬时信号而放电，则该线路就不能在同样的时钟周期内再次充电。

2.7.2.5　五个信号强度

迄今为止，我们忽略了电源信号。这些信号比之前所看到的最强的信号还要强。将把电源信号考虑在内的信号值集形成最初流行的 46 值值集的定义[106]。然而，这样的模型已经很少被使用了。

2.7.3　事务级建模

离散事件仿真允许我们跟踪仿真时间，然而，我们却不清楚对时间的建模到底有多么精确。一个体现硬件信号详细时序的精确模型将会需要很长的仿真时间，特别是在建模电路时，会需要非常长的仿真时间。在时钟（同步）系统实现中，使用反映时钟周期数量的精确周期模型，可以实现更快的仿真。从粗粒度的计时模型，可以获得更好的仿真速度。特别是，事务级建模（TLM）已经受到很多关注。事务级建模的定义如下[184]。

定义 2.21　"事务级建模（TLM）是对数字系统进行建模的高级方法，它将模块间通信细节从功能单元或通信体系实现细节中剥离出来。总线或 FIFO 等通信机制被建模为通道，且通过 SystemC 接口类将其呈现给模块。通过调用通道模型的接口函数来发起事务请求，这些模块封装了低层信息的交换细节。在事务级，重点更多在于数据传输的功能性——向或者从什么位置传输什么数据——而较少关注它们的实际实现，即用于数据传输的实际协议。这一方法使得系统级设计人员进行实验变得更加容易了，例如不同总线体系结构（所支持的全部公有抽象接口）不必重新编码与任何总线进行交互的模型，这里假定这些模型与总线通过公有接口进行交互。"

Cai 和 Gajski[84] 更为详细地描述了不同计时模型之间的差异。他们把用于通信的计时模型和用于计算的计时模型进行了区分⊖，并考虑了不同计时模型的情形，具体取决于对通信与计算进行建模的精确程度。图 2-65 给出了 6 种情形。

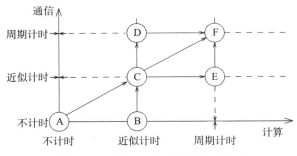

图 2-65　不同计时模型之间的差异

对于通信以及计算，我们在不计时（untimed）、近似计时及周期计时模型之间进行了区分。在图 2-65 中，十字叉标示了计时模型的 3 个非均衡组合，这是 Cai 和 Gajski 所未考虑的。因此，我们考虑剩下的 6 种情形 [84]。

不计时模型 A：这种情形下，我们仅对功能性进行建模，而根本不考虑计时。该类模型适合早期设计阶段，它们可被称为**规格模型**。

在 B 规格模型中，可以通过采用粗略计时模型的组件描述来替代纯功能性描述。例如，可能已知在处理器上运行的一些代码的 WCET，但我们将仍然通过抽象的通信原语来建模通信。因此，就得到了图 2-65 中的节点 B。这样的模型可被称为**组件组装模型**。

对于 C 的描述是：在 B 类模型中，我们可以用近似计时的通信模型替换抽象通信原语。这意味着我们应尝试对访问冲突及其对计时的影响进行建模，但不对每个信号影响进行建模，也不对时钟周期之间的任何连接进行建模。这样的模型可被称为**总线仲裁模型**。

对于 D 的描述是：在 C 类模型中，我们可以用周期计时模型替换粗粒度的通信计时模型。这意味着在仿真中会记录流逝的时钟周期，甚至可以考虑真实的物理时间。所得到的模型，如图 2-65 所示的节点 D，可被称为**总线功能模型** [84]。

对于 E 的描述是：在 C 类模型中，我们也可用计算的精确周期计时模型来替换粗粒度的计算计时模型，这允许我们捕获内存使用的细节。所得到模型可被称作**精确周期计算模型**。

对于 F 的描述是：当以周期精确方式建模通信与计算时，就可以得到标记为 F 的节点。

⊖　这与我们在表 2-1 中给出的区分高度一致。

这样的模型可被称为**实现模型**。

设计过程需要遍历图 2-65 中从节点 A～F 的关系图。

2.7.4　SpecC

SpecC 语言 [167] 为我们提供了一个用于证明事务级建模的很好示例，以及通信与计算之间的清晰划分。SpecC 将系统建模为通过通道进行通信的分层行为网络。SpecC 描述包括了行为、通道以及接口。行为包括端口、本地实例化组件、私有变量与函数，以及一个 main 公共函数。通道封装了通信，它们包括用于定义通信协议的变量和函数；接口将行为与通道连接在一起，它们声明了定义在通道中的通信协议。

SpecC 可以对带有嵌套行为的分层结构进行建模。

示例2.29　图 2-66[167] 中给出了一个组件 G，在其层次体系中包括了 g1 和 g2 两个叶子节点。

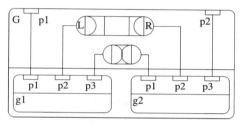

图 2-66　层次示例的 SpecC 结构

这个层次结构被描述为如下的 SpecC 模型。

```
01: interface L {void Write(int x); };
02: interface R {int Read(void); };
03: channel H implements L,R
04:  {int Data; bool Valid;
05:   void Write(int x) {Data=x; Valid=true;}
06:   int Read(void)
07:      {while(!Valid) waitfor(10); return(Data);}
08:  }
09:  behavior G1(in int p1, L p2, in int p3)
10:    {void main(void) {/* ...*/ p2.Write(p1);} };
11:  behavior G2(out int p1, R p2, out int p3)
12:    {void main(void) {/*...*/ p3=p2.Read(); } };
13: behavior G(in int p1, out int p2)
14: {int h1; H h2; G1 g1(p1, h2, h1); G2 g2(h1, h2, p2);
15:   void main(void)
16:    {par {g1.main(); g2.main();}}
17:  };
```

第 16 行的 par 关键字表示了子组件的并发执行。如第 14 行所标示的，子组件之间通过整数 h1 和通道 h2 进行通信。请注意，在通道 H 中实现的接口协议（第 03 行），包括了读、写操作的方法（第 05 行和第 06 行），该方法可在不改变 G1 和 G2 行为的情况下进行改变。例如，通信可以是位串行或并行的，而这个选择并不会影响模型 G1 和 G2。对于硬件组件或知识产权（IP）的复用而言，这是一个必要的特性。所给出的 SpecC 模型并不包括任何计时信息。因此，它是一个规格模型（图 2-65 中的 A 类模型）。

在图 1-9 中已经给出了 SpecC 的设计流。图 2-65 中的路径为 A、B、D、F[84]。在规格级，SpecC 可对任何类型的通信进行建模，且通常使用消息传递。SystemC 2.0 中的通信模型受到了 SpecC 中通信模型的启发。

请注意，SpecC 是基于 C 和 C++语法的，其原因如下。

目前趋势是软件将会实现越来越多的功能，并为之使用 C 语言来编写。例如，针对 GSM、UMTS 或 LET 等移动电话标准，嵌入式系统实现了诸如 MPEG 1/2/4 或解码器等标准。这些标准通常以"参考实现"的形式来提供，包括未对速度进行优化但提供了所需功能的 C 程序。基于特定硬件描述语言（如 VHDL 或 Verilog）的设计方法学的缺点是，为了生成系统而必须重写这些标准。此外，对硬件和软件进行协同仿真需要将软件与硬件模拟器连接起来，这通常会引起仿真效率的损失以及用户接口的不一致。另外，设计者还可能需要学习好几种语言。

因此，人们已经在找寻用软件语言表示硬件结构的技术。在用软件语言建模硬件之前，一些根本性问题已经被解决了。

- 正如在硬件中存在的一样，**并发性**必须在软件中被建模。
- 必须有关于仿真**时间**的表示。
- 必须支持早前所述的**多值逻辑**。
- 应保证几乎全部有用的硬件电路的**确定行为**。

对于 SpecC 语言以及其他的硬件描述语言，这些问题都已被解决。

2.7.5 SystemC

SystemC 也支持 TLM 建模以及通信与计算之间的隔离。SystemC（类似于 SpecC）是基于 C 和 C++的。与 SpecC 相似，SystemC 提供了通道、端口和接口作为通信的抽象组件，这些机制的引入改进了事务级建模。

SystemC[416, 498] 是一个 C++类库。基于 SystemC，通过对类库的适当应用，就可以使用 C 或 C++来编写规格。

SystemC 包含并发执行的进程概念，这些进程的执行可通过调用 wait 原语和**敏感表**（信号的列表，其值的改变会启动代码重新执行）来控制。敏感表概念中包括动态敏感表，比如，相关信号的表可以在执行期间发生变化。

SystemC 包括一个时间模型。早期，SystemC 1.0 采用浮点数来表示时间。当前的标准中，整型时间模型是首选。SystemC 同样支持物理时间单位，如皮秒、纳秒和微秒。

SystemC 的数据类型包括所有的公有硬件类型：支持四值逻辑（'0'，'1'，'X'，'Z'）以及不同长度的位向量。由于提供了定点数据类型，数字信号处理应用程序的编写就变得简单了。

SystemC 的确定行为通常并不能得到保证，除非采用了某种建模形式。使用命令行选项，可控制仿真器以不同的顺序运行进程。在这种方式下，用户可以检测仿真模型是否存在，这取决于执行进程的序列。然而，对于模型的现实复杂性，只能表明非确定行为的存在，而不能表明其不存在。

使用 SystemC 的事务级建模已经在 Montoreano 所写的白皮书中进行了讨论 [384]。该白皮书仅区分了两类事务级建模模型。

- **松散计时模型**。其被描述为[384]：“这些模型在计时与数据之间具有松散的依赖关系，它们可以在事务正被初始化时提供计时信息以及所需的数据。这些模型不依赖于可产生响应的时间推移，通常不使用这种方式来建模资源竞争与仲裁。鉴于有限的依赖以及最少的上下文切换，这些模型能最快速地运行，且对虚拟平台上的软件开发特别有用。”

- **近似计时模型**。其被描述为[384]：“在提供一个响应之前，这些模型可能依赖于内部/外部事件触发，或者时间的推移。采用这种方式，能够很容易地对资源竞争和仲裁进行建模。由于这些模型必须在处理事务之前对其进行同步/排序，因此它们必然会在仿真中多次触发上下文切换，从而引起性能损失。”

从 SystemC 开始，硬件综合已经可用[207, 208]。该语言的一个可综合子集已经被定义出来了[7]。当然，也存在一些商业化的综合工具。我们期望商业化工具至少要支持可综合子集。参考文献 [390] 以基于 SystemC 的设计方法学与应用为主题进行了论述。在本书写作之时，最新的 SystemC 版本是 SystemC 2.3.1[6]。

2.7.6　VHDL

2.7.6.1　介绍

VHDL 是基于离散事件范式的另一种语言。相较于 SpecC 和 SystemC 而言，其并不支持通信与计算之间的明确区分，这使得组件的重用更加困难。然而，VHDL 已被很多行业及学术工具所支持，且已被广泛使用。它是硬件描述语言（HDL）的一个例子。前文已给出一个基于事件的基本建模示例，我们将要深入地研究 VHDL。

VHDL 使用**进程**来建模并发性，每个进程都建模了潜在并发硬件的一个组件。对于简单的硬件组件，单进程可能就足够了。对于许多复杂组件，需要多个进程来建模它们的操作。进程之间通过**信号**进行通信，信号大致地对应于物理连接（线路）。

VHDL 的起源可以追溯回 20 世纪 80 年代。在那时，很多设计系统都采用图形化的硬件描述语言，门是最常用的构造块。然而，除了使用图形化的硬件描述语言，我们也可使用文本化的硬件描述语言。文本化语言的优势在于，其可以简单地表示复杂计算，包括变量、循环、函数参数以及递归。因此，当数字系统在 20 世纪 80 年代变得更为复杂的时候，文本化的硬件描述语言几乎完全替代了图形化的硬件描述语言。文本化的硬件描述语言最初是大学里的研究主题，请参见 Mermet 等关于当时欧洲所设计语言的综述[374]。MIMOLA 是这些语言中的一个，且该书的作者致力于研究该语言的设计与应用[357, 362]。当引入 VHDL 及其竞争语言 Verilog 之后，文本化语言就变得流行了。

VHDL 是在美国国防部（DoD）的 VHSIC 计划背景下设计的。VHSIC 是超高速集成电路⊖（Very High-Speed Integrated Circuits）的缩写。最初，VHDL（VHSIC 硬件描述语言）的设计是由 IBM、Intermetrics 以及 Texas Instruments 三家公司完成的。VHDL 的第一个版本发布于 1984 年。随后，VHDL 成为 IEEE 的标准之一，并被命名为 IEEE 1076。它的首个 IEEE 版本于 1987 年标准化；升级版则于 1993 年、2000 年、2002 年及 2008 年陆续发布[229, 231-233, 235]⊖。VHDL-AMS[236] 允许在语言中包括微分方程来建模模拟和混合信号系统。在一开始，VHDL 的设计使用了 Ada 语言，因为这两种语言都是为美国国防部设计的。

⊖　Internet 的设计也是 VHSIC 计划的一部分。

⊖　下一个升级版本已在 2017 年发布。

鉴于 Ada 是基于 PASCAL 语言的，VHDL 也就有了一些 PASCAL 语言的语法风格。然而，VHDL 的语法更为复杂，且必须不被其语法所干扰。在本书中，我们将仅关注 VHDL 的某些概念，这在其他语言中也同样有用。对 VHDL 的完整讨论已经超出了本书的范畴。读者可以从 IEEE 中获取该标准（例如，请参考文献 [235]）。

2.7.6.2 实体和结构体

与所有其他硬件描述语言类似，VHDL 包括了对硬件组件的并发操作进行建模的支持。组件可用所谓的**设计实体**或 **VHDL 实体**进行建模，实体包含用于建模并发性的**进程**。根据 VHDL 语法，设计实体由两类元素构成：一个**实体声明**以及一个（或几个）**结构体**（见图 2-67）。

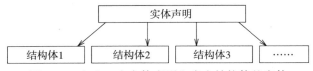

图 2-67　包含一个实体声明和多个结构体的实体

对于每个实体，默认情况下将使用最新分析过的结构体，也可使用其他指定的结构体。结构体可能包含多个进程。

示例2.30 我们以一个全加器作为示例进行讨论。这个全加器具有 3 个输入端口和 2 个输出端口（请参见图 2-68）。

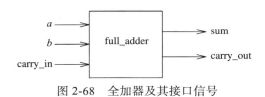

图 2-68　全加器及其接口信号

对应于图 2-68 的实体声明如下：

```
entity full_adder is                                        -- 实体声明
  port (a, b, carry_in: in Bit;                             -- 输入端口
        sum, carry_out: out Bit);                           -- 输出端口
end full_adder;
```

两个连接符（--）之后是注释，它们一直延伸到该行的末尾。

结构体包括了结构体头部和结构体主体。可以区分不同风格的主体，特别是结构化主体和行为主体。我们将用全加器作为示例来说明两者之间有何不同。行为主体仅包含用来计算输出信号的足够信息（来自输入信号和本地状态（如果有）），其中包括输出的计时行为。

示例2.31 以下就是这一示例。

```
architecture behavior of full_adder is                      -- 结构体
begin
  sum       <=(a xor b) xor carry_in after 10 ns;
  carry_out <=(a and b) or(a and carry_in) or
                  (b and carry_in) after 10 ns;
end behavior;
```

基于 VHDL 的仿真器能够显示在上述全加器输入上施加激励后所产生输出信号的波形。

与此形成对比的是，结构化主体描述了使用较简单实体构造复杂实体的方式。例如，该全加器可被建模为一个由 3 个组件组成的实体（见图 2-69），这些组件被命名为 i1～i3，是 half_adder 或者 or_gate 类型。

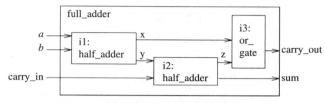

图 2-69   描述全加器结构化主体的原理图

在 1987 版的 VHDL 中，必须以组件声明形式来声明这些组件，这个声明与其他语言中的前向声明非常相似（且具有相同的目的）。该声明提供了组件的必要信息，即使有关该组件的全部描述未存放在 VHDL 数据库中（这在被称为自顶向下的设计中会发生这种情形）。从 1992 版的 VHDL 之后，如果相关组件已经存储在组件数据库中，就不再要求该类声明。

本地组件与实体端口之间的连接被描述为**端口映射**。如下的 VHDL 代码表示了图 2-69 所示的结构化主体。   ▽

```
architecture structure of full_adder is                              -- 结构体头部
  component half_adder
    port(in1, in2:in Bit; carry:out Bit; sum:out Bit);
  end component;
  component or_gate
    port(in1, in2:in Bit; o:out Bit);
  end component;
  signal x, y, z:Bit;                                                 -- 本地信号
 begin                                                                -- 端口映射区
  i1:half_adder                                                       -- 引入 half_adder i1
    port map(a, b, x, y);                                             -- 端口间连接
  i2:half_adder port map(y, carry_in, z, sum);
  i3:or_gate        port map(x, z, carry_out);
 end structure;
```

2.7.6.3   赋值

示例2.31 中包括多个赋值。我们来更仔细地观察一下赋值！赋值是特定形式的语句。在 VHDL 中，存在两种类型的赋值。

- **变量赋值**：变量赋值的语法如下：

variable : =*expression*

每当控制到达这一赋值时，就计算右侧表达式且将结果赋予左侧变量。该类赋值操作与普通编程语言中的赋值类似。

- **信号赋值**：信号赋值（已在前文阐述过）是并发估算的。信号及信号赋值的引入是要尝试在实际硬件系统中建模电信号。信号将实例与时间关联起来。在 VHDL 中，用**波形**表示从时间到信号值的映射。波形则是由信号赋值计算而来。信号赋值的语法如下：

```
signal <= expression;
signal <= transport expression after delay;
signal <= expression after delay;
signal <= reject time inertial expression after delay;
```

每当控制到达这样一个赋值，就计算右侧的表达式且用其扩展波形的未来预测值。在 VHDL 中，每个信号都与一个信号**驱动器**相关联。计算多个驱动对同一信号的贡献所产生的值被称为**判别**，所得到的值是通过**判别函数**计算的。在这种方式下，如果信号是连接在一起的，则曾在 CSA 理论部分提及的 sup 函数就会被实现。

为了计算未来值，**假定仿真器包括晚于当前仿真时间的事件队列**。该队列以未来事件（例如，信号的更新）应该发生的时间进行排序。执行信号赋值会引起该队列中条目的创建，每个条目包括执行该事件的时间、受影响的信号以及要赋予的值。对于不包括任何 after 语句（第一个句法形式）的信号赋值，该条目将包含当前模拟时间，在这个时间必须执行该赋值。这种情形下，在一个极小的时间（称为 δ 延迟）之后，将会产生变化。这允许我们无须改变宏观时间就可以更新信号。

对于包含 transport 前缀的信号赋值（第二个句法形式），信号的更新将被延迟一定的时间。这个赋值在形式上属于所谓的**传输延迟模型**，该模型是基于简单线路行为的：线路正在延迟信号（作为一阶近似），即使很窄的脉冲也会沿着线路传播。传输延迟模型可用于逻辑电路，虽然其主要用途是对线路进行建模。

示例2.32 假定我们用传输延迟信号赋值来建模简单的 OR 门。

```
c <= transport a or b after 10 ns;
```

该模型将传播非常窄的脉冲（见图 2-70）。输出信号 c 包括了一个 5ns 的窄脉冲，对于传输延迟模型来说，该脉冲将被抑制。   ▽

传输延迟信号赋值将删除队列中与计算更新的时间或其后时间对应的条目（如果我们用一个相当大的延迟来执行赋值操作，之后，再用较小的延迟执行赋值，那么，由第一次赋值所得的条目将被删除）。

对于包含 after 语句但没有 transport 语句的信号赋值，我们假定其为**惯性延迟**。惯性延迟模型反映了实际电路带有某些"惯性"这一事实，这意味着窄脉冲将被抑制。对于信号赋值的第三种句法形式，所有比指定延迟窄的信号变化都将被抑制。对于第四种形式，所有小于指定大小的信号变化都从预测波形中被移除。这里，我们不再重复描述用于移除的那些微妙规则。

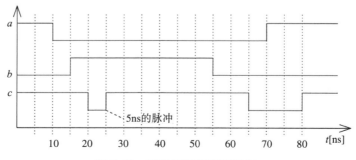

图 2-70   用传输延迟建模的门

示例2.33 假定我们用惯性延迟来建模简单的 OR 门。

```
c<=a or b after 10 ns;
```

对于该模型，窄脉冲将被抑制（见图 2-71）。

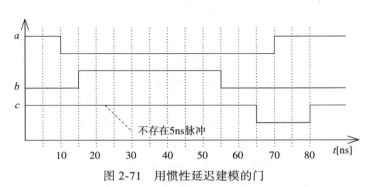

图 2-71   用惯性延迟建模的门

对于输出信号 c，不存在 5ns 的窄脉冲，但是存在一个 15ns 的脉冲。

2.7.6.4   VHDL 进程

赋值只是 VHDL 进程的一种简写。采用进程，可在信号估值上进行更多的控制。进程的常规语法如下。

```
label :                                        -- 可选
process
  declarations                                 -- 可选
  begin
    statements                                 -- 可选
  end process;
```

除了赋值之外，进程可包含 wait 语句，该类语句可用于显式地挂起一个进程。wait 语句的类型有如下几种。

```
wait on signal list;          -- 挂起，直至信号表中的一个发生改变
wait until condition;         -- 挂起，直至 condition 被满足，如 a='1'
wait for duration;            -- 在指定的周期时间内挂起
wait;                         -- 无限期挂起
```

作为显式 wait 语句的替代，可在进程头部增加一个信号表。在这种情形下，每当信号表中某个信号值发生改变时，该进程就会被激活。

示例2.34 如下的 AND 门模型将在某个输入信号的值发生改变时执行一次进程体，并从头重新开始。

```
process(x, y) begin
  prod <= x and y ;
end process;
```

该模型等价于如下模型，其中末尾处有一个显式的 wait 语句。 ▽

```
process begin
  prod<=x and y ;
  wait on x,y;
end process;
```

2.7.6.5 VHDL 仿真周期

根据最初的标准文档[229]，VHDL 模型的执行被描述为如下过程："模型的执行包括一个**初始化阶段**，之后在模型描述中**重复执行进程语句**。每个这样的循环被称为一个**仿真周期**。在每个周期中，计算该描述中所有信号的值。如果作为该计算的结果在给定的信号上出现了某个事件，那么对该信号敏感的进程语句就会被唤醒且将作为仿真周期的一部分来执行。"

初始阶段要进行信号初始化，而且每个进程执行一次。在标准中其描述如下⊖。

"在初始化开始时，假设当前时间 T_c 为 0。初始阶段包括如下步骤⊖。

- 计算出每个显式声明信号的驱动值和有效值，同时，该信号的当前值被设置为有效值。这个值被假定为在启动模拟之前无限长时间内的信号值……
- 模型中的每个……进程被执行，直至其被挂起……
- 根据……下面仿真周期的步骤 e，计算下一个仿真周期的时间 T_n（当前情形是第一个仿真周期）。"

每个仿真周期的开始，把当前时间设置为下一个变化必须考虑的时间。该时间 T_n 要么是在初始化时被计算的，要么是在最近执行的仿真器周期中被计算的。在当前时间到达最大值 TIME'HIGH 时，仿真结束。该标准以如下方式描述仿真周期：一个仿真周期包括如下步骤：

（a）当前时间 T_c 被设置为 T_n。当 T_n＝TIME'HIGH 且在 T_n 时刻不存在活跃的驱动器或者有进程要被唤醒执行时，模拟结束。

（b）更新该模型中每个活跃的显式信号。（事件作为其结果出现。）

在当前周期的前一个周期中，某些信号的未来值已被计算出来。如果 T_c 对应于这些值生效的时刻，就在该时刻对它们进行赋值。在下一个仿真周期之前，最新计算的信号值不会被赋值。值被改变的信号会产生事件，反过来它会顺序释放对该信号敏感的进程。

（c）"对于每个进程 P，在仿真周期中，如果 P 当前是对信号 S 敏感的且在 S 上已出现一个事件，那么唤醒进程 P。

（d）每个……在当前周期中已唤醒的进程会被执行，直至其被挂起。

（e）T_n（下一个仿真周期的时间）被设置为如下时间中最接近的一个：

- TIME'HIGH（这是模拟结束的时间）。
- 驱动器变为活跃的下一个时间（这是下一个时间实例，该时刻驱动器被指定一个新值）。
- 进程唤醒的下一个时间（例如由 wait for 语句计算得来的）。

如果 T_n＝T_c，那么，下一个仿真周期（如果有）将会是一个 delta（δ）周期。"

⊖ 我们省略了对隐式声明信号及所谓延迟进程的讨论。

⊖ 在引用中，该标准的某些片段被省略了。

仿真周期的迭代性质如图 2-72 所示。

δ 仿真周期已经成为讨论的源头。如果用户没有进行任何设定，它们将会引入极小的延迟。

示例2.35 让我们回到锁存器示例并更仔细地查看其计时特性。图 2-73 再次给出了该锁存器，这里使用了标准的原理图符号。

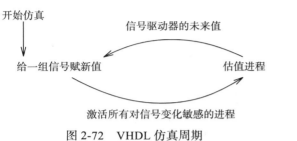

图 2-72　VHDL 仿真周期

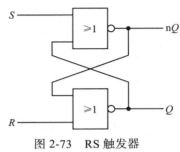

图 2-73　RS 触发器

用 VHDL 对建模触发器。

```
entity RS_Flipflop is
 port (R: in BIT;                                        -- 复位
       S: in BIT;                                        -- 置位
       Q: inout BIT;                                     -- 输出 Q
       nQ: inout BIT; );                                 --Q 非输出
end RS_Flipflop;
architecture one of RS_Flipflop is
 begin
  process:(R,S,Q,nQ)
   begin
       Q<=R nor nQ; nQ<=S nor Q;
    end process;
  end one;
```

端口 Q 和 nQ 必须是 inout 模式，因为它们也是在内部进行读取的，而将它们设定为 out 模式时就不可能如此了。表 2-5 给出了在该模型中信号更新的模拟时间。在每个周期中，更新通过某个门进行传播。在 3 个 δ 周期后，仿真结束。最后一个周期并未进行任何改变，是因为 Q 已经为 '0'。　　　　　　　　　　　　　　　　　　　　　　　　　　　　　　　　　　　　　▽

表 2-5　RS 触发器的 δ 周期

	<0ns	0ns	0ns$+\delta$	0ns$+2\delta$	0ns$+3\delta$
R	0	1	1	1	1
S	0	0	0	0	0
Q	1	1	0	0	0
nQ	0	0	0	1	1

δ 周期对应于一个极小的时间单元，这在现实中总是存在的。δ 周期确保模拟遵守因果关系。

结果不依赖于模型的各个部分通过仿真得到执行的顺序，这个特性是通过分离信号新值的计算及实际赋值来实现的。在包括如下代码的模型中，信号 *a* 和 *b* 将总是交换值。如果这些赋值操作被立即执行，则其结果将取决于执行这些赋值操作的顺序。因此，**VHDL 模型是确定性的**。这正是我们在仿真具有固定行为的实际电路时所期望看到的。

```
a<=b;
b<=a;
```

在当前时间 T_c 之前，可能会存在任意多个 δ 周期。这种无限循环可能会令人困惑，避免这种可能性的方法之一就是不允许在触发器模型中采用零延迟。

使用信号进行值的传播会使观察者模式的实现更加容易。与 SDF 相较而言，观察者的数量可能不同，这取决于等待某个信号发生变化的进程数量。

VHDL 背后的通信模型是什么？ VHDL 语义描述严重地依赖于**单个、中心化的**未来事件队列，以及未来所有信号的存储值。该队列的目的并**不是**实现异步消息传递。相反，该队列应由仿真内核以非分布式方式进行访问，每次访问一个条目。尝试执行分布式 VHDL 仿真，但其通常性能较差。所有建模组件可以访问范围内的信号及变量值，无须基于消息进行通信。因此，我们倾向于将 VHDL 与基于共享内存的通信实现进行关联，然而在 VHDL 仿真器上的 VHDL 中，也可实现基于 FIFO 的消息传递。

2.7.6.6   IEEE 1164

在 VHDL 中，除了有二值逻辑的某些基本支持，并没有预定义信号值的数量。相反，VHDL 本身可定义所使用的值集，且不同的 VHDL 模型可使用不同的值集。

然而，如果以这种方式来应用 VHDL 功能，模型的可移植性将会受到非常严重的影响。为了简化 VHDL 模型的变换，IEEE 定义并标准化了一个标准值集。该标准被称为 IEEE 1164，并在很多系统模型中被采用。IEEE 1164 共有 9 个值：{ '0'、'1'、'L'、'H'、'X'、'W'、'Z'、'U'、'–'}，前 7 个值对应于 2.7.2 节所描述的 7 个信号值；U 表示一个未初始化的值，仿真器将该值用于未被显式初始化的信号中。

"–"表示**输入并不关心的值**。该值需要一些说明，通常地，硬件描述语言用于描述布尔函数。因此，VHDL 的 select 语句会是极为方便的一个手段。select 语句对应于其他语言中提供的 switch 和 case 语句，但它的作用与 Ada 语言中的 select 语句不一样。

示例2.36 假定我们想要表示如下布尔函数：

$$f(a,b,c)=a\bar{b}+bc$$

此外，假定 *f* 对于 *a*=*b*=*c*=0 的情形是未定义的，如下是定义该函数的一个非常简单的方式。

```
f<=select a & b & c            --& 表示连接
   '1' when "10-"              -- 对应第一项
   '1' when "-11"              -- 对应第二项
   'X' when "000"
```

在这种方式下，上面给出的函数就可以容易地转换为 VHDL。然而，select 语句表示完全不同的事物。因为 IEEE 1164 只是众多可能值集中的一个，所以它不包括有关"–"含义的任何知识。每当 VHDL 工具评估上述 select 语句时，它们都检查选取的表达式（上述示例中的 a & b & c）与 when 语句中的值是否相等。具体而言，它们检查 a & b & c 是否等于"10-"。在这种情形下，"-"表现得像任何其他值一样：VHDL 系统检查 c 是否为值"-"。因为"-"永远不会被赋予任何变量，所以这些测试永远不会为真。

因此，"-"的好处是有限的。不提供便捷的输入不关心的值，这是在 VHDL 本身定义值集的灵活性所付出的代价⊖。

在一般性讨论中其优雅性质如下：它允许我们立即得出关于 IEEE 1164 建模能力的结论。IEEE 标准是以 7 值值集为基础的，而且，可由此建模包含耗尽型晶体管的电路。然而，它不能建模电荷存储⊖。

2.7.7　Verilog 和 SystemVerilog

Verilog 是另一种硬件描述语言。最初，它是一个私有语言，但后来被标准化为 IEEE 1364 标准，存在称为 IEEE 1364—1995 标准的版本（Verilog 1.0 版）和 IEEE 1364—2001 标准的版本（Verilog 2.0 版）。Verilog 的某些特征与 VHDL 非常相似。正如 VHDL 一样，设计被描述为连接设计实体的集合，而设计实体可被行为化地描述。同样，进程用来建模硬件组件的并发性。与 VHDL 相似，它也支持位向量和时间单元。然而，在某些领域里，Verilog 的灵活性不足且更侧重于便捷的内在功能。例如，标准的 Verilog 并不提供用来定义枚举类型（就像在 IEEE 1164 标准中定义的那样）的灵活机制。然而，在 Verilog 语言中内置了对四值逻辑的支持，且 IEEE 1364 标准也采用 8 个不同的信号强度来提供多值逻辑。相较 VHDL 而言，多值逻辑与 Verilog 的集成更为紧密。Verilog 逻辑系统为晶体管级的描述提供了更多的特征，然而，VHDL 更为灵活。例如，VHDL 允许在循环中对硬件实体进行实例化，这可用于为 n 位加法器生成结构化描述，而不必手动指定 n 位加法器及其互连关系。

Verilog 拥有和 VHDL 类似的用户规模，只是 VHDL 流行于欧洲，而 Verilog 则流行于美国。

Verilog 3.0 和 3.1 版本也就是大家所熟知的 SystemVerilog。它们包括了对 Verilog 2.0 版本的大量扩展，这些扩展包括如下内容[237, 494]：

- 面向行为建模的附加语言元素；
- C 数据类型（如 int），以及类型定义工具（如 typedef 和 struct）；
- 将硬件组件的接口定义为分离的实体；
- 调用 C/C++ 函数中的标准化机制，以及在某种程度上，从 C 中调用内置的 Verilog 函数；
- 对于在设计硬件电路，显著增强了环境（称为测试台）描述，以及使用测试台通过仿真来验证在设计电路；
- 从面向对象的编程中已知的用于测试台的类；
- 动态创建进程；
- 标准化进程间通信与同步，包括信号量；
- 自动内存分配与回收；

⊖ 这个问题在 VHDL 2006 中已被纠正[326]。
⊖ 作为一个例外，如果并不需要对耗尽型晶体管或上拉电阻的能力进行建模，就可以将弱值解释为电荷存储。然而，这并不实际，因为在大部分真实系统中都存在上拉电阻。

- 为形式化验证提供标准化接口的语言特征。

因为它能够与 C 和 C＋＋进行对接，所以，与 SystemC 模型进行对接也是可能的。改进的仿真工具和面向基于设计验证的形式化验证、与 SystemC 的可能接口，都将潜在地建立非常好的认同。Verilog 和 SystemVerilog 已经被合并为一个标准，即 IEEE 1800—2009[234]。

2.8 冯·诺依曼语言

顺序执行和显式控制流都是冯·诺依曼语言的共性特征。同时，该类语言允许对全局变量进行几乎无限制的访问，但可能需要显式的通信和同步。使用 CFSM 和计算图的基于模型的设计非常适合嵌入式系统设计。然而，标准冯·诺依曼语言的使用仍然非常普遍，因此，我们不能忽略这些语言。

同时，KPN 等模型与受一定限制的冯·诺依曼语言之间的差异正在变得模糊。就 KPN 而言，也让每个节点都顺序执行代码。我们仍然保持 KPN 和冯·诺依曼语言的区别，因为 KPN 风格的建模具有诸如确定性执行等优势。

对于接下来要讨论的前两个语言，其中内置了通信机制；而对于其他语言，焦点则在于通过选择不同的库来替代计算与通信。

2.8.1 CSP

通信顺序进程（Communicating Sequential Processes，CSP）[209] 是最早包括进程间通信机制的语言之一，其中通信是基于通道的。

示例2.37 我们来看本例中通道 c 的输入 / 输出。

```
process A                    process B
.....                        ......
var a ..                     var b ...
 a :=3;                       ...
 c!a; -- 到通道 c 的输出         c?b; -- 到通道 c 的输入

end;                         end;
```

这两个进程将等待其他进程执行到这条输入或输出语句，这是一种基于**预约的、阻塞式的或者说同步的消息传递**。

CSP 是确定性的，因为它要等待来自特定通道的输入的触发，就像卡恩进程网络一样。

CSP 为 OCCAM 语言⊖的提出奠定了基础，该语言是**晶片机**（transputer）的编程语言[378]。在 XS1 处理器的设计中，通信通道再次被关注[575]。

2.8.2 Ada

在 20 世纪 80 年代，美国国防部意识到，武器装备中的软件可靠性和可维护性可能很快就会成为引发问题的主要源头，除非实行一些严格的策略。于是，他们就决定要以相同的实时语言来编写所有的软件，并为该类语言制订了要求。

⊖ 又称奥卡姆语言，以 14 世纪英国牛津哲学家 William of Occam 的名字命名。Occam 的一个哲学观点是"任何问题，用最简单方法能解决的途径就是最好的途径"。简明性正是 OCCAM 语言的特点。——译者注

当时并没有一种语言可以满足这些要求，因此就开始了新语言的设计。最终被接受的语言是基于 PASCAL 的，被称为 Ada（以 Ada Lovelace⊖的名字命名，她被认为是第一个程序员）。Ada'95[81, 274] 是对早期版本的面向对象的扩展。

Ada 的一个特殊特性是其具有嵌套声明进程（在 Ada 中称为任务）的能力。只要控制进入被声明的范围，任务就被启动。

示例2.38 如下代码是 Burns 等设计的 [81]。

```
procedure example1 is
   task a;
   task b;
   task body a is
     -- local declarations for a
     begin
       -- statements for a
     end a;
   task body b is
     -- local declarations for b
     begin
       -- statements for b
     end b;
 begin
  -- body of procedure example1
 end;
```

任务 a 和 b 将在 example1 代码的第一条语句开始之前启动。   ▽

Ada 中的通信概念是另一个关键方面。它基于同步**预约**范式，每当两个任务要进行信息交换的时候，首先到达"交汇点"的任务必须等待，直到与其合作的任务也到达了相应的控制点。在语法构成上，使用过程（procedure）来描述通信。必须用关键字 entry 标识从其他任务中调用的过程。

示例2.39 如下代码也是 Burns 等设计的 [80]。

```
task screen_out is
 entry call(val :character; x, y :integer);
end screen_out;
```

任务 screen_out 包括一个名为 call 的过程，其可被其他进程所调用。通过增加这个任务名的前缀，其他某个任务可以对其进行调用。

```
screen_out.call('Z',10,20);
```

调用任务必须等待，直至被调用任务已经到达某个控制点，这个控制点能接受其他任务调用，是用关键字 accept 来标识的。

⊖ 阿达·洛芙莱斯（Ada Lovelace，1815—1852），是著名英国诗人拜伦之女、数学家。她是计算机程序创始人，建立了循环和子程序概念。——译者注

```
task body screen_out is
 ...
 begin
    ...
    accept call(val :character; x, y :integer) do
    ...
    end call;
 ...
 end screen_out;
```

显然，任务 `screen_out` 会在同时等待多个调用。Ada 语言的 select 语句提供了这个能力。

```
task screen_output is
 entry call_ch(val:character; x, y:integer);
 entry call_int(z, x, y:integer);
end screen_out;
task body screen_output is
 ...
 select
   accept call_ch ... do...
   end call_ch;
 or
   accept call_int ... do ..
   end call_int;
 end select;
 ...
```

这种情况下，任务 `screen_out` 将一直等待，直到 `call_ch` 或 `call_int` 被调用。 ▽

由于 select 语句的出现，Ada 就成了非确定性的。在一段时间里，Ada 语言已经成为西半球生产军事装备的首选语言。读者可以从诸多网站获取有关 Ada 的信息（例如，请参考文献 [275]）。

2.8.3　Java

对于 Java 而言，可以通过选择不同的库来选定通信，计算是严格序列化的。

Java 被设计为与平台无关的语言，可在任何具有由 Java 程序内部字节码表示的解释器的机器上执行。字节码表示是非常紧凑的表示，其较标准的二进制机器码表示使用更少的内存空间。显然，这在存储空间受限的片上系统应用中是个潜在优势。

同样，Java 被设计为一种安全的语言，C 或 C++ 语言中的很多具有潜在威胁的特性（如指针运算）在 Java 中是不可用的。Java 支持异常处理，简化了运行时错误的恢复。由于 Java 提供了自动垃圾回收机制，因此就不存在因内存回收错误而导致的内存泄漏风险。这一特性避免了长年累月运行且不能重启的应用中潜在存在的问题。Java 也满足对并发请求的支持，因为它提供了线程机制（轻量级的进程）。

另外，因为 Java 支持面向对象的操作且 Java 开发系统带有强大的库，所以 Java 应用可被快速实现。

然而，标准的 Java 语言实际上并非为了实时和嵌入式系统设计的，它缺少了使其成为实时和嵌入式编程语言所需的特性。

- Java 的运行时库会被添加到应用中，从而使应用的存储规模变大，这样这些运行时库可能会非常大。结果是，只有真正大规模的应用才能从应用本身的紧凑表示中获益。
- 对于很多嵌入式应用而言，直接控制 I/O 设备是必要的。出于安全考虑，在标准的 Java 语言中，并不允许对 I/O 设备进行直接控制。
- 自动垃圾回收要求一些计算时间。在标准的 Java 中，开始自动垃圾回收的时刻是不能被预测的。为此，很难预测最坏执行时间，仅可进行非常保守的估计。
- 如果有多个线程已准备好运行，Java 并不能指定线程的执行顺序。因此，最坏执行时间的估计也必定是非常保守的。
- Java 程序的执行效率常常低于 C 程序，因此，很少为资源受限的系统推荐 Java 语言。

Nilsen 为解决这些问题给出了一些建议[402]，这些建议包括硬件支持的垃圾回收、运行时调度器的替代以及给某些内存段打上标签。

目前（2017 年），相关的 Java 编程环境包括了 Java 企业版（J2EE）、Java 标准版（J2SE）、Java 微型版（J2ME）以及 CardJava[492]。CardJava 是精简版的 Java 环境，其强调 SmartCard 应用的安全性。J2ME 是面向所有其他嵌入式系统类型的 Java 环境。为 J2ME 定义了两个库配置文件：CDC 和 CLDC。CLDC 用于移动电话，使用了名为的 MIDP 1.0/2.0 作为应用程序编程接口（API）的标准；CDC 则用于电视机和高端移动电话。目前，与 Java 实时程序设计相关的资源包括 Wellings[549]、Dibble[126]、Bruno[73] 的书籍、相关网站[16, 258] 以及关于《面向实时嵌入式系统的 Java 技术》的年度刊物 JTRES（最新版本请参见 http://jtres2016.compute.dtu.dk/）。

2.8.4　通信库

标准的冯·诺依曼语言并未提供内置的通信原语，但是，可以通过库的方式来支持通信。目前存在这样一个趋势，在某些本地系统以及更长的距离上支持通信。互联网协议的使用正在变得越来越流行。

2.8.4.1　MPI

采用消息传递接口（MPI），会使带有命令式程序的多核程序设计成为可能。消息传递接口是非常常用的库，最初是为高性能计算设计的。它允许在同步和异步消息传递之间进行选择。例如，使用 `MPI_Send` 库函数的同步消息传递就是可能的[376]：

```
MPI_Send(buffer,count,type,dest,tag,comm)
```

其中，各个参数的含义如下。

- `buffer` 是待发送数据的地址；
- `count` 是待发送数据元素的大小；
- `type` 是待发送数据的类型（如 `MPI_CHAR`、`MPI_SHORT`、`MPI_INT`）；
- `dest` 是目标进程的进程 id；
- `tag` 是消息 id（为了对到来的消息进行排序）；
- `comm` 是通信上下文（目的字段有效的进程集合）；
- 函数结果表示成功。

如下是一个异步的库函数:

`MPI_Isend(buffer,count,type,dest,tag,comm,request)`

其中,各个参数的含义如下。

- `buffer`、`count`、`type`、`dest`、`tag` 和 `comm` 与之前相同;
- 系统发出唯一一个"请求号",编程人员随后使用该系统分配的"句柄"(在 WAIT 类型的例程中)来确定非阻塞操作的完成。

对于 MPI,必须在多个不同处理器上对计算进行显式分割,对于通信以及数据分配也是如此。通信暗含了同步,但是显式地进行同步也是可能的。因此,这将会引入大量的管理代码,并且会增加程序设计人员的工作量。同样,当处理器数量发生显著变化时,其伸缩性会变差[530]。

为了将 MPI 类型的通信应用到实时系统,一个称为 MPI/RT 的 MPI 实时版本被定义[476]。MPI/RT 并不包括诸如线程创建与终结等问题,被看作操作系统与标准(非实时)MPI 之间的一个潜在层。

MPI 可用在多种平台上,也可用于片上多处理器。它所基于的假设是,内存访问要比通信操作更快。同样,MPI 主要面向同构多处理器。这些假设对于片上多处理器系统而言并非总是成立的。

近来,MPI 被扩展后,也可基于共享内存进行通信。

2.8.4.2 OpenMP

对于共享内存的通信,OpenMP 是基于编译器的解决方案。对于 OpenMP,并行性大多是显式的,而计算分区、通信及同步等则都是隐式的。并行性是用编译指示(pragmas)来表示的,例如,可以在循环之前使用编译指示,以表示它们应是并行的。

示例2.40 如下程序说明了一个小的并行循环[417]。

```
void a1(int n, float *a, float *b)
 {int i;
 #pragma omp parallel for
   for(i=1; i<n; i++) /* i 默认是私有的 */
     b[i]=(a[i] + a[i-1]) / 2.0;
 }
```

请注意,一个简单的编译指示就足以说明并行程序设计。   ▽

这意味着对于用户而言,在 OpenMP 中只需相对很少的工作就可以实现并行化。然而,这也意味着用户不能控制分区[530]。实际上,有一些是面向 MPSoC 的应用(例如,请见 Marian 等的文章[350])。

面向多核程序设计的更多技术将会在系统软件部分进行阐述。

2.8.5 其他语言

Pearl[122] 是面向工业控制应用所设计的语言,包括了用于控制进程和引用时间的关于语言元素的计算机指令系统。它要求有一个底层实时操作系统。Pearl 在欧洲非常流行,且大量的工业控制项目已经通过 Pearl 语言实现了。Pearl 支持信号量,其可用于保护基于共享缓冲区的通信。

Chill[564] 是为电话交换站设计的。该语言被 CCITT 标准化且应用于电信设备,Chill 是

PASCAL 的一类扩展。

IEC 60848[223] 和 STEP 7[49] 是用于控制应用的特定语言，两者都为描述系统的功能提供了图形化元素。

2.9　硬件建模级别

实际上，设计人员在不同的抽象级别上开始设计周期。在某些情形下，这些是描述待设计系统整体行为的高级级别，但在其他情况下，设计过程是从低级抽象的电路规格开始的。对于每个级别，都有不同的语言，而且某些语言会覆盖多个级别。在下面的内容中，我们将给出一组可能的级别。出于上下文的原因，这里给出了一些更低层次的级别，规格不应从这些级别开始。下面是级别的常用名称和属性列表。

- **系统级模型**：系统级这一术语并未被清晰地定义。在这里，它用来表示整个嵌入式系统以及信息处理所嵌入的系统（"产品"），同时，也可能包括环境（系统的物理输入，例如反映道路和天气状况的参数）。显然，这类模型包括机械以及信息处理等方面内容，要找到合适的仿真器会比较困难。可能的解决方案包括 VHDL-AMS(VHDL 的模拟扩展)、Verilog-AMS、SystemC、Modelica、COMSOL（请参见 https://www.comsol.com/)，或者 MATLAB/Simulink。MATLAB/Simulink 和 VHDL-AMS 支持对偏微分方程进行建模，该方程是建模机械系统的关键要素。如何对系统的信息处理部分进行建模，以使仿真模型也可用于嵌入式系统的合成，这是一个挑战。如果这是不可能的，那么，就需要在不同模型之间进行易于出错的手动转换。
- **算法级**：在这一级别，可仿真要在嵌入式系统中使用的算法。例如，我们会仿真 MPEG 视频编码算法，以评估所生成视频的质量。对于该类仿真，不会涉及处理器或者指令集。

数据类型可具有比最终实现更高的精度，例如，MPEG 标准使用了双精度浮点数，在最终的嵌入式系统中很难包括这样的数据类型。如果选择的数据类型可使每一位都精确地对应于最终实现中的某一位，那么就说该模型是**位真**（bit-true）的。将非位真模型转换为位真模型应该在相关工具的支持下完成。

该级别的模型可能由多个单进程或者协作进程集合构成。

- **指令集级**：在这种情形下，算法已被编译为处理器将要采用的指令集。该级别的仿真允许统计执行指令的数量。这里有多个指令集级的变体。
  - 在粗粒度模型中，仅模拟指令效果且不考虑它们的计时特性。对于定义这样的模型，汇编参考手册（指令集体系结构（ISA））中的信息就已足够。
  - **事务级建模**：在事务级建模中，诸如总线读、写以及不同组件之间的通信等事务被建模。事务级建模比周期真建模（如下）包含的细节更少，从而会显著提升仿真速度[105]。
  - 在更细粒度的模型中，我们可使用**周期真指令集仿真**。在这种情况下，可以计算运行应用所需的时钟周期的精确编号。为了正确地建模，定义周期真模型需要有关处理器硬件的知识细节，例如流水线停顿、资源竞争以及内存等待周期等。
- **寄存器传输级**（RTL）：在该级别上，我们在寄存器传输级别建模所有组件，包括算术/逻辑单元（ALU）、寄存器、内存、多路复用器及解码器等。该级别的模型总是周期真的。该类模型的自动合成并不是一个大的挑战。

- **门级模型**：这种情况下，将包含门的模型作为基本组件。门级模型提供了关于信号转换概率的精确信息，因此，也可用于功率估计。同样，其也可较 RTL 更为精确地计算延迟。然而，通常没有关于线路长度的信息，从而也就没有关于电容的信息。为此，延迟和功耗计算仍然是估计值。

  "门级模型"这一术语有时也用在门逻辑仅用来表示布尔函数的情形中。在这样的模型中，门并非必须代表物理门；我们仅考虑门的行为，而不是它们也代表物理组件这个事实。更为精确地讲，该类模型应被称作"布尔函数模型[⊖]"，但该名词并不常用。

- **开关级模型**：开关级模型使用开关（晶体管）作为它们的基本组件，使用数值模型（有关可能值集的描述，请参见 2.7.1 节）。与门级模型相较而言，开关级模型能够反映出信息的双向传递。开关级模型可以用三元模拟来仿真^[74]。

- **电路级模型**：电路理论和它的组件（电流源和电压源、电阻、电容、电感和通常可能的半导体宏观模型）构成了在该级别进行仿真的基础，仿真包括偏微分方程。当且仅当半导体的行为是线性化（近似地）时，这些方程才是线性的。在该级别最常用的仿真器是 SPICE^[533] 及其变体。

- **布局模型**：布局模型反映真实的电路布局，该类模型包括了**几何**信息。布局模型不能被直接仿真，因为几何信息并未直接提供有关行为的信息。通过将布局模型与更高级的行为描述进行关联或者在布局级使用电路组件表示的知识从布局中提取电路，可推理出行为。

在典型的设计流程中，可从布局中提取出线路长度及其对应的电容，并且可**反向标注**到更高级的描述中。在这种方式下，可以得出更为精确的延迟和功率估计。同样，布局信息对热量建模是必要的。

- **过程与设备模型**：在更低的级别上，我们可以为制造工艺建模。使用该类模型的信息，我们可以为器件（晶体管）计算参数（增益、电容等）。由于制造过程的复杂度不断增加，这些模型也日益变得更为复杂。

2.10　计算模型的比较

2.10.1　标准

依据多个标准，可对这些计算模型进行比较，例如，Stuijk^[491] 根据如下标准比较了计算模型。

- **可表达性**和**简明性**表示了要建模的系统及其精简程度。
- **可分析性**与可调度性测试及调度算法的可用性相关，同时，可分析性要受运行时支持需求的影响。
- **实现效率**受所要求的调度策略和代码规模的影响。

图 2-74 根据这些标准对数据流模型进行了分类。

该图反映了卡恩进程网络表现力强的事实：它们是图灵完备的，即在图灵机上

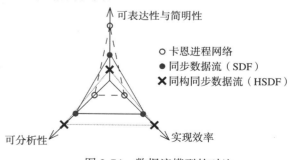

图 2-74　数据流模型的对比

⊖　这些模型可用二元决策图（BDD）来表示^[546]。

可计算的任何问题也可由卡恩进程网络来计算。图灵机被用作通用计算机的标准模型[206]。然而，卡恩进程网络的终止属性以及缓冲区大小的上界是很难分析的。卡恩进程网络是图灵完备的，而循环静态数据流（CSDF）并非图灵完备的。同样，同步数据流图也并非图灵完备的。潜在的原因在于，它们不能建模控制流。然而，同步数据流图的死锁属性以及缓冲区大小的上界是很容易分析的。同构同步数据流（HSDF）图（图中只有一个级别）的表现力很不够，但易于分析。

我们也可以根据所支持进程的类型来比较计算模型。

- **进程数量**可以是**静态**或**动态的**。进程的静态数量可简化实现，同时，在每个进程建模一个硬件且不考虑"热插拔"（动态地改变硬件体系结构）时是够用的。否则，就应该支持动态进程的创建（及终止）。
- 进程可以是静态**嵌套的**，也可以都在同一层次声明。例如，StateCharts 允许嵌套的进程声明，而 SDL 却不支持。嵌套提供了对所关注问题的封装。
- 用来**创建进程**的技术有很多种。通过分叉与合并机制（UNIX 所支持的）以及显式的进程创建调用，在源代码进程声明的详细描述中可以进行进程创建。

图 2-75 中也给出了面向数据流的不同计算模型的可表达性[43]，虚线标出了在本书中未讨论的计算模型。

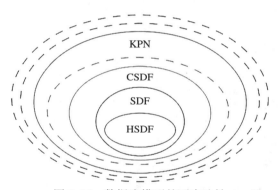

图 2-75　数据流模型的可表达性

在迄今可见的计算模型和语言中，没有一个可以满足嵌入式系统规格语言的所有要求。表 2-6 给出了某些语言关键属性的概览。

表 2-6　语言对比

语言	行为化分层结构	结构化分层结构	编程语言元素	异常支持	动态进程创建
StateCharts	+	−	−	+	−
VHDL	+	+	+	−	−
SDL	+−	+−	+−	−	+
Petri 网	−	−	−	−	+
Java	+	−	+	+	+
SpecC	+	+	+	+	+
SystemC	+	+	+	+	+
Ada	+	−	+	+	+

有意思的是，SpecC 和 SystemC 满足了所列出的全部要求，然而，某些其他要求（如截止期的精确规格）并未被包括进来。因为某些要求本质上是冲突的，所以，让某个计算模型或语言永远都满足所有要求是不可能的。支持硬实时要求的语言并不适合实时要求约束较弱的情形；适合分布式控制类型应用的语言可能不太适合本地数据流类型的应用。因此，我们可以期望，必须采用折中方案和可能的混合模型。

在实践中，到底要采用什么样的折中方案呢？实际上，汇编语言编程在早期的嵌入式系统程序设计中是非常常用的。程序足够小以便可用汇编语言来处理复杂的问题。之后是使用 C 或 C 的派生语言。由于嵌入式系统软件的复杂度持续增加，随着 C 语言的引入，就出现了更高级的语言。面向对象的语言以及规格描述语言（SDL）都是提供了更高级抽象的语言。同样，也需要诸如 UML 等语言来捕获早期设计阶段的规格。基于模型的设计正在成为发展方向[453]。实际上，可以以图 2-76 所示的方式来使用这些语言。

如图 2-76 所示，SDL 或 StateCharts 等语言可被翻译为 C 语言，这些 C 语言描述随后被编译。如果提供了从 SDL 或 StateCharts 到 VHDL 的翻译器，那么，也就开启了以这些语言作为开始在硬件中实现功能性通道的方式。在未来很多年里，C 和 VHDL 仍会作为中间语言。Java 语言无须中间步骤，但也可以从汇编语言的良好翻译理念中获益。采用类似的方式，不同图之间的翻译就变得可行了。例如，SDF 图可被翻译为 Petri 网的一个子类[491]。同样，它们也对应于 Karp 和 Miller[270] 所提出的**计算图模型**的一个子类。形式化技术对实现不同计算模型的链接是个良好的促进[96]。

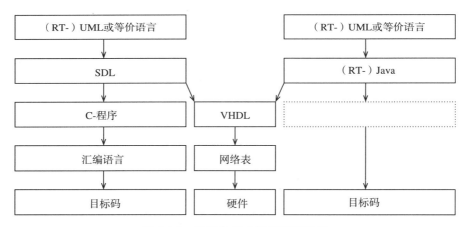

图 2-76　以组合方式使用不同语言

在 M. Radetzki 所著的书籍中[439] 阐述了一些用于嵌入式系统设计的语言。Popovici 等[432] 则使用了 Simulink 和 SystemC 的组合。

我们已经跳过了对 LOTOS[246] 和 Z[480] 等代数语言的讨论，这些语言能够实现精确规格以及形式化证明，但它们是不可执行的。

2.10.2　UML

UML 是一个包括反映多个计算模型的图的语言。根据计算模型表，表 2-7 对迄今所提及的 UML 图进行了分类。

表 2-7　UML 中可用的计算模型

通信 / 组件组织	共享内存	消息传递	
		同步	异步
未定义组件		用例	
		顺序图、时序图	
微分方程	—		
有限状态机	状态图	—	—
数据流	—	数据流图	
Petri 网	（未用）	活动图	
分布式事件模型	—	—	
冯·诺依曼模型	—	—	

该图说明了 UML 是如何覆盖几个计算模型的，其主要关注早期设计阶段。通信语义的定义通常并不严密，因此，在这方面的分类做不到精确。除了上述这些图之外，如下的图也可被建模。

- **部署图**：这些图对嵌入式系统非常重要，它们描述了系统的"执行体系结构"（硬件或软件节点）。
- **包图**：包图表示将软件划分为软件包，它们类似于 StateMate 中的模块图。
- **类图**：这些图描述了对象类的继承关系。
- **通信图**（在 UML 1.x 中称为**协作图**）：这些图表示类、类间关系以及在它们之间交换的消息。
- **组件图**：它们表示在应用或系统中所采用的组件。
- **对象图、交互概述图、组合结构图**：该列表包括了 3 种不太常用的图。其中一些实际上是其他类型图的特定情形。

有一些可用工具提供了不同图类型之间的一致性检查。然而，完备性检查似乎是不可能的。一个原因是最初并未定义的 UML 语义，有人认为这是故意的，因为在早期设计阶段，人们并不想为精确的语义而烦恼。结果是，仅当 UML 与某些可执行语言相结合时，才能获得精确且可执行的规格。一些可用的设计工具已将 UML 与 SDL[219] 和 C＋＋结合起来。然而，也有一些工作开始尝试对 UML 语义进行定义。

UML 的 1.4 版本并不是面向嵌入式系统设计的。因此，它缺少了建模嵌入式系统所需的多个特性，特别是缺失了如下几个特性 [368]。

- 不能建模将软件划分为任务和进程的分区机制。
- 根本无法描述计时行为。
- 无法描述基本硬件组件的存在。

由于嵌入式系统中的软件规模持续增长，UML 对于嵌入式系统也正变得更加重要。因此，为了支持实时应用的 UML 扩展已经提出了多个方案 [132,368]。在设计 UML 2.0 时这些扩展已被考虑，UML 2.0 包括 13 个图类型（比 UML 1.4 中多了 9 个）。特定的配置文件考虑了实时系统的需求 [352]。配置文件包括带有约束的类图、图标、图符号以及一些（局部）语义。如下是一些 UML 配置文件 [352]。

- 可调度性、性能和时间规格（SPT）[409]
- 测试[412]
- 服务质量（QoS）和容错[412]
- 名为 SysML 的系统建模语言[410]
- 实时嵌入式系统的建模与分析（MARTE）[411]
- UML 与 SystemC 的互操作性[446]
- 面向知识产权（IP）重用的配置文件 SPRINT[481]

采用该类配置文件，我们可以将计时信息附加到顺序图。但这些配置文件可能是不兼容的。同样，UML 是面向建模而设计的，其常常将许多语义问题暴露出来以允许实现的自动合成[352]。

2.10.3　Ptolemy II

Ptolemy 项目[435] 聚焦于异构系统的建模、仿真和设计，以融合不同技术和相应计算模型的嵌入式系统为重点。例如，模拟与数字电子技术、硬件与软件、电子与机械设备都可被其描述。Ptolemy 支持不同类型的应用，包括信号处理、控制应用、顺序决策以及用户接口。其思想是从最适合特定应用的计算模型中生成软件。Ptolemy 的第二个版本（Ptolemy II）支持如下计算模型及相应领域。

- 通信顺序进程（CSP）。
- 持续时间（CT）：该模型适合机械系统和模拟电路，因此，该模型支持微分方程。工具包括可扩展的微分方程求解器。
- 离散事件模型（DE）：这是被 VHDL 仿真器等诸多仿真器所采用的模型。
- 分布式离散事件（DDE）。离散事件系统很难以并行方式进行仿真，原因在于内在的未来事件的集中式队列。迄今为止，将该数据结构进行分布式化的所有尝试都不太成功。因此，就引入了这个特定（实验的）域。我们可以定义语义，从而使分布式仿真较离散事件模型更加有效。
- 有限状态机（FSM）。
- 进程网络（PN），使用卡恩进程网络。
- 同步数据流（SDF）。
- 同步 / 反应式（SR）计算模型：该模型使用离散时间，但信号无须在每个时钟变化时都拥有一个值。Esterel 就是一种遵从该建模风格的语言。

这个列表清晰地给出了 Ptolemy 项目中对不同计算模型的关注。

2.11　习题

我们建议在家里或翻转课堂的教学中解决如下问题。

2.1　什么是（设计）模型？

2.2　为嵌入式系统的规格 / 建模语言准备一个多达 6 个需求的列表！

2.3　为什么我们的规格可能会引起死锁？

2.4　什么是计算模型（MoC）？

2.5　什么是"作业"，它与"任务"有何不同？

2.6　计算机通信的两个关键技术是什么？

2.7　哪些描述技术可用于捕捉关于设计系统的最初思想？

2.8 使用 levi 仿真软件[473] 对巴黎、布鲁塞尔、阿姆斯特丹和科隆之间的火车进行仿真！修改软件中包含的示例，以使任意两个站点之间都存在两条独立的铁轨，并演示一个包括 10 列火车的（任意）调度！

2.9 下载 OpenModelica 仿真软件。设计并开发一个牛顿摆仿真模型（可参见 https://en.wikipedia.org/wiki/Newton%27s_cradle 中的示例）。

2.10 修改示例 2.8 中的应答机，使所有者在播放预录信息或在记录消息期间的任何时刻都可以进行干预。

2.11 用时间自动机对你的日常时间表进行建模。变量 h 代表小时，d 代表天。$d=1$ 表示星期一，$d=7$ 表示星期天。在周末（$d=6$ 或 $d=7$），在 $h=10$ 至 $h=11$ 期间你一直休息，用 1~2 个小时做好全天的准备；与你的朋友待在一起，有时一直到 $h=20$ 到 $h=21$ 期间；步行回家并在 $h=22$ 到 $h=23$ 期间进入睡眠状态。在一周内（$d=1,\cdots,d=5$），你在 $h=7$ 到 $h=8$ 期间起床，用 1~2 个小时做好全天的准备；有时到 $h=20$ 到 $h=21$ 期间一直学习；步行回家并在 $h=22$ 到 $h=23$ 期间进入睡眠状态。请对你的时间表进行建模！请不要忘记在每天结束时增加变量 d 的值。

2.12 假设给定了图 2-77a 所示的 StateCharts 模型。同时，也假定我们拥有输入事件序列：$b\,c\,f\,h\,g$ $h\,e\,a\,b\,c$。在图 2-77b 所示的图表中，标记出特定事件发生后 StateCharts 模型所处的全部状态。请注意，H 表示历史机制。

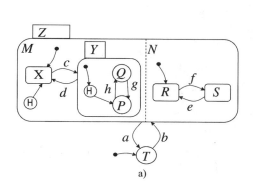

	M	N	P	Q	R	S	T	X	Y	Z
复位							v			
b										
c										
f										
h										
g										
h										
e										
a										
b										
c										

a)　　　　　　　　　　　　　　b)

图 2-77　StateCharts 示例：a）图形化模型；b）状态表

2.13 如果我们遵循 StateMate 语义，那么，StateCharts 是确定性模型吗？请解释所给出的答案。

2.14 规格描述语言（SDL）是确定性语言吗？请解释所给出的答案。

2.15 假设你被要求为虚构的未来信息珍宝博物馆（MUFFIN）中的游客流进行建模。考虑没有游客进入或已在博物馆中的稳定状态。该博物馆有 3 个展厅，在每个展厅前面，都有排队等待的空间，这个空间的出口连接到大厅的入口，并且每个展厅的出口都连接到每个等待空间的入口。离开某个展厅的游客可选择任意展厅作为下一个参观点。假设可以某种方式把每个展厅都描述为一个进程，且游客可在一个展厅中随机停留一段时间。假设你想采用 SDL 为这种情形建模，请给出一个采用显式进程和 FIFO 队列的图示。

2.16 为卡恩进程网络（KPN）[471] 下载 levi 仿真软件，开发一个以分布式模式计算费布拉奇数列的 KPN 模型（例如，不能只使用一个卡恩进程网络节点）。

2.17 在本书中我们讨论了哪三种类型的 Petri 网？

2.18 Petri 网中有一种类型允许在每个库所使用几个不可区分的令牌。在该类网络的数学模型中，使用了哪些组件？（提示：$N=(P,\cdots)$。）

2.19 画出如下的条件 / 事件系统：$N=(C,E,F)$，假定

- 条件：$C=\{c_1,c_2,c_3,c_4\}$

- 事件：$E = \{e_1, e_2, e_3\}$
- 关系：

$$F = \{(c_1, e_1), (c_1, e_2), (e_1, c_2), (e_1, c_3), (e_2, c_2), (e_2, c_3), (e_2, c_4), (c_2, e_3)$$
$$(c_3, e_3), (c_4, e_3), (e_3, c_1), (e_3, c_4)\}$$

请给出 e_3 的前置条件以及 e_1 的后置条件。N 是简单或单纯的吗？假定其不是，那么，为了将 N 转换为单纯网，需要移除哪条（哪些）边？简明扼要地证实或证明你的答案。

2.20 哲学家晚餐问题的紧凑模型是什么样的？

2.21 CSA 理论形成了 2 个、3 个和 4 个逻辑强度，分别对应于 4 个、7 个和 10 个逻辑值。在 IEEE 1164 标准中使用了多少个强度和值？请在图中给出 IEEE 1164 值的偏序关系！IEEE 1164 的哪些值未被包含在该偏序关系中，这些值的含义是什么？

2.22 假设给定了图 2-78 所示的一条总线，带有 & 符号的矩形表示 AND 门。

如果两个输入都被设置为'0'（ena1＝ena2＝'0'），那么，IEEE 1164 的哪些值将出现在总线上？

如果 ena1＝'0'、ena2＝'1' 且 $f2$＝'1'，IEEE 1164 的哪些值又将出现在总线上？

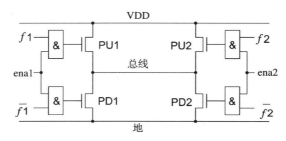

图 2-78 由三态输出驱动的总线

2.23 可以用 IEEE 1164 来建模如下哪个电路：互补 CMOS 输出、带有耗尽型晶体管的输出、开路集极输出、三态输出、总线上的预充电（如果也使用了耗尽型晶体管的话）？

2.24 如下哪些语言使用了异步消息传递：StateCharts、SDL、VHDL、CSP、Petri 网以及 MPI？

2.25 如下哪些语言使用广播机制来更新变量：StateCharts、SDL 和 Petri 网？

2.26 UML 支持哪些类型的图：顺序图、记录图、Y 型图、用例、活动图以及电路图？

2.27 UML 是一种常用的建模技术。请在下表的左侧列中填入组件的计算模型，并在第一行填入通信的模型，之后请在剩余的表格中填入尽可能多的 UML 图类型。

通信／组件组织			

嵌入式系统硬件

3.1 概述

　　嵌入式系统和信息物理系统的特点之一就是要兼顾考虑硬件和软件。可获得的性能（以及用户体验）关键取决于所采用的硬件平台。另外，关于这一点的缘由已在"前言"中进行了讨论："嵌入式系统的开发不能忽略底层硬件的特性。计时、内存使用、功耗以及物理故障都很重要。"[86]

　　已有硬件、软件组件的重用处于**基于平台的设计方法学**的核心位置。与考虑到的可用硬件组件的需要以及图 3-1 所示的设计信息流一致，我们现在将描述嵌入式系统硬件的一些基本要素。

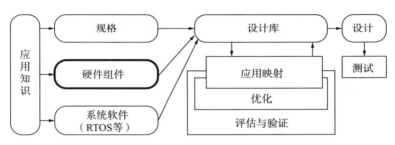

图 3-1　简化的设计信息流

　　嵌入式系统硬件的标准化无法与个人计算机硬件的标准化相比。由于嵌入式系统硬件的种类繁多，因此不可能全面概述所有类型的硬件组件。然而，我们将尝试对大多数系统中使用的必要组件进行分析。

　　在许多信息物理系统中（特别是在控制系统中），硬件用于环路之中（如图 3-2 所示）。在本章中，我们将使用这种环路来构造组件表示。

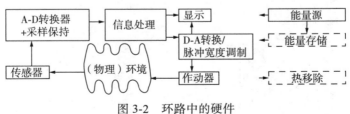

图 3-2　环路中的硬件

　　在这个（控制）环路中，关于物理环境的信息是通过**传感器**获得的。通常，传感器会生成连续的模拟值序列，在本书中，我们将限定在用数字计算机处理离散值序列的信息处理这个范畴。可由两类电路执行适当的转换：采样保持电路和模－数转换器（ADC）。经过这种转换之后，就可以用数字化方式来处理信息了。生成的结果可显示出来，也可经由作动器来控制物理环境。因为很多作动器都是模拟作动器，所以，需要将数字信号转换为模拟信号。我们将看到，通过数－模转换器（DAC）或者间接通过脉冲宽度调制（PWM）可进行转换。

鉴于流行的电子信息处理，我们假设需要电能。那么，这种能量的某种来源就必须是可用的。如果该能量来源并不提供永久的电源，那么我们就需要在可充电电池或电容中存储能源。在系统运行期间，很多电能将被转换为热能（热）。因此，就必须从系统中移除热能。

很显然，这个模型适合控制应用，对于其他应用，它可用作一阶近似。接下来，我们将依图 3-2 所示内容来讨论嵌入式系统和信息物理系统中的基础组件。

3.2   输入

3.2.1   传感器

我们以对传感器的简要讨论开始。传感器可被设计用于测量几乎所有的物理量。现有的传感器包括重量、速度、加速度、电流、电压以及温度等传感器。在传感器的构造中可以利用各种各样的物理效应[145]，如电磁感应定律（电场中电压的产生）、光电效应等。同时，也存在一些检测化学物质的传感器[146]。

近年来，业界已经设计了大量的传感器，且智能系统设计的进步在很大程度上归功于现代传感器技术。传感器的可用性也已使传感器网络的设计成为可能（如参见 Tiwari 等[518]），该网络是物联网的关键元素之一。

要全面涵盖信息物理硬件技术中的这个子集是不可能的，因此，我们只能给出一些代表性的示例。

- **加速度传感器**：图 3-3 给出了使用微系统技术生产的小型传感器，该传感器的中央是一个小的质量块。当加速时，这个块将从标准位置产生偏移，进而，改变连接这个块的微线路中的电阻。

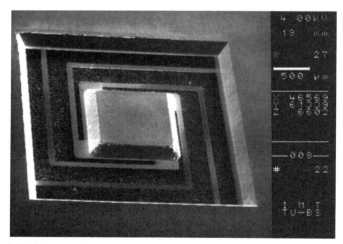

图 3-3   加速度传感器（由 S. Bütgenbach, IMT, TU Braunschweig 提供），©TU Braunschweig，德国

在强大的惯性测量单元（IMU）中包含加速度传感器（例如，请参见 Siciliano 等[462]，Sect.20.4 部分）。其包括陀螺仪和加速度计，同时，可以捕捉到位置（x、y 和 z）和

方向（滚转角、俯仰角和偏航角）等共 6 个自由度。

- **图像传感器**：基本上有两类图像传感器：电荷耦合器件（CCD）和 CMOS 传感器。这两种传感器都采用了光电传感器阵列。CMOS 传感器阵列的体系结构与标准内存的类似：可随机访问并读出单个像素。在集成电路中，CMOS 传感器使用标准的 CMOS 技术。鉴于此，传感器和逻辑电路可集成到同一块芯片中。这允许在传感器芯片上进行某些预处理，形成所谓的智能传感器。CMOS 传感器仅需要单个标准供电电压，并且其接口通常比较简单。因此，基于 CMOS 的传感器的价格可以很低。

　　相比较而言，CCD 技术是面向光学应用优化的。在 CCD 技术中，电荷必须从一个像素转移到下一个像素，直到它们最终可在阵列边界上被读出。这种顺序电荷转移也就成了 CCD 的名字。对于 CCD 传感器，其接口机制更为复杂。

　　选择最合适的图像传感器要取决于多个约束，且随着技术的演化也不断变化。CMOS 传感器的图像质量在近年来已经得到提升，而 CCD 在开始时所具有的图像优势已变得有些问题了。因此，利用 CCD 传感器和 CMOS 传感器实现良好的图像质量是可行的。由于 COMS 传感器具有更快的读出速度，因此，它就成为带有实时视图模式或视频录制功能的相机的首选 [387]。同样，如果要设计智能传感器，CMOS 传感器也是低成本设备的首选。CCD 的一些应用领域已经不存在了，但它们仍被用在诸如科学图像获取等领域。

- **生物特征识别传感器**：对高安全标准的需求以及保护移动和可移动设备的需要，已经引起了对身份认证兴趣的持续增长。由于基于密码的防护安全性具有局限性（如密码被盗或忘记密码），因此，生物特征识别传感器及生物特征身份认证就受到了广泛关注。生物特征身份认证尝试确定某人是否确实就是他或她所声称的那个人。用于生物特征身份认证的方法包括虹膜扫描、指纹传感器以及人脸识别。指纹传感器的制造通常使用了与集成电路制造相同的 CMOS 技术 [550]，CCD 和 CMOS 图像传感器可用于人脸识别。假接受和假拒绝是生物特征身份认证的固有问题。与基于密码的身份认证相比，精确匹配是不可能的。

- **人造眼**：人造眼项目已经引起了极大关注。某些项目对眼睛有影响，但另一些项目却以间接方式提供了视觉。例如，杜贝尔研究所（Dobelle Institute）用一个连接在计算机上的摄像头进行实验，直接向大脑触点发送电脉冲 [509]。最近，侵入性更少的图像至音频翻译已经成为首选。

- **射频识别（RFID）**：RFID 技术是基于**标签**对射频信号进行响应的 [217]，该标签包括集成电路和天线，其向 RFID **阅读器**提供它的身份信息。标签和阅读器之间的最大距离取决于标签的类型。该技术用于识别目标、动物或人，同时也是物联网的一个关键使能技术。

- **雨量传感器**：为了消除雨水对驾驶员注意力的影响，一些车辆提供了雨量传感器。使用这些传感器，可以根据雨量调节雨刷的速度。

- **其他传感器**：其他通用传感器包括压力传感器、距离传感器（接近传感器）、引擎控制传感器以及霍尔效应传感器等。

传感器生成**信号**。从数学角度来看，下面的定义是适用的：

定义 3.1   信号 σ 是从时域 D_{T} 到值域 D_{V} 的一个映射:

$$\sigma: D_{\mathrm{T}} \rightarrow D_{\mathrm{V}}$$

信号可被定义在连续或离散的时间域和连续或离散的值域上。

3.2.2　时间离散化：采样保持电路

现在所有数字计算机都运行在**离散**时域 D_{T} 上，这意味着它们可以处理离散的值序列或**值流**。因此，连续时域上的输入信号必须被转换为离散时域上的信号。这就是**采样保持电路**的用途。图 3-4a 给出了一个简单的采样保持电路。本质上，该电路由一个时钟晶体管和电容构成。晶体管的运行类似于开关。每当时钟信号使这个开关接通时，电容就充电，其电压 $h(t)$ 与输入电压 $e(t)$ 几乎相同。再次断开开关之后，这个电压将保持不变，直至开关再次接通。存储在电容中的每个值都可看作 $h(t)$ 值的离散序列中的一个元素，其由连续函数 $e(t)$ 生成（见图 3-4b）。如果我们在时间序列 $\{t_{\mathrm{s}}\}$ 上采样 $e(t)$，那么，$h(t)$ 将仅在这些时间上被定义。

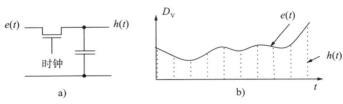

图 3-4　采样保持阶段。a）电路；b）信号

一个理想的采样保持电路将能够在任意短的时间里改变电容两端的电压。在这种方式下，某个特定时刻的输入电压都可被转移至这个电容上，而且，离散时间序列中的每个元素都将对应于特定时刻的输入电压。然而实际上，为了真正对电容进行充电或放电，该晶体管必须在一个短的时间窗口内保持关闭。之后，存储在这个电容上的电压将对应于一个反映这个短时间窗口的电压。

3.2.3　信号的傅里叶近似

我们能够从采样信号 $h(t)$ 中重构出原始信号 $e(t)$ 吗？为了回答这个问题，先要回顾这样一个事实：可以通过对不同频率特征（傅里叶近似）的正弦函数进行求和（可能是相移的）来近似任意信号[⊖]。

示例3.1　式（3.1）近似了一个方波[418]。

$$e_K'(t) = \sum_{k=1,3,5,7,9,\cdots}^{K} \left(\frac{4}{\pi k} \sin\left(\frac{2\pi kt}{T} \right) \right) \tag{3.1}$$

在该方程中，T 是周期，随着 K 的增加这个近似会得到提升。图 3-5 和图 3-6 是式（3.1）的可视化表示。

⊖　这个表述的前提是本书无法全面涵盖傅里叶近似，因此，仅通过一些示例来说明这些近似的影响。当然，了解这些示例背后的理论非常有益。

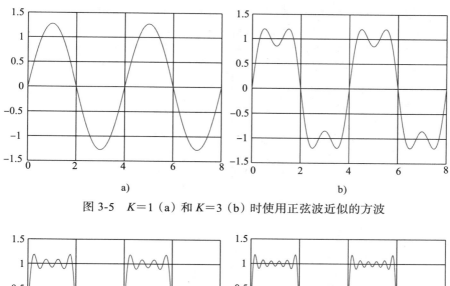

图 3-5　$K=1$（a）和 $K=3$（b）时使用正弦波近似的方波

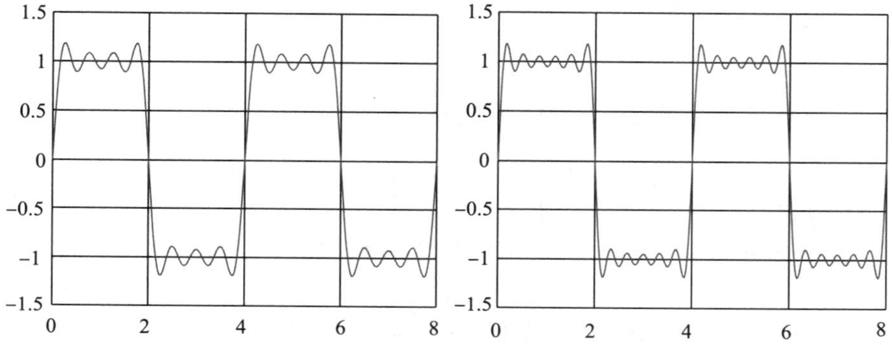

图 3-6　$K=7$（a）和 $K=11$（b）时使用正弦波近似的方波

方波与在方波跃变处的近似值的较大差异称为**吉布斯现象**$^{\ominus}$（Gibbs phenomenon）$^{[418]}$。▽
如果对于所有的信号 $e_1(t)$ 和 $e_2(t)$ 有如下条件成立，那么信号变换 Tr 就是**线性的**。

$$\mathrm{Tr}(e_1 + e_2) = \mathrm{Tr}(e_1) + \mathrm{Tr}(e_2) \tag{3.2}$$

接下来，我们将限定于线性系统。为了回答之前引出的问题，我们独立地研究每一个正弦波
的采样信号。

〔**示例3.2**〕我们来看函数 e_3 和 e_4 所描述的信号：

$$e_3(t) = \sin + \left(\frac{2\pi t}{8}\right) + 0.5\sin\left(\frac{2\pi t}{4}\right) \tag{3.3}$$

$$e_4(t) = \sin\left(\frac{2\pi t}{8}\right) + 0.5\sin\left(\frac{2\pi t}{4}\right) + 0.5\sin\left(\frac{2\pi t}{1}\right) \tag{3.4}$$

这些函数中正弦波采用的周期分别为 $T=8$、4 和 1（这可通过比较这些正弦波与式（3.1）
中的正弦波而得出）。这些函数的图形表示如图 3-7 所示。假定我们将在整数时间采样这些

$\ominus$　吉布斯现象：将具有不连续点的周期函数（如矩形脉冲）进行傅里叶级数展开后，选取有限项进行合成。
　　选取的项数越多，在所合成波形中出现的峰起越靠近原信号的不连续点。当选取的项数很大时，该峰起
　　值趋于常数，大约等于总跳变值的 9%。——译者注

信号。那么，无论在何时采样这两个信号，都会得出相同的值。显然，仅当被采样信号存在时我们及时地在这些时刻采样信号，就不可能区分出 $e_3(t)$ 和 $e_4(t)$。   ▽

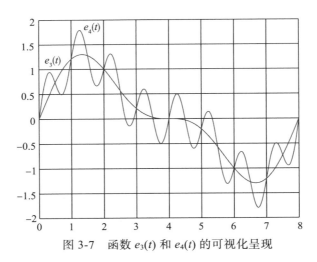

图 3-7   函数 $e_3(t)$ 和 $e_4(t)$ 的可视化呈现

通常而言，如果每次采样时 $e_3(t)$ 和 $e_4(t)$ 都是相同的，那么我们就不能对采样后的信号区分出某些较慢的信号 $e_3(t)$ 和某些快速变化的信号 $e_4(t)$。两个或多个未采样信号拥有相同采样表示的现象被称为**混叠**（aliasing）。例如，我们对 $e_4(t)$ 的采样频率不够高，从而未能注意到它的斜率在整数倍之间变化。由这个反例，能够得出结论，**除非我们对输入信号的频率或波形有额外的了解，否则重构原始的未采样信号是不可能的。**

我们需要多久采样一次信号才能区分不同的正弦波呢？

假设，以常数时间间隔来采样输入信号，T_s 是**采样周期**：

$$\forall s: T_s = t_{s+1} - t_s \tag{3.5}$$

令

$$f_s = \frac{1}{T_s} \tag{3.6}$$

是**采样速率**或**采样频率**。

那么，采样理论为我们给出了如下定理（例如，请见参考文献 [418]）。

定理 3.1（采样定理）   基于上述的变量定义，如果我们约束输入信号的频率小于采样频率 f_s 的一半，就可以避免混叠：

$$T_s < \frac{T_N}{2}   \quad T_N \text{ 是 "最快的" 正弦波的周期} \tag{3.7}$$

$$f_s > 2f_N   \quad f_N \text{ 是 "最快的" 正弦波的频率} \tag{3.8}$$

定义 3.2 f_N 被称为**奈奎斯特频率**，f_s 是采样频率。

式（3.8）中的条件被称为**采样准则**，有时也称为**奈奎斯特采样准则**。

因此，仅当我们能够确定更高频率的分量（如 $e_4(t)$ 中的某个分量）已被移除，才能从离散样本 $h(t)$ 中成功地重建出输入信号 $e(t)$。这也是抗混叠滤波器的功能。抗混叠滤波器可被放置在采样保持电路的前端（参见图 3-8）。图 3-9 给出了该滤波器作为频率函数时的输出波

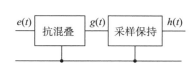

图 3-8 放置在采样保持电路前端的
抗混叠滤波器

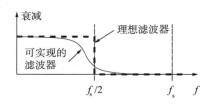

图 3-9 理想的以及可实现的抗混叠
滤波器（低通滤波器）

形和输入波形之间的振幅比值。

理想情况下，这样的滤波器将移除大于等于采样频率一半的所有频率，并保持其他分量不变。使用这种方式下可把 $e_4(t)$ 信号转换为 $e_3(t)$ 信号。

实际上，并不存在这样的理想滤波器（称为**矩形滤波器**）[⊖]。可实现的滤波器开始把频率衰减到小于 $f_s/2$，但仍然不能完全消除大于 $f_s/2$ 的频率（见图 3-9）。滤波之后，衰减的高频分量依然存在。对于小于 $f_s/2$ 的频率，也可能存在一些"过冲"（overshooting），即对输入信号的频率有一定的放大作用。

设计性能优良的抗混叠滤波器本身就是一门艺术。例如，对于高质量的音频设备，这门艺术已被详细研究过，包括详细的听力测试。很多高质量设备之间的感知差异被认为是取决于该类滤波器设计的。

3.2.4 值的离散化：模 – 数转换器

由于我们限定于数字计算机范畴，因此必须用将时间映射到离散值域 D'_V 的信号来替代将时间映射到连续时间值域 D_V 的信号。从模拟值到数字值的转换是由模 – 数转换器（ADC）完成的。实际上，有很多速度/精度特性不同的 ADC。通常，快速 ADC 的精度较低，高精度转换器的速度较慢。

我们将在接下来的内部里讨论几种转换器。

3.2.4.1 flash ADC

该类 ADC 使用了大量的比较器，每个比较器带有两个输入，分别标记为 + 和 –。如果 + 输入端的电压高于 – 输入端的电压，就输出逻辑 1，否则输出逻辑 0[⊖]。

在这种 ADC 中，所有的 – 输入端都连接到一个分压器。如果输入电压 $h(t)$ 超过了 $\frac{3}{4}V_{ref}$，则图 3-10a 所示的顶部比较器将会生成一个 1。比较器输出端的编码器将尝试识别最高有效的 1，并将此情况编码为最大的输出值。由于 V_{ref} 通常接近电路的供电电压，超过供电电压的输入电压将导致电气问题，因此通常应避免出现 $h(t) > V_{ref}$ 的情况出现。在我们的例子中，当输入电压大于 V_{ref} 时，只要转换器没有因为高输入电压而失效，就会生成最大的数字值。

现在，如果输入电压 $h(t)$ 低于 $\frac{3}{4}V_{ref}$，但仍然大于 $\frac{2}{4}V_{ref}$，图 3-10 中顶部的比较器将生成 0，而相邻的比较器将仍然输出 1，编码器会将其编码为第二大的值。

⊖ 这需要知道在无限长时间内被过滤的信号。

⊖ 实际上，电压相等的情况是没有意义的，因为无论如何，由两个输入端电压的微小差异所引起的实际行为通常取决于很多因素（例如，温度和制造过程等）。

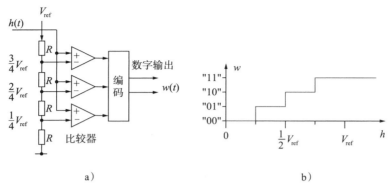

图 3-10　flash ADC：a）原理图；b）w 是 h 的函数

对于 $\frac{1}{4}V_{\text{ref}} < h(t) < \frac{2}{4}V_{\text{ref}}$ 和 $0 < h(t) < \frac{1}{4}V_{\text{ref}}$ 的情形，具有类似的参数，其将分别被编码为第三大的值和最小值。图 3-10b 给出了输入电压和所产生的数字值之间的对应关系。

比较器的输出端以特定方式编码数字：如果某个特定比较器的输出等于 1，那么所有不太重要的输出都等于 1。编码器将这种 数字表示转换为常用的自然数表示。实际上，这样的编码器被称为优先级编码器，对二进制形式中带有 1 的最高有效输入数字进行编码⊖。

该电路可以将正模拟输入电压转换为数字数值。转换正、负电压并生成两者的补码则需要一些扩展。

flash ADC 的一个很好的特性在于，它是自动**单调**的：当模拟电压从 0 增加到最大值时，相应的数字值也会增加。即使电阻的实际值偏离了标准值，这条特性也会存在。然而，这样的偏差将会影响所期望的模拟及数字值之间线性关系的精度。

电阻链构成了一条即使未采用转换器也会存在的传导路径，这使得该转换器不可能用于低功耗设备。

通常而言，ADC 的特性还包括**分辨率**。

这个术语具有几个不同但相关的含义[13]。分辨率（以位来衡量）是 ADC 生成位的数量。例如，很多音频应用就需要使用具有 16 位精度的 ADC。然而，分辨率也可用电压来衡量，在这种情况下，其表示导致输出增加 1 的两个输入电压之间的差值：

$$Q = \frac{V_{\text{FSR}}}{n} \tag{3.9}$$

其中，V_{FSR} 为最大、最小电压之间的差值；Q 为每一步的电压分辨率；n 为电压区间的数量（**不是位的数量**）。

示例3.3　对于图 3-10 中的 ADC，如果我们假定 V_{ref} 是最大电压，那么其分辨率就是两位或 $\frac{1}{4}V_{\text{ref}}$V。　　　　　　　　　　　　　　　　　　　　　　　　　　　　▽

flash ADC 的主要优势是速度。该类转换器不需要任何时钟。输入与输出之间的延迟非常小，且其电路易于使用，例如高速视频应用。缺点在于其硬件的复杂度：为了区别 n 个值，我们需要 $n-1$ 个比较器。想象一下，在 CD 刻录机中用该电路生成数字音频信号时，我们将需要 $2^{16}-1$ 个比较器！因此，必须以不同的方式来构建高分辨率的 ADC。

⊖　该类编码器对于找出浮点数尾数中最高有效的 1 也非常有用。

3.2.4.2 逐次逼近

使用逐次逼近型 ADC 就有可能区分出大量的数字值。该电路如图 3-11 所示。

该电路的关键思想是运用二分查找法。开始时，逐次逼近寄存器的最高有效输出位被设置为 1，其他位则被设置为 0。接下来，这个数字值转换为一个模拟值，对应于 $0.5 \times$ 最大输入电压[⊖]。如果 $h(t)$ 超过了生成的模拟电压，最高有效位保持为 1，否则被重置为 0。

对于下一个位，重复这个过程。如果输入值在输入电压范围的第二个或第四个四分之一区间，则其将保持为 1。对于所有的位，循环执行相同的过程。

图 3-12 给出了一个示例。一开始，最高有效位被设置为 1。因为所得到的 V_- 小于 $h(t)$，所以这个值被保持。之后，次高有效位被设置为 1。由于所得到的 V_- 大于 $h(t)$，因此该位被置为 0。接下来，尝试设置第三高有效位，将其设置为 1，并一直保持。最后，设置最低有效位，且在比较完成之后保持该设置。显然，在转换期间，$h(t)$ 必须为常数，否则整个过程将被破坏。如果我们采用如上给出的采样保持电路，这个要求就可得到满足，所得到的数字信号被称为 $w(t)$。

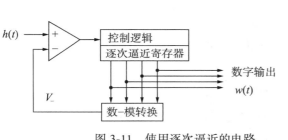

图 3-11 使用逐次逼近的电路

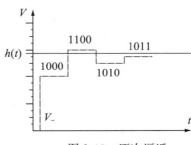

图 3-12 逐次逼近

逐次逼近技术的主要优点在于其硬件效率。为了区分 n 个数字值，我们需要逐次逼近寄存器和 D/A 转换器中的 $\lceil \log_2(n) \rceil$ 个位。缺点是速度较慢，因为它需要执行 $O(\log_2(n))$ 步。因此，这些转换器可用于有中等速度要求的高分辨率应用中，相关用例如音频应用等。

3.2.4.3 流水线转换器

这些转换器由一个转换器链组成，链中的每个阶段负责转换一部分位（见图 3-13）。每个阶段都把剩余的电压传递到下一阶段（如果有）。例如，每个阶段都可以转换单个位并减

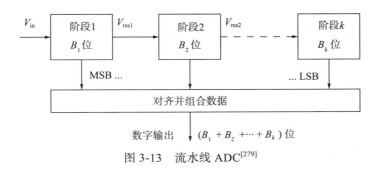

图 3-13 流水线 ADC[279]

⊖ 幸运的是，可以非常高效和快速地实现从数字到模拟值的转换（D-A 转换）。

去相应的电压，产生的剩余电压通常会按比例放大两倍（为了避免电压过小）并传递给下一阶段。通常，每个阶段都包括一个用于转换一些位的 flash ADC 以及一个 D/A 转换器来计算要被减去的电压。所产生的数字值必须按时间对齐。随着位的数量增加，所需的硬件资源会线性增长。基于这一构造，可以获得更高的吞吐率，但其延迟较 flash 转换器更大。

3.2.4.4 其他转换器

积分转换器（integrating converter）在测量中使用（至少）两个阶段。在长度为 t_1 的第一个阶段，计算输入电压在时间上的积分$^{\ominus}$。对于恒定输入，计算出的值 V_{out} 与输入电压（$V_{out} \sim V_{in}t_1$）成正比。在第二阶段，该值以恒定速度减小，并应计算达到零的时间。最终的计数值与输入电压成正比。因此，只要使用合适的比例，最终的计数值就可表示输入电压。如果输入电压中有噪声，则其影响可能会在第一个积分阶段被平均。因此，这些转换器能够补偿噪声，通常应用在慢速、高分辨率的万用表中。

对于**折叠型 ADC**（folding ADC），其输入电压的范围被划分为 2^m 个片段[101]。粗粒度的转换器检测当前输入电压所处的段位置，并生成 m 个最高有效位。细粒度的转换器计算每个段中的值，生成最低有效位。

对于 Delta-Sigma ADC（$\Delta\Sigma$ ADC），其名字已说明信号差值（Δs）被编码且被相加求和（Σ）。关于这些转换器的讨论超出了本书范围。更多内容可参考文献 Khorramabadi[280]。

3.2.4.5 ADC 比较

图 3-14 使用 Vogels 等人[534] 给出的权衡分析，该分析给出了对 ADC 速度 / 分辨率的权衡概述。显而易见，flash ADC 是最快的，但仅提供低分辨率。流水线转换器通常优于逐次逼近型转换器。IEEE TV[414] 给出了 ADC 的另一个概要阐述。

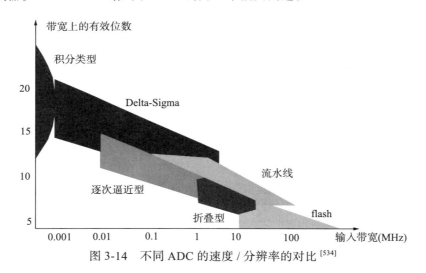

图 3-14 不同 ADC 的速度 / 分辨率的对比 [534]

3.2.4.6 量化噪声

图 3-15 是输入信号为式（3.3）所示情形时，flash ADC 所表现出的行为，但仅给出了输入信号为正时的行为。该图包括数字值对应的电压、原始电压以及二者的差值。显然，该

$\ominus$ 这可以通过运算放大器反馈回路中的电容来实现（请参见附录 B）。

转换器将模拟信号的数字表示"截断"至可用位的数量（即数字值总是小于或等于模拟值）。这正是由 flash 转换器进行比较后所导致的。"舍入"转换器需要"半个位"的内部校正。实际上，数字信号有效地编码了原始模拟值与差值 $w(t)-h(t)$ 之和所对应的值。这意味着，**两个信号之间的差值看起来好像已经添加到原始信号之中**。这个差值是被称为**量化噪声**的一个信号。

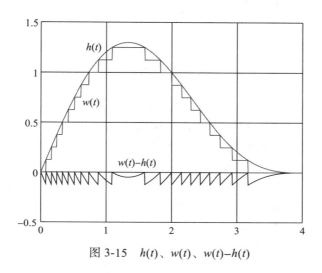

图 3-15　$h(t)$、$w(t)$、$w(t)-h(t)$

定义 3.3　令 $h(t)$ 是某个模拟信号，$w(t)$ 是对 $h(t)$ 量化后派生而来的，两者之间的差值被称为**量化噪声**（quantization noise）：

$$\text{quantization noise}(t) = w(t) - h(t) < Q \qquad (3.10)$$

提高 ADC 的分辨率会降低量化噪声。量化噪声的影响在**信噪比**（SNR）的定义中得以体现，并以分贝为单位（十分之一贝尔，以 Alexander G. Bell 的名字命名）。

定义 3.4　SNR 定义为如下形式：

$$\text{SNR(dB，分贝)} = 10 \log \frac{\text{"有用"信号的功率}}{\text{噪声信号的功率}} \qquad (3.11)$$

$$= 20 \log \frac{\text{"有用"信号的电压}}{\text{噪声信号的电压}} \qquad (3.12)$$

对于任意给定的阻抗 R，信号功率与电压的平方成正比。因为 SNR 是无量纲的，所以分贝并不是物理单位。

对于任何信号 $h(t)$，量化噪声的功率等于 αQ，$\alpha \leq 1$ 取决于 $h(t)$ 的波形。如果 $h(t)$ 总是可以用一个数字值来精确表示，那么 $\alpha=0$。如果 $h(t)$ 总是比可表示的下一个值低"一点点"，则 α 接近于 1。

示例3.4　16 位 CD 音频设备的 SNR 大约是（对于 $\alpha \sim 1$）$20 \log(2^{16}) = 96\text{dB}$。对于 $\alpha < 1$ 以及不够完美的 ADC 会改变这个值。　　　　　　　　　　　　　　　　　$\triangledown$

3.3　处理单元

现在，让我们来讨论图 3-2 所示控制回路中的下一个元素，即处理单元。对于嵌入式系统中的信息处理，我们将关注使用硬布线复用设计的专用集成电路（Application-Specific Integrated Circuits，ASIC）、可重构逻辑以及几种可编程处理器。我们将首先讨论 ASIC。

3.3.1　专用集成电路

对于高性能应用以及大规模市场，可设计专用集成电路（ASIC）。通常而言，ASIC 是非常节能的（请参见 3.7.1 节）。然而，该类芯片的设计与生产成本非常高。掩模组（mask set，其被用来将几何图形转换到芯片上）的成本已经大大增加⊖。

当然，采用不太先进的半导体制造技术以及包含多个设计的多项目晶圆（MPW）可以降低这一成本。但是，其缺乏灵活性：纠正设计错误通常要求一个新的掩模组以及一次新的制造流程（除非 ASIC 包含带有可写存储器的处理器）。这个方法也还不得不面对需要专业技能以及昂贵工具的设计工作，因此，ASIC 仅适合部分特定的情形，如大的市场容量、高能效要求、特定电压或温度范围、混合的模拟 / 数字信号或者由安全驱动的设计等。因此，在本书中并未涵盖与 ASIC 设计的相关内容。

3.3.2　处理器

处理器的主要优点是灵活性。采用处理器，仅通过改变处理器上运行的软件就可改变嵌入式系统的整体行为。为了纠正设计错误、升级系统到一个新的或变化的标准、为已有系统增加新的特性，都可能会要求改变系统行为。鉴于此，嵌入式系统中广泛使用了处理器。特别地，现成的商用（COTS）处理器已经非常流行。

嵌入式处理器必须以资源感知的方式来使用，即我们需要关心处理器上所运行的应用软件的资源需求。此外，它们无须有兼容通用个人计算机或服务器的指令集。因此，它们的体系结构和那些处理器有所不同。效率的含义包括多个不同方面，接下来我们将进行讨论。

3.3.2.1　能源效率

某个特定应用的能量 E 与每次操作所需的功率 P 密切相关，这是因为

$$E=\int P\mathrm{d}t \tag{3.13}$$

假定从功耗为 $P_0(t)$ 的某个设计开始进行说明，t_0 执行时间之后所产生的能耗由下式计算。

$$E_0=\int_0^{t_0}P_0(t)\mathrm{d}t$$

假设一个修改设计的功耗为 $P_1(t)$，且在 t_1 时间完成计算，则其能耗可由下式计算。

$$E_1=\int_0^{t_1}P_1(t)\mathrm{d}t$$

如果 $P_1(t)$ 并不比 $P_0(t)$ 大太多，那么，执行时间的减少也将会降低能耗。然而，一般而言，这未必总是成立的。图 3-16 给出了这种情形：E_1 可能比 E_0 小，但 E_1 也可能比 E_0 大。

功率和能耗的最小化都是非常重要的。功耗对电源的大小、调压器的设计、互连线的尺寸以及短期冷却都有影响。由于电池技术的提升比较缓慢且能源的成本又非常高，因此就非

⊖　根据 http://anysilicon.com/semiconductor-wafer-mask-costs/ 的报道，当前领先的 28nm 工艺的平均开销大约为 150 万美元。

常需要最小化能耗，对于移动应用尤其如此。同样，能耗降低后也会降低冷却需求并提高可靠性（因为高温会缩短电路的寿命）。

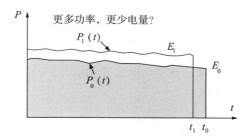

图 3-16　电量 E_0 和 E_1 的比较

接下来对于 CMOS 技术，我们想要证明，用低速并行计算来替代高速顺序计算要更好些。首先，考虑 CMOS 器件的功耗就可以看出这一点。**动态功耗**是由开关动作所引起的功率消耗（这相对于没有开关动作也存在的**静态功耗**而言）。CMOS 电路的动态功耗 P_{dyn} 可由式（3.14）来计算[91]。

$$P_{dyn} = \alpha C_L V_{dd}^2 f \tag{3.14}$$

其中，α 是开关动作；C_L 是负载电容量；V_{dd} 是供电电压；f 是时钟频率。这意味着，CMOS 处理器的功耗（至少）会随着供电电压 V_{dd} 的平方而增长⊖。

CMOS 电路的延迟可被近似为式（3.15）[91,92]：

$$\tau = k C_L \frac{V_{dd}}{(V_{dd} - V_t)^2} \tag{3.15}$$

其中，k 是常量；V_t 是阈值电压。V_t 对开启晶体管所需的晶体管输入电压有影响。例如，对于最大为 $V_{dd, max} = 3.3V$ 的供电电压，V_t 可能在 0.8V 左右。因此，最大时钟频率是供电电压的函数。然而，降低供电电压会使功率以二次方的比例降低，而算法的运行时仅会线性增加（忽略掉存储系统的影响）。

我们可以使用这个方法来降低特定计算规模所需的电量。假设最初以电压 V_{dd}、恒定功率 P、时钟频率 f、运行时 t 以及电量 $E = Pt$ 进行顺序计算。

现在，假设我们正在转向并行执行的 β 操作。由于是并行执行，因此我们可以用因子 β 来扩展每个操作的时间，也可以用因子 β 来降低频率 f 并使用一个新的频率。

$$f' = \frac{f}{\beta} \tag{3.16}$$

这也允许我们将电压降低到一个由式（3.17）计算的新电压。

$$V_{dd}' = \frac{V_{dd}}{\beta} \tag{3.17}$$

这将使得每个操作的功率 P^0 以平方规模减小：

⊖　实际中，会以更大的指数增长。

$$P^0 = \frac{P}{\beta^2} \qquad (3.18)$$

由于是以并行方式执行 β 操作的，因此总功率 P' 可由式（3.19）来计算。

$$P' = \beta P^0 = \frac{P}{\beta} \qquad (3.19)$$

并行执行这些操作的时间 t' 与顺序计算它们的时间相同（$t'=t$）。因此，以并行方式执行这些操作的电量就可由式（3.20）计算。

$$E' = P't = \frac{E}{\beta} \qquad (3.20)$$

我们断定，以并行方式执行 β 操作比顺序计算它们要有更高的能效。然而，我们的推导中包含了许多近似。一方面，功率甚至是电压的立方，且忽略了存储器速度通常为有限约束这一事实。更快的处理器速度只会引起更多的存储器访问等待（来自多个核的存储器访问就会发生冲突）。另一方面，我们需要找出可并行执行的 β 操作。总而言之必须牢记，并行执行是获得高能效实现的一种方法，不管我们使用了何种硬件技术。

考虑到能效，必须对体系结构进行优化，同时，我们必须确保在软件生成过程中没有损失掉性能。例如，如果为了满足时间截止期而必须增加供电电压和时钟频率，那么，编译器相对于周期数会生成 50% 的开销甚至可能超过 50%，这将会进一步降低 ASIC 的效率。

提高处理器能效的技术有很多，从指令集向下的设计到芯片的制造过程，应在不同的抽象级别考虑能效问题[78]。门控时钟和功率门控就是这类技术的例子。当使用门控时钟时，在空闲周期中处理器的部分逻辑会从时钟上断开。以类似方式，可以断开一些组件的电源。例如，直接内存访问（DMA）硬件或总线桥在不工作时就可断开。同样，还有一些尝试会完全去除处理器主要部件的时钟。这里有两个截然不同的方法：全局同步、局部异步处理器，全局异步、局部同步处理器（GALS）[250]。关于低功耗设计技术的更多信息可查阅 E. Macii 所著的书籍[343] 以及 PATMOS 论文集（请参见 http://www.patmos-conf.org/）。

在相当高的抽象层次上，至少可以应用 3 种技术。

- **并行执行**：根据式（3.20）可知，并行执行是提升总体能效的有效方法。
- **动态电源管理**（DPM）：采用这一方法，除了标准的运行状态，处理器还会拥有其他几个节能状态，每个节能状态都有不同的功耗以及切换到运行态的不同时间开销。图 3-17 给出了 StrongArm SA 1100 处理器的 3 个状态。

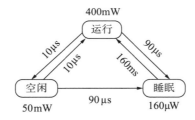

图 3-17　StrongArm SA 1100 处理器的动态电源管理状态[47]

处理器在运行状态下全速运行。在空闲状态，处理器仅监测中断输入。在睡眠状态，片内活动被停止，处理器被复位同时芯片的电源被关闭[565]。一个独立的 I/O 电源为电源管理硬件供电。电源管理硬件可通过预编程的唤醒事件来重新启动处理器。请注意，睡眠状态与其他状态的功耗差异很大，同时也请注意，从睡眠状态切换到运行状态的时间延迟很大。

● **动态电压与频率调节（DVFS）**：式（3.14）可用一种被称为**动态电压与频率调节（DVFS）**的技术来实现。例如，Transmeta[283] 的 Crusoe 处理器就提供了 1.1～1.6V 的 32 个电压等级，且时钟可以在 200～700MHz 的区间里以 33MHz 的增量进行变化。从一个电压/频率对切换到另外一个需要大约 20ms。对于具有 DVFS 能力的处理器，其相关的设计问题已在 Burd 和 Bordersen 的论文中进行了阐述[77]。根据这篇文章可知，即使对于未来降低了最大 V_{dd} 的技术，也会存在潜在的节能，因为相应的阈值电压也将降低（然而，这将导致泄漏电流增加，进而增加静态功耗）。

3.3.2.2　代码规模效率

代码规模的最小化对于嵌入式系统非常重要，因为通常不能采用大容量硬盘（HDD）或者固态盘（SSD），而且存储器容量通常也非常有限⊖，这对片上系统（SoC）而言更加突出。对于片上系统，存储器和处理器实现在相同的芯片上。在这种特定情形下，存储器被称为**嵌入式存储器**。嵌入式存储器比分离式存储器芯片的制造成本更高，因为存储器和处理器的制程必须兼容。然而，整个芯片的大部分空间都被存储器所占用。如下是提升代码规模效率的几种方法。

CISC 机器：标准的 RISC 处理器是为提升速度而设计的，而并非为了代码规模效率。早期的复杂指令集处理器（CISC 机器）实际上是为提升代码规模效率而设计的，因为它们必须连接到低速存储器。高速缓存并不经常被使用。因此，在嵌入式系统应用中正在寻求使用"老式的"CISC 处理器。基于 Motorola 68000 系列 CISC 处理器的 ColdFire[164] 就是这样的一个例子。

压缩技术：为了减少存储指令所需的半导体数量并减少获取这些指令所需的能量，指令常常以压缩形式存放在存储器中。这减少了空间开销以及获取指令所需的能量。由于带宽需求的降低，取指令也可变得更快。为了在运行过程中生成原始指令，在处理器和（指令）存储器之间放置一个（希望是小且快的）解码器（请参见图 3-18b）⊖。我们将以压缩格式存放指令，而不是使用未压缩指令的大存储器。

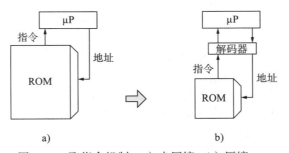

图 3-18　取指令机制。a）未压缩；b）压缩

⊖　大容量 flash 存储器的出现使得内存大小限制不再那么严重。

⊖　鉴于其在技术文档中的广泛使用，我们继续用形状符号来表示复用器、算术单元以及存储器。对于存储器而言，我们采用包括一个显式地址解码器（包含在右侧 ROM 的形状符号中）的形状符号。这些解码器识别地址输入。

压缩的目标可总结为如下几个方面。

- 我们希望节省 ROM 和 RAM 的规模，因为它们可能比处理器本身更加昂贵。
- 我们希望为指令以及可能具有如下属性的数据使用某些编码技术。
  - 这些技术的运行时损失应该很少或者没有。
  - 解码应该在有限的上下文中执行（例如，不可能通过读取整个程序来查找一条分支指令的目标）。
  - 必须考虑到存储器、指令、地址的字长。
  - 必须支持分支到任意地址的分支指令。
  - 仅对可写数据进行编码时，才需要快速编码。否则，快速解码就足够了。

这种机制的变体有多个。

- 某些处理器中还有**第二套指令集**。第二套指令集具有更短的指令格式，ARM 处理器系列就是这样的一个例子。原始的 ARM 指令集是 32 位指令集，且包括了**判定执行**[⊖]。这意味着，当且仅当满足条件代码寄存器中有关值的特定条件时，才执行一条指令，这个条件被编码在指令格式中的前四位。大多数 ARM 处理器也提供了第二套指令集，它是称为 THUMB 指令的 16 位宽度的指令集。THUMB 指令更短，因为它们不支持判定、使用更短和更少的寄存器字段且使用更短的立即数字段（请参见图 3-19）。当程序被解码时，THUMB 指令被动态转换为 ARM 指令。在算术指令中，THUMB 指令仅可使用一半的寄存器。因此，THUMB 指令的寄存器字段用一个 '0' 位来连接[⊖]。在 THUMB 指令集中，源和目的寄存器是相同的，而且可使用的常量长度减少了 4 位。在解码阶段，流水线被用来降低运行时的损失。

  其他处理器也采用了类似的技术。这个方法的缺点在于，必须要扩展（编译器、汇编器以及调试器等）工具来支持第二套指令集。因此，就软件开发成本而言，这种方法的成本可能会非常高昂。

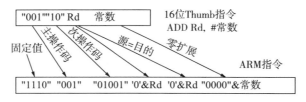

图 3-19 将 THUMB 指令重编码为 ARM 指令

- 第二种方法是使用**字典**。使用这种方法，每个指令模式仅被保存一次。对于程序计数器中的每个值，查找表提供指令表（即字典）中相应指令的指针（见图 3-20）。这种方法只依赖于很少使用的几种不同的指令模式，因此，指令表中仅需要很少的条目。指针的长度可以非常小。这种机制的变体有很多，有一些被称为二级控制存储（two-level control store）[115]、毫微程序设计（nanoprogramming）[490] 或者过程外联（procedure ex-lining）[528]。

⊖ 最新引入的 64 位指令集对判定执行的强调较少。
⊖ 使用 VHDL 符号，在图 3-19 中用 & 符号表示的连接用引号将常数括起来。

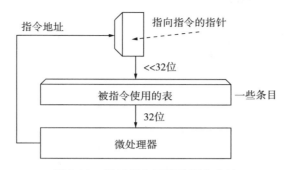

图 3-20   用于指令压缩的字典方法

Beszedes[55] 和 Latendresse[310] 给出了压缩技术的概述。另外，Bonny 等 [61] 给出了基于赫夫曼的压缩技术。

3.3.2.3 执行时间效率

为了满足时间约束且无须使用高的时钟频率，我们可为特定的应用领域定制相应的体系结构，如数字信号处理（DSP），甚至，可更进一步设计特定于应用的指令集处理器（ASIP）。作为专用领域的处理器的例子，我们将关注 DSP。在数字信号处理中，数字滤波是非常常用的操作。我们假设用这样的滤波技术来扩展图 3-8 所示的处理流程，如图 3-21 所示。

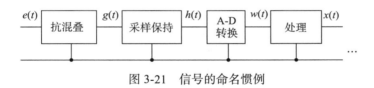

图 3-21   信号的命名惯例

式（3.21）给出了从输入信号 $w(t)$ 生成输出信号 $x(t)$ 的数字滤波器。两个信号都定义在（通常是无限大的）采样时间域 $\{t_s\}$ 上。我们用 x_s 代替 $x(t_s)$，用 w_{s-k} 代替 $w(t_{s-k})$。

$$x_s = \sum_{k=0}^{n-1} w_{s-k} a_k \qquad (3.21)$$

输出元素 x_s 对应于 w 中最后 n 个信号元素的加权平均，可被迭代计算，且每次增加一个积。DSP 的设计使得每一次迭代都可被编码为一条指令。

示例3.5 图 3-22 给出了 ADSP 2100 DSP 的体系结构。

该处理器有两个存储器，分别称为 D 和 P。一个特定的地址生成单元（AGU）可提供访问这些存储器的指针。处理器中有单独的加法和乘法单元，每一个都有自己的参数寄存器 AX、AY、AF、MX、MY 和 MF。为了快速地计算乘加序列，乘法器连接到第二个加法器上。

这个处理器可在一个周期内完成一次迭代。出于这个目的，两个存储器就被分配用于存储两个数组 w 和 a，同时，指定了地址寄存器以便于在 AGU 中更新相关指针。部分和存放在 MR 中。该流水线计算包括寄存器 A1、A2、MX 和 MY。这种资源分配使能了如下代码的执行：

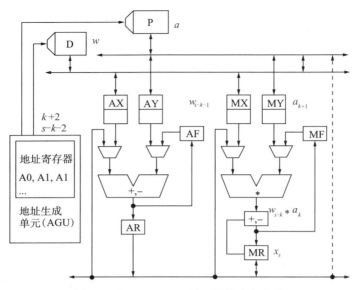

图 3-22   ADSP 2100 处理器的内部架构

```
/* 采样时间 t_s 上的外层循环 */
{ MR:=0; A1:=1; A2:=s-1; MX:=w[s]; MY:=a[0];
    for(k=0; k<=(n - 1); k++)
        {MR:=MR + MX * MY; MX:=w[A2]; MY:=a[A1];
            A1++; A2--; }
    x[s]:=MR;}
```

外层循环对应于进展时间。单条指令编码内部的循环体，其包括如下操作：

- 从参数寄存器 MX 和 MY 中读取两个参数，将它们相乘，之后将这个积加入存放部分和的 MR 寄存器。
- 由存储器 P 和 D 获取数组 *a* 和 *w* 的下一个元素，并将它们存储到参数寄存器 MX 和 MY 中。
- 更新指向下一参数的指针，并将其存储在地址寄存器 A1 和 A2 中。
- 测试循环是否结束。

在这种方式下，每个内部循环的迭代仅需要一条指令。为了实现这个目标，一些操作会以并行方式执行。对于给定的计算需求，这种（有限的）并行形式会导致相对较低的时钟频率。另外，该体系结构中的寄存器可以完成不同功能，可以说它们是**异构的**。异构寄存器文件是 DSP 的共同特征。为了避免测试循环结束时产生的额外周期，DSP 中通常会提供**零开销循环指令**。使用该类指令，可以以固定的次数执行单条或少量的指令。未面向 DSP 进行优化的处理器可能需要在每个迭代中执行几条指令，可能也将要求更高的时钟频率。

如果 $\{t_s\}$ 是无界的，那么以上述形式给出的方法就会要求有无限大的数组 *w* 和 *x*。因为我们仅需要访问最近的 *n* 个值，所以这些数组的大小可被约束。通过使用模寻址的方法（见下文），这些数组中的空间可被重用。   ▽

3.3.2.4　数字信号处理（DSP）

对于滤波而言，除了允许循环体的单条指令实现，DSP还提供许多面向应用领域的其他特性：

- **专门的寻址模式**：在如上所述的滤波器应用中，仅需要使用 w 中的最后 n 个元素。环形缓冲区可用于这个特性，这可通过模寻址方便地实现。在寻址模式中，地址可被增加或减少，直到到达缓冲区的第一个或最后一个元素为止。额外的增加或减少将导致地址指向缓冲区的另一端。

- **独立的地址生成单元**：地址生成单元（AGU）通常直接连接到数据存储器的地址输入端（见图3-23）。出现在地址寄存器中的地址可用在寄存器间接寻址模式中。这节省了机器指令、周期和能量。为了提升地址寄存器的可用性，指令集通常为使用地址寄存器的大多数指令提供了自动加和自动减选项。

- **饱和运算**：饱和运算改变了上溢和下溢的处理方式。在标准的二进制运算中，回绕（wraparound）被用于上溢或下溢后返回值。表3-1给出的一个示例中两个无符号4位数相加，产生一个在任意标准寄存器中都无法返回的进位。该结果寄存器将包含一个全为零的模式。没有结果比这个结果更加偏离实际结果。

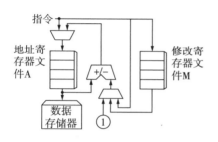

图 3-23　使用专用地址寄存器的 AGU

表 3-1　无符号整数的回绕与饱和运算

$+$	0	1	1	1
	1	0	0	1
标准回绕运算	1 0	0	0	0
饱和运算	1	1	1	1

在饱和运算中，我们尝试返回一个尽可能接近实际值的值。对于饱和运算，上溢时返回最大值，下溢时则返回最小值。这种方法对于视频和音频应用特别有用：用户很难分辨出实际结果值与可被表示的最大值之间的差异。同样，在出现上溢时抛出异常通常是无用的，这是因为异常很难被实时处理。请注意，为了返回正确值，我们还需要明白自己是在处理有符号还是无符号的加法指令。

- **定点运算**：浮点硬件会增加处理器的成本和功耗，因此，据估计约有 80% 的 DSP 并不提供浮点硬件[1]。然而，除了对整数的支持，很多这样的处理器也支持定点数。定点数据类型可表示为一个三元组 (wl, iwl, sign)，其中 wl 是总字长，iwl 是整数字长（二进制小数点左侧的位数），而符号 sign $\in \{s,u\}$ 表示所处理的是无符号数还是有符号数，请参见图3-24。此外，还有不同的舍入模式（如截断）以及溢出模式（如饱和及回绕算法）。对于定点数，二进制小数点的位置会在乘法操作之后被修改（一些低阶位被截断或舍入）。对于定点处理器，该类操作是由硬件支持的。

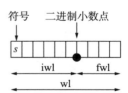

图 3-24　定点数中的参数

- **实时能力**：在个人计算机使用的现代处理器中，所设计的某些特性是用于提升程序的平均执行时间的。在许多情况下，如果不能形式化地验证它们是否改善了最坏执行时间，那么这是很困难的。在这种情况下，不去实现这些特性会更好些。例如，很难（虽然不是不可能的 [4]）保证使用高速缓存就可以提升速度。因此，高速缓存有时并不用于嵌入式应用。同样，虚拟寻址以及按需调页在嵌入式系统中也并不常见。计算最坏执行时间的技术将在 5.2.2 节中进行阐述。

- **多存储器组或多存储器**：在 ADSP 2100 的示例中，多存储器组的效用已经被证明：两个存储器 D 和 P 允许同时获取两组参数。一些 DSP 中提供了两个存储器组。
- **异构寄存器文件**：在滤波器应用中，已阐述了异构寄存器文件。
- **乘 / 累加指令**：这些指令执行带有加法的乘法，已在滤波器应用中使用。

鉴于信号处理的重要性，DSP 使用的指令已被添加到很多指令集中。

3.3.2.5　微控制器

实际上，嵌入式系统中的大量处理器都是微控制器。微控制器通常并不太复杂，使用也非常方便。由于它们与控制系统的设计有关，因此我们仅介绍最常用处理器中的一种：Intel 8051，许多供应商都提供这种处理器（但 Intel 不再提供）。该处理器具有如下特性：

- 8 位 CPU，面向控制应用进行了优化；
- 大量的布尔数据类型操作集；
- 64KB 的程序地址空间；
- 64KB 的独立数据地址空间；
- 4KB 的片上程序存储器，128KB 的片上数据存储器；
- 32 个 I/O 引脚，每个都可独立寻址；
- 2 个片上计数器；
- 用于串行线路的片上通用异步接收器 / 发送器（UART）；
- 片上时钟生成；
- 大量可用的商业变体版本。

对微控制器来说，所有这些特性都是非常典型的。

3.3.2.6　多媒体处理器 / 指令集

许多现代体系结构的寄存器和运算单元至少都是 64 位宽度的。因此，2 个 32 位数据类型（"双字"）、4 个 16 位数据类型（"字"）或者是 8 个 8 位数据类型（"字节"）可被打包到单个寄存器中（见图 3-25）。

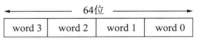

图 3-25　用 64 位寄存器打包一组字

算术单元可设计为在双字、字或字节边界处抑制进位。多媒体指令集通过支持打包数据类型的操作来利用这一事实。因为单条指令编码了多个数据元素上的几个操作，因此，该类指令有时也被称为单指令多数据（SIMD）指令。将多个字节打包到 64 位的寄存器中，可以比非打包数据类型加速约 8 倍。数据类型通常以打包形式存放在存储器中。如果对打包数据类型执行算术运算，就可以避免解包和打包操作。此外，多媒体指令通常可以与饱和运算组合，也就可以提供较标准指令更为高效的溢出处理方式。因此，由多媒体指令获得的整体加速可以达到在打包数据类型上执行操作所能达到的 8 倍多。鉴于在打包数据类型

   ⊖　有关页面调度的内容，请参见附录 C。

上执行操作的优势，在一些处理器中已经增加了新的指令。例如，所谓的**流式 SIMD 扩展**（SSE）已被添加到 Intel 的 Pentium 兼容处理器系列中 [239]。新的指令被命名为**短向量指令**，并被 Intel 作为高级向量扩展（AVX）而引入 [240]。

3.3.2.7　超长指令字（VLIW）处理器

嵌入式系统的计算需求正在持续增长，特别是在涉及多媒体应用、高级编码技术或密码学的时候。使用高性能微处理器来提升性能的技术对于嵌入式系统并不适用，例如，由于指令集兼容性需求所驱动，PC 中的处理器在自动查找并行应用程序方面花费了大量的资源和能量。然而，它们的性能往往还不够。对于嵌入式系统，我们可以利用指令集无须和 PC 兼容这一事实，因此，我们可以显式地标示出将要以并行方式执行的指令。这在**显式并行指令集计算机**（EPIC）上是可行的。采用 EPIC，并行性的检测从处理器转移到了编译器上，这避免了在运行时消耗半导体和能量资源来检测并行性。作为特定情形，我们来看看超长指令字（VLIW）处理器。对于 VLIW 处理器，几个操作或指令被编码为一条长的指令字（有时称为**指令包**），且假定其将并行执行。每个操作 / 指令被编码到指令包的一个独立字段中，每个字段控制特定的硬件单元。图 3-26 中使用了 4 个这样的字段，每个控制一个硬件单元。

图 3-26　VLIW 体系结构（示例）

对于 VLIW 体系结构，编译器会生成指令包。这要求编译器应知道可用的硬件单元并调度它们。

指令字段必须存在，不管对应的功能单元在某个指令周期中是否真正被使用。在无法检测出足够的并行度以使得所有功能单元都充分运行的时候，VLIW 体系结构的代码密度会比较低。如果增加更多的灵活性，这个问题可以被避免。例如，德州仪器（Texas Instruments）的 TMS 320C6xx 系列处理器就实现了最大为 256 位的可变指令包。在每个指令字段中，预留一位来说明下一个字段中的编码操作是否仍要并行执行（见图 3-27）。这样一来，就不会有指令位浪费在未使用的功能单元上。

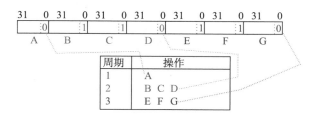

图 3-27　TMS 320C6xx 的指令包

鉴于其具有可变长度的指令包，TMS 320C6xx 处理器并不完全对应于经典的 VLIW 处理器模型。不过，由于它们显式地描述并行性，因此它们都属于 EPIC 处理器。

分区寄存器文件。 为 VLIW 和 EPIC 处理器实现寄存器文件绝非易事。由于大量操作可被并行执行，因此大量的寄存器访问就必须以并行方式来提供。这就需要大量的端口。然而，随着端口数量的增加，寄存器文件的延迟、规模和能耗也将增加。由于带有非常多端口的寄存器文件是低效率的，因此，许多 VLIW/EPIC 体系结构使用了分区寄存器文件。这样一来，功能单元仅连接到寄存器文件的一个子集。作为一个示例，图 3-28 给出了 TMS 320C6xx 处理器的内部结构。这些处理器拥有两个寄存器文件，每个都连接到功能单元中的一半。在每个时钟周期，仅存在一条可用路径从一个寄存器文件到连接至另一个寄存器文件的功能单元上。

Lapinskii 等给出了另一种分区机制 [307]。

实际上，有很多 DSP 是 VLIW 处理器。作为一个示例，我们来看看实验性的 M3-DSP 处理器 [156]。该 M3-DSP 处理器是一个包含（最多）16 条并行数据路径的 VLIW 处理器。这些数据路径连接到一组存储器，并行地提供必要的参数（见图 3-29）。

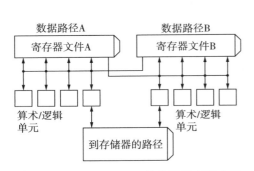

图 3-28　TMS 320C6xx 的分区寄存器文件

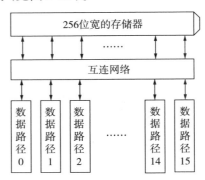

图 3-29　M3-DSP（简化版）

判定执行。 VLIW 和 EPIC 体系结构的一个潜在问题是，它们可能会存在较大的**延迟损失**：这种延迟损失可能源自某些指令包中的分支指令。指令包一般通过流水线进行传递，每个流水线阶段仅实施由该指令执行的部分操作。实际情况是，在流水线的第一阶段并不能检测出分支指令的存在。当该分支指令最终执行完成时，附加指令已经进入了流水线（见图 3-30）。

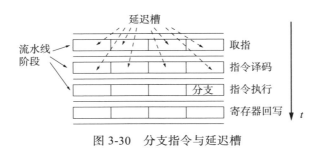

图 3-30　分支指令与延迟槽

本质上，有两种方法可以处理这些附加的指令。

- 就好像没有分支存在一样执行它们。这种情况被称为**延迟分支**，在一条分支之后仍然执行的指令包槽被称为**分支延迟槽**。这些分支延迟槽可由一组指令填充，如果没有延迟槽，这些指令将在分支之前执行。然而，要用有效的指令来填充所有的延迟槽通常是很难的，而且，某些必须用空操作指令（NOP）来填充。**分支延迟损失**一词表示了由这些 NOP 引起的性能损失。

- 在分支目标地址中的指令被取出之前，流水线会停顿。这种情况下，不存在分支延迟槽。在这个结构中，分支延迟损失是由停顿引起的。

分支延迟损失可能会很严重，如果可能的话，可以通过避免分支来提高效率。为了避免源自 if 语句的分支，已引入**判定指令**，本书对其进行了解释。判定可用于实现较小的 if 语句：条件存放在某个条件寄存器中且 if 语句体作为依赖于该条件的条件指令来实现。这种方式下，if 语句体可与其他操作一起被并行评估，且不会导致延迟损失。

Crusoe 处理器是一个面向 PC 设计的（商业上最终并未成功）EPIC 处理器[283]，其指令集包括了 64 位和 128 位 VLIW 指令。为了使 EPIC 指令集在 PC 领域可用的努力最终促成了 Intel 的 IA-64 指令集[241] 以及在 Itanium 处理器中的实现。由于一些遗留问题，该指令集主要应用于服务器市场。许多 MPSoC 都是基于 VLIW 和 EPIC 处理器的。

3.3.2.8 多核处理器

上述单处理器的处理器特性对于以资源感知方式设计高性能处理器是有益的。但事实证明，进一步提升单处理器的性能会遇到**功率墙**：时钟速度的进一步提升将引起极大的功耗并导致电路过热，进一步增加 VLIW 并行级别也不再可行。随着制造工艺的进步，现在，在同一块半导体晶片上制造多个处理器已成为可能。集成到同一块芯片上的多个处理器被称为**多核**，这与已经在计算中心使用了几十年的多处理器系统形成了鲜明的对比。与多处理器系统相比，将多个核集成在同一个晶片上的方式可以实现更快的通信。同样，该方法也便于在多个核之间共享资源（如高速缓存）。作为一个示例，图 3-31 展示了 Intel Core Duo 的体系结构[516]。

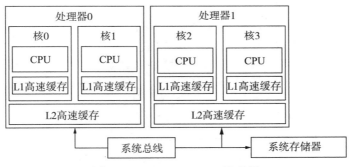

图 3-31　Intel Core Duo 处理器

在本例中，L1 高速缓存是私有的，而 L2 高速缓存则是共享的。对高速缓存的高效访问需要多个因素[516]。在这样的体系结构中，高速缓存一致性也就成为单个晶片内部的一个重要问题。这意味着，我们必须要了解一个核对数据或者指令的更新是否会被其他核所获知。MESI 等用于高速缓存自动一致的协议在计算机体系结构中已有多年历史[205]，现在，它们必须要在片上实现。可伸缩性也是一个问题：在通信架构中，我们可以为多少个核合理地提供足够的带宽且总能保证高速缓存是一致的？同样，系统存储器带宽可能会随着核数量的增加而变得不够用。除了上述 Intel 体系结构之外，还存在其他体系结构。

在图 3-31 所示的体系结构中，所有处理器都是相同类型的。这样的体系结构被称为**同构多核体系结构**。同构多核体系结构的优势在于，设计工作量较小（处理器可被复制），同时可方便地将软件从一个处理器移植到另一个处理器。这在某个核失效的时候是非常有用的。

与同构多核体系结构相对应，也就存在**异构多核体系结构**。在这种情况下，这些处理器是不同类型的。使用这种方式，我们可以选择最适合特定应用或运行时场景的一组处理器。一般而言，异构体系结构被用来达成可能的最佳能效。

为了在同构和（完全）异构体系结构之间找到一个好的平衡，已经提出了使用单个指令集但不同内部架构的体系结构，这也被称为**单 ISA 异构多核** [302]。ARM 的 big.LITTLE 体系结构就是一个代表性示例。

图 3-32 给出了 Cortex A-15 处理器的流水线结构 [159]。

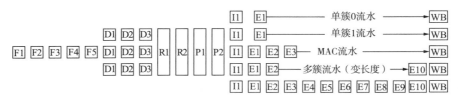

图 3-32   ARM Cortex A-15 流水线

这是一个相对复杂的流水线，包括用于取指令、指令译码、指令发射、执行与回写的多级流水线阶段。采用该体系结构，在结果被存储之前指令必须经过至少 15 个流水线阶段。指令的动态调度允许以不同于从存储器中取出指令的顺序来执行（称为乱序执行）。可以在一个时钟周期内发射多条指令（称为多发射）。该体系结构提供了高的性能，但需要更大的功率。

相比之下，图 3-33 给出了 Cortex A-7 处理器的流水线架构 [159]。

这是一个相对简单的流水线。总体上，指令经过 8～11 个阶段就可变成，它们总是按从内存中读取的顺序来执行且同时发射两条指令的情形较少。鉴于此，这种体系结构所需的功率很低，但是其性能也受限。

图 3-33   ARM Cortex A-7 流水线

图 3-34 给出了两种体系结构之间的折中结果 [159]。

显然，Cortex A-15 更适合诸如视频处理等性能要求高的应用，Cortex A-7 则更适合诸如少量消息处理等"即时在线应用程序"（always-on applications）。如果移动电话仅包括 Cortex A-15 计算核，则将会造成电量浪费。因此，当今的多核芯片通常都是异构的，包括混合高性能和节能的处理器，如图 3-35 所示。

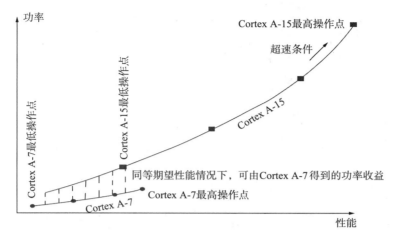

图 3-34　单个 A-7 或 A-15 上有代表性的大负载 DVFS 曲线

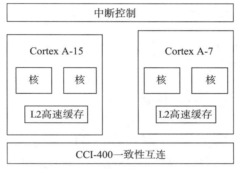

图 3-35　由 Cortex A-7 和 Cortex A-15 核构成的 ARM big.LITTLE 体系结构

3.3.2.9　图形处理单元

20 世纪，为了在计算机输出端生成生动的图形表示，许多计算机都使用了专门的图形处理单元（GPU）。这种硬线连接的解决方案无法支持非标准的计算机图形算法，因此，这些高度专用的 GPU 已被可编程的解决方案所替代。为了达到预期的性能，现在的 GPU 尝试并发地进行大量计算。实现并发的标准方法是同时运行许多细粒度线程，其目标是让诸多处理单元保持忙碌。作为一个示例，我们来看 GPU 中两个矩阵的乘法。图 3-36[205] 给出了这些计算是如何被映射到 GPU 上的。

这个矩阵被划分为多个线程块，每个线程块都可分配给 GPU 中的某个核。每个线程块包括一组线程，每个线程又包括一组指令。每个核都将尝试通过执行线程来推进执行。如果某个线程被阻塞（例如因为等待存储器），那么，这个核将执行其他某个线程。通过使用多级流水线等技术，线程中包含的指令也可被并发执行。这意味着，线程执行间快速的切换以及用这种方式隐藏内存延迟是 GPU 的一个基本特性。如图 3-36 所示，整个计算集合被称为一个**网格**（grid）。

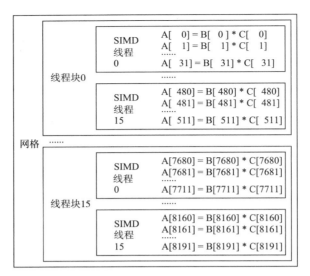

图 3-36　面向 GPU 执行的矩阵乘法划分

在现代的 GPU 中，这些线程块可被并发执行。我们来看一个示例，图 3-37 给出了 ARM Mali T880 GPU 的体系结构[20]。

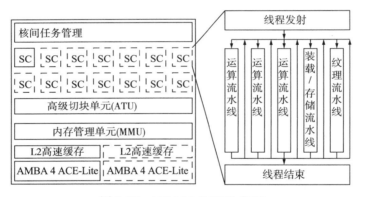

图 3-37　ARM Mali T880 GPU

该体系结构被定义为知识产权（IP），其包括一个可合成的模型。在该模型中，SC 核的数量可配置为 1～16。每个核都包括几个用于执行运算、装载 / 存储或纹理等相关指令的流水线。在线程发射硬件中，应在每个时钟阶段发射尽可能多的线程。GPU 也包括了诸如内存管理单元（请参见附录 C）、最多两个高速缓存以及一个 AMBA 总线接口等附加组件。编程支持包括访问 OpenGL 库[459] 和 OpenCL（见 https://www.khronos.org/opencl/）的接口。

一般而言，GPU 计算以一种节能方式实现了高性能（见 3.7.1 节）。

3.3.2.10　多处理器片上系统

继续往前一步，异构多核系统已和 GPU 实现了融合。图 3-38 给出了一个现代异构多核系统，其中包括一个 Mali GPU[19]。

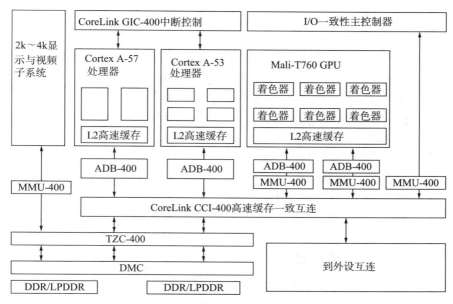

图 3-38　ARM big.LITTLE 片上系统（SoC）

用于该类处理器的映射技术是非常重要的，因为这些示例表明其可以达到接近于 ASIC 的功效。例如，IMEC 的 ADRES 处理器，预测可以达到每瓦特 55×10^9 次操作（大约是 ASIC 功效的 50%）的效率[238, 347]。然而，设计该类体系结构的工作量比同构情形下的要大。

图 3-38 所示的体系结构不仅包含处理器核，另外还包括一组附加系统组件，如内存管理单元（见附录 C）以及外设接口。总体而言，这种集成机制背后的想法是避免为这种功能增加额外的芯片。因而，整个系统都集成在一块芯片上。因此，我们将这样的架构称为片上系统（SoC）体系结构，或者多处理器片上系统（MPSoC）体系结构。

这些组件的数量和种类可以更多，例如，面向移动通信或图像处理可以采用专用的处理器。图 3-39 给出了简化的 SH-MobileG1 芯片平面图[198]。

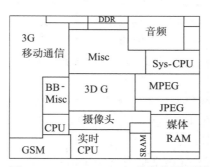

图 3-39　SH-MobileG1 芯片的平面图

这个芯片表明，我们正在使用高度专业化的处理器：包括用于 MPEG 编码和 JPEG 编码、GSM 移动通信和 3G 移动通信等的专用处理器。为了节省电量，通常会关闭未使用区域的电源。

有趣的是，有一些 MPSoC 是由我们早前介绍过的处理器组合而成的：Texas Instruments 的 66AK2x MPSoC 就包含了 ARM 和 C66xxx 处理器[507]（如图 3-40 所示），这证明了所述处理器的相关性。

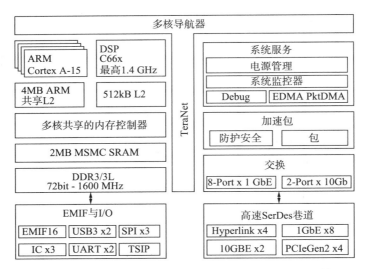

图 3-40　带有 ARM 处理器和 C66xxx 处理器的 Texas Instruments 的 MPSoC 66AK

3.3.3　可重构逻辑

在许多情况下，完全定制的硬件芯片（ASIC）成本高昂且基于软件的解决方案速度太慢或者太耗电。当算法可在定制硬件中有效实现时，可重构逻辑就成为一种解决方案。它几乎和专用硬件一样快，但相较于专用硬件，它可通过使用配置数据改变要执行的功能。鉴于这些属性，在如下领域中常常可见到可重构逻辑的应用。

- **快速原型**：现代 ASIC 可能非常复杂，设计的工作量大且耗时。因此，通常需要生成一个原型来试验一个行为"几乎"与最终系统类似的系统。该原型系统可能比最终系统更昂贵也更庞大，功耗也可能比最终系统更大，某些时间约束可能不严格且仅提供了必要功能。然而，这样一个系统可用于验证未来系统的基本行为。
- **小规模的应用**：如果所预期的市场容量很小，不足以支持开发专用的 ASIC，可重构逻辑就可成为应用所应采用的正确的硬件技术，这里应用中的软件太慢或效率太低。
- **实时系统**：基于可重构逻辑的设计，其时序通常是精确可知的，因此，它们可用于实现时间可预测的系统。
- 应用程序受益于非常**高级别的并行处理**：例如，针对某种模式的并行搜索可被实现为并行硬件。因此，可重构逻辑被用在遗传信息搜索、互联网消息、股市数据、地震分析模式搜索等诸多方面。

可重构硬件通常包括带有存储配置信息的随机访问存储器（RAM）。我们对**永久性**和**易失性**配置存储器进行了区分。对于永久性存储器，即使掉电信息也不会丢失；而对于易失性存储器，在系统掉电时信息会丢失。如果配置存储器是易失性的，则必须在启动时从只读存储器（ROM）或 flash 存储器等永久性存储器件中加载内容。

现场可编程门阵列（FPGA）是最常见的可重构硬件形式，正如其名称所表示的，该类器件是"在现场"可编程的（制造之后）。另外，它们由处理单元的阵列组成。作为一个示例，图 3-41 给出了 Xilinx UltraScale 体系结构的列状结构 [573]⊖，某些列包括 I/O 接口、时钟器件或 RAM，另一些列包括**可配置逻辑块**（CLB）、用于数字信号处理的专用硬件以及一些RAM。其中，可配置逻辑块是关键组件，提供了可配置功能。Xilinx UltraScale 可配置逻辑块的结构如图 3-42 所示 [574]。

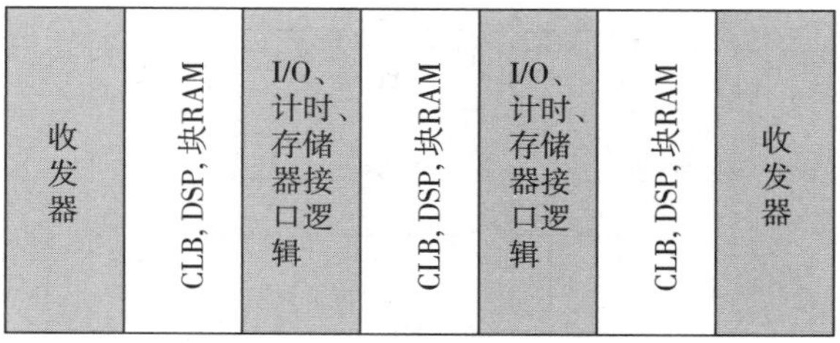

图 3-41　Xilinx UltraScale FPGA 的列状平面图

　　图 3-42 所示的体系结构中，每个可编程逻辑块包含 8 个块，每个块则又包括通过查找表（LUT）实现逻辑功能的 RAM、2 个寄存器、多路复用器以及一些附加逻辑⊖。每个查找表带有 6 个地址输入和 2 个输出，可以实现带有 6 个变量的任意单个布尔函数或带有 5 个变量的两个函数（假设这两个函数共享输入变量）。这意味着可以分别实现带有 6 个或 5 个输入的 2^{64} 或 2^{32} 个函数！这是实现**可配置性**的关键方法。另外，包含在这种块中的逻辑也是可配置的。这包括了对两个寄存器的控制，它们可被编程以存储查找表的结果或某些直接输入的值。可配置逻辑块中的块可被组合形成加法器、乘法器、移位寄存器或存储器。配置数据决定了可配置逻辑块中多路复用器的设置、寄存器与 RAM 的时钟、RAM 组件中的内容以及可配置逻辑块之间的连接。某些查找表也可用作 RAM。单个可配置逻辑块可存储多达 512 位。

　　几个可配置逻辑块可组合在一起创建具有更大位宽的加法器、具有更大容量或更复杂逻辑功能的存储器等。

　　目前可用的 FPGA 提供了大量的专用块，如用于数字信号处理（DSP）的硬件，某些存储器、面向不同 I/O 标准的高速 I/O 设备、FPGA 配置数据解密的组件、调试支持、ADC 以及高速时钟等。例如，Virtex UltraScale VU13P 设备就包括了 1728 000 个 LUT、48Mb 的分布式 RAM、94.5Mb 的"块 RAM"、360Mb 的"UltraRAM"、大约 12 000 个专用 DSP 设备、4 个 PCI 设备、以太网接口以及最多 832 个 I/O 引脚 [572]。

　　当 FPGA 中提供了处理器时，可配置计算与处理器和软件的集成就变得更加简单。这里，可能有**硬核**也可能有**软核**。就硬核而言，其布局中有一个以密集方式实现核的专门区域，该区域不能用于除硬核之外的其他任何逻辑。软核可以作为可合成模型来使用，其被映射到标准的可配置逻辑块。软核更加灵活，但性能弱于硬核。软核可在任何 FPGA 芯片上实现。MicroBlaze 处理器 [570] 就是该方式的一个示例。在撰写本书时，硬核在 Zynq UltraScale＋MPSoC 等芯片上已经可用，它们包括了多达 4 个 ARM Cortex-A53 核、2 个 ARM Cortex-R5 核以及 1 个 Mali-400MP2 GPU 处理器 [573]。

⊖　将图旋转之后可读性会更好，但会与官方给定的布局风格相矛盾。
⊖　在 Xilinx® 的早期器件中出现了称为 slice 块的中间层次结构的级别，但这与本书的讨论无关。

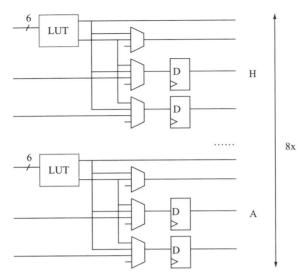

图 3-42   Xilinx UltraScale 可配置逻辑块

通常，配置数据是从硬件功能的高级描述（如采用 VHDL 语言）中生成的。FPGA 供应商提供了必要的设计工具包。理想情况下，同样的描述也可用于自动生成 ASIC。实际上，还需要一些交互操作。对于可用并行性的使用通常需要手动进行应用的并行化，因为自动并行化的能力通常是非常有限的。如果所有计算都被映射到处理器核上，那么，FPGA 提供的并行化通常并不能完全被利用。总体而言，FPGA 允许实现各种各样的硬件设备，而无须创建除 FPGA 电路板之外的任何硬件。

可选择的 FPGA 供应商包括了 Altera（见 http://www.altera.com，已被 Intel 收购）、Lattice 半导体（见 http://www.latticesemi.com）、Microsemi（原名为 Actel，见 http://www.microsemi.com）以及 QuickLogic（见 http://www.quicklogic.com）。

3.4   存储器

3.4.1   一组冲突的目标

数据、程序以及 FPGA 配置都必须存放在某种存储器中。存储器要具有应用所需的存储容量，提供预期的性能，且仍然要在成本、规模和能耗方面保持高效。对于存储器的要求也包括了预期的可靠性和访问粒度（如字节、字、页等）。此外，我们还要区分**永久性**存储器和**易失性**存储器。

正如伯克（Burk）、戈德斯坦（Goldstine）和冯·诺依曼在 1946 年时就注意到的[79]，所述的这些要求之间存在冲突：

理想情况下，人们希望无限大的存储容量，以便于任何特定的……字……都将立即可用——例如，以比快速电子乘法器操作时间……更短的时间。……在物理上，似乎不可能达到这样一个容量。

目前可用存储器的访问时间可用 CACTI 来估计，这些估计是基于存储器布局的初步生成以及容量所提取的[561]。图 3-43 给出了呈指数增长的结果[36]。

　　显然，访问时间与存储器的容量变化有着函数关系：存储器越大，访问信息所花费的时间就越多。另外，图 3-43 也包括了能耗。大容量的存储器也常常是高能耗的。存储器容量对能耗的影响甚至大于对访问时间的影响。

　　多年来，处理器与存储器之间的速度差距一直在增大（见图 3-44），直到处理器的时钟频率达到饱和（大约在 2003 年）。

　　在存储器速度以每年仅 1.07 倍增长的时候，处理器的整体性能则以每年 1.5～2 倍的速度增长 [341]。总体而言，存储器速度与处理器性能之间的差距已经变大。因此，整体性能的进一步提升至少受限于存储器的访问时间，这一事实也被称为**存储墙** [341]⊖。单个处理器时钟频率的进一步提高已经停滞不前，但在时钟速度基本上已达到饱和且多核需要额外的存储器带宽时，这个巨大的差距仍然存在。因此，我们必须在内存体系结构的不同需求之间找到折中方案。

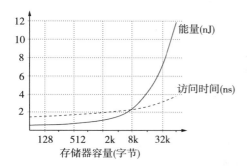

图 3-43　CACTI 预测的随机访问存储器的延迟与访问时间

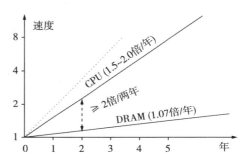

图 3-44　历史速度差距增大（直到 2003 年前后）

3.4.2　分层存储结构

　　鉴于所注意到的这些冲突，伯克、戈德斯坦和冯·诺依曼在 1946 年就已指出 [79]："我们被迫认识到构建一个分层存储结构的可能性，每层都比前一层拥有更大的容量，但其访问速度会变慢"。

　　精确的分层结构取决于技术参数，也取决于应用领域。通常，我们可以在分层存储结构中至少确定以下几个层次。

- **处理器寄存器**可被看作分层存储体系中最快的一层，但其容量有限，最多只有几百字。
- 计算机系统的**工作存储器**（或**主存储器、主存**）实现了处理器存储地址所涵盖的存储器。通常，其容量在几 MB 到几 GB 之间，并且是易失的。
- 通常，主存储器和寄存器的访问速度存在着巨大差异，因此许多系统都采用了某种类型的缓冲存储器。常用的缓冲存储器有**高速缓存**、**地址转换高速缓存**（TLB，也称**快表**，见附录 C）以及**暂存存储器**（SPM）。与类似于 PC 的系统和计算服务器相比，这些小型存储器的体系结构能保证可预测的实时性能。存储常用数据和指令的小型存储器与存储剩余数据和指令的更大存储器的组合通常也比单个大型存储器的能效要高。

　　⊖　也称为内存墙。——译者注

- 到目前为止，所介绍的存储器通常是以易失性存储技术来实现的。为了提供永久性的存储，就必须采用某些不同的存储技术。对于嵌入式系统而言，flash 存储器是常用的最佳解决方案。在其他情形下，也可采用硬盘或者基于互联网的存储解决方案（例如"云"）。

为了在存储器的一组设计目标之间达成折中，我们可以采用分层存储结构。例如，A.Macii 已经考虑了存储分区[342]。新的存储技术（包括永久性存储器）具有改变当前主流分层结构的潜力[370]。

3.4.3 寄存器文件

上文所提及的存储容量对访问时间和能耗的影响也适用于寄存器文件这样的小型存储器。周期时间和功率会随着寄存器文件的大小而变化，如图 3-45 所示[448]。由于要频繁访问寄存器，寄存器可能也会变得非常热，必须考虑功率问题。

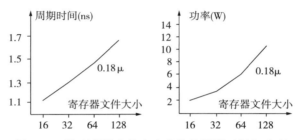

图 3-45　随寄存器文件大小变化的周期时间和功率

3.4.4 高速缓存

对于高速缓存而言，需要有相关硬件来检查在高速缓存中是否存放有与特定地址相关的信息的有效副本。这个检查包括了高速缓存标志字段的比较，该字段中包含相关地址位的一个子集[205]。如果高速缓存中不存在信息的有效副本，那么，高速缓存中的信息会被自动更新。

最初，引入高速缓存是为了提供好的运行时效率，其名称源自法语中的 cacher（用于隐藏），表示程序员无须看到或感知到高速缓存的存在，因为高速缓存中的信息是自动更新的。然而，当需要访问大量的信息时，高速缓存就不再是不可见的了。Drepper 已经很好地证明了这一点[134]。Drepper 分析了遍历线性链表条目中程序的执行时间。每个条目包括了 NPAD 个 64 位字。执行时间是在奔腾 P4 处理器上测算的，该处理器提供了每次访问需要 4 个处理器周期的 16KB 一级缓存、每次访问需要 14 个处理器周期的 1MB 二级缓存以及每次访问需要 200 个周期的主存储器。由图 3-46 可知，在 NPAD＝0 的情况下，每次访问一个链表节点的平均周期数随着链表总长度的变化而变化。链表长度较小时，访问每个链表节点需要 4 个周期。这意味着，我们几乎总是在访问一级缓存，因为其大小足以存放整个链表。如果我们增加链表的长度，则每次访问的平均时间变为 8 个周期。这种情况下，我们是在访问二级缓存。然而，由于高速缓存块的大小足够容纳两个链表节点，因此实际上只有每一次访问的第二个是在访问二级缓存。对于更长的链表，访问时间会增加到 9 个周期。这些情形下，链表长度大于二级缓存，但二级缓存中条目的自动预取隐藏了对主存的部分访问延迟。

图 3-47 给出了当 NPAD＝0、7、15 和 31 时，每次访问一个链表节点的平均周期数随着链表总长度发生变化的情况。NPAD＝7、15 和 31 时，由于链表项的规模过大，预取失败，我们很明显地看到了访问时间的急剧增长。这意味着，**高速缓存的架构对应用程序的执行时间具有很大影响**。增大缓存规模将只会改变这个这种执行时间出现增长的应用程序的大小，在巧妙地应用分层结构对执行时间有着很大影响。

迄今为止，我们只分析了容量对访问时间的影响。然而在图 3-43 所示的情形中，显而易见的是，高速缓存也潜在地提高了存储系统的能效。对高速缓存的访问就是对小型存储器的访问，因此，每次访问所需的电量较访问大型存储器要少一些。

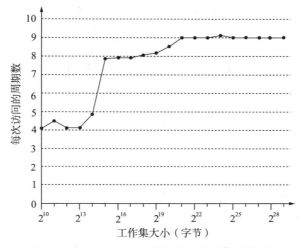

图 3-46　NPAD＝0 时每次访问的平均周期数

在设计时预测缓存是否命中是很困难的，而且这对实时性能的精确预测而言也是一个负担。

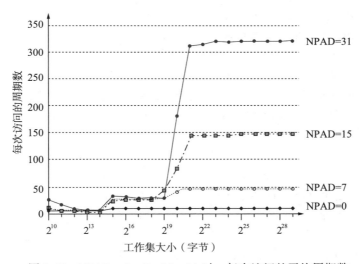

图 3-47　NPAD＝0、7、15、31 时，每次访问的平均周期数

3.4.5   暂存存储器

我们也可以将小型存储器映射到图 3-48 所示的地址空间。该类存储器被称为**暂存存储器**（SPM）或者**紧耦合内存**（TCM）[⊖]。暂存存储器是通过正确地选择存储器地址进行访问的，无须像访问高速缓存那样检查标志。相反，每当某个简单的地址解码器给出一个 SPM 地址范围内的地址时，暂存存储器就会被访问。暂存存储器通常与处理器集成在同一块晶片上，因此它们就是**片上存储器**的一个特殊情形。对于 n 路组相联高速缓存，读操作通常以并行方式读取 n 个条目，之后开始选择适合的条目。SPM 中避免了这些消耗能量的并行读取操作，因此 SPM 是非常节能的。

图 3-49 给出了每次访问暂存存储器和高速缓存时所需能量。

图 3-48   带有暂存存储器的内存映射

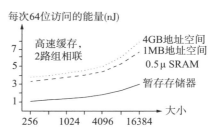

图 3-49   每次访问暂存存储器和高速缓存的能耗

对于一个 2 路组相联高速缓存，这两个值相差约 3 倍。本例中，这些值由 CACTI 所估计的 RAM 阵列的能耗来计算^[561]。Banakar 等对高速缓存和暂存存储器性能参数进行了详细比较^[36]。

常用的变量和指令应存储在 SPM 的地址空间中。如果编译器负责将经常使用的变量保存在 SPM 中，那么，SPM 就可以可预期地提高存储器的访问时间。

3.5   通信

在嵌入式系统中，处理信息之前必须先要进行通信。在物联网领域，通信尤为重要。信息可以通过不同的**通道**进行传输，通道是具有最大信息传输容量和噪声参数等必要通信属性的抽象实体。通信出错的概率可由通信理论技术进行计算。能够实现通信的物理实体被称为通信**介质**，重要的介质类别主要包括：无线介质（射频介质、红外等）、光介质（光纤）以及电介质等。

在不同类型的嵌入式系统之间，存在着大量且多样的通信需求。一般而言，连接不同的嵌入式硬件组件绝非易事。我们可以确定一些常见的要求。

3.5.1   要求

如下列出了应满足的一些要求。

- **实时行为**：这个要求对通信系统的设计有着深远影响，诸如标准以太网等低成本解决方案并不能满足该要求。
- **效率**：连接不同硬件组件的成本可能会很高，例如，在大型建筑中进行点到点连接几乎是不可能的。同样也可看到，汽车控制单元与外围设备的独立连线将大大增加成本和重量。若采用独立连线的方式，添加新组件也会非常困难。提供低成本的设计需求也影响

⊖ 也称紧致内存。——译者注

着对外围设备供电的方式。为了降低成本，通常要求使用中央电源来供电。

- **合适的带宽以及通信延迟**：不同嵌入式系统的带宽需求会有所不同。提供足够的带宽且不造成太高的通信成本是非常重要的。
- **支持事件驱动的通信**：基于轮询的系统提供了一种可预测性非常好的实时行为。然而，它们的通信延迟太大，应该有快速的、面向事件的通信机制。例如，紧急情形应被立即通报，而不应在某些中央控制器轮询到这些消息之前忽略掉。
- **鲁棒性**：信息物理系统可应用在极端温度或接近主要电磁辐射源等场合。例如，汽车发动机可暴露在低于零下20℃及高达180℃的环境下（−4～356°F）。由于巨大的温差，电压等级及时钟频率都会受到影响。即便如此，仍必须保持可靠通信。
- **容错**：尽管已经为鲁棒性做了诸多努力，但仍然可能会出现错误。如果有可能，信息物理系统应在出现故障之后仍可正常运行，像个人计算机那样的重启方式是不能被接受的。这意味着，在通信失败之后还需要进行重试。这就与第一条要求产生了冲突：如果允许重试，那么就很难满足严格的实时要求。
- **可维护性、可诊断性**：显然，在合理的时间范围内修复嵌入式系统应该是可能的。
- **防护安全性（security）与隐私**：为了确保机密信息的防护安全性与隐私，需要使用加密技术。

    这些通信要求是由第1章所述的嵌入式/信息物理系统的一般特性直接导致的。由于某些要求之间存在冲突，我们必须对其进行折中处理。例如，可能存在不同的通信模式：一种是高带宽模式，其保证实时行为但不保证容错（该模式适合多媒体流）；第二种是容错、低带宽模式，它适用于不可丢弃的短消息。

3.5.2 电气鲁棒性

    用于电气鲁棒性的基础技术有许多种。片内数字通信通常使用单端信令技术。在单端信号传输中，信号在单条线路上传播（见图3-50）。

图3-50　单端信号传输

    这样的信号是以公共地为参考电压来表示的（很少用电流）。对于一组单端信号，一条地线就够用了。单端信号传输非常容易受到外部噪声的影响。如果外部噪声（例如，来自起动的电机）影响了电压，消息就很容易被破坏。同样，由于地线上的电阻（及自身电感），要在大量通信系统之间建立高质量的公共地也是很困难的。差分信号传输则有所不同，对于差分信号传输，每个信号都需要两条线路（见图3-51）。

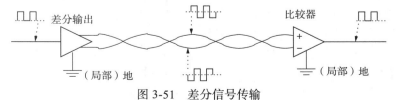

图3-51　差分信号传输

使用差分信号传输，二进制值以如下方式进行编码：如果第一条线路上的电压高于第二条线路的，那么该值编码为逻辑 1，否则该值编码为逻辑 0。这两条线路通常会被扭绕成**双绞线**形式。这样将会存在局部地，但局部地信号之间的非零电压不会造成影响。差分信号传输的优点如下所示。

- 本质上，噪声是以相同的方式施加到两条线路上的，因此比较器会消除几乎所有噪声。
- 逻辑值仅取决于两条线路之间的电压极性。电压大小可能会受到反射或者线路电阻的影响；这对解码值没有任何影响。
- 信号在地线上不产生任何电流。因此，地线的质量变得不再重要。
- 不再需要公共地线。因此，就不需要在大量通信单元之间建立高质量的地线连接。
- 由于上述特性，差分信号传输允许比单端信号传输有更大的吞吐率。

然而，差分信号传输要求每个信号要有两条线路，而且也需要负电压（除非它基于使用电压作为单端信号的互补逻辑信号）。

例如，差分信号在标准以太网络以及通用串行总线（USB）中已经应用。

3.5.3 确保实时行为

对于内部通信，计算机可使用专门的点到点通信或共享总线。点到点通信能够提供良好的实时行为，但需要很多连接且可能会在接收端造成拥塞。使用公共共享的总线进行连接则更加容易。如果出现多个对通信介质的访问请求，则该类总线通常会使用基于优先级的仲裁（例如，参考文献 [205]）。基于优先级的仲裁的时间可预测性较差，这是因为在设计时很难预见冲突。基于优先级的机制甚至会引起"饥饿"（低优先级的通信可能被更高优先级的通信完全阻塞）。为了应对这一问题，可使用时分多址（time division multiple access，TDMA）。在时分多址机制中，每个通信对象会被分配一个固定的时间槽，该对象只能在特定的时间槽内传输。通常，通信时间被划分为帧。每帧都从用于帧同步的某个时间槽开始，并且可能存在一些允许发送方关闭的间隙（见图 3-52[291]）。

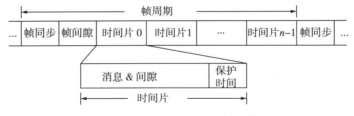

图 3-52   基于 TDMA 的通信

这个间隙之后跟有一组时间片，每个时间片都用于通信消息。考虑到不同通信对象之间时钟速度的差异，每个时间片也包含一个间隙以及保护时间。这些时间片被分配给了通信对象。这一机制也有多个变体，例如，截断未使用的时间片或者为通信对象分配多个时间片都是可行的。TDMA 减少了每帧和对象中的最大有效数据量，但为所有通信对象保证了一定的带宽，饥饿现象也可避免。ARM AMBA 总线[18] 包含基于 TDMA 的总线分配。

两台计算机之间的通信通常是基于以太网标准的。对于 10Mb/s 和 100Mb/s 版本的以太网，不同通信对象之间可能会出现冲突。这意味着：多个通信对象试图在相同的时间里发起通信，线路上的信号已被破坏。每当这种情况发生时，通信对象就必须停止通信，等待一段时间之后再重试。等待时间是随机选择的，因此，下一次的通信尝试就不太可能会导致另一次冲突。这种方法被称为**载波监听多路访问/冲突检测**（CSMA/CD）。对于 CSMA/CD，通信时间可能变得很长，因为冲突可能重复出现很多次，尽管这是不太可能的。所以，在必须保证实时约束时，就不能使用 CSMA/CD 机制。

这个问题可以由 CSMA/CA（**载波监听多路访问/冲突避免**）来解决。顾名思义，冲突被完全避免，而不仅是检测。在 CSMA/CA 中，给所有的通信对象都分配了优先级。在紧跟通信阶段之后的**仲裁阶段**，通信介质会被分配给某个通信对象。在仲裁阶段，通信对象要在介质上声明将要进行通信。当它们发现有更高优先级的声明时，必须立即停止声明。

假定在各个仲裁阶段之间有一个时间上限，CSMA/CA 为优先级最高的对象提供一个可预测的实时行为，而对于其他对象，当更高优先级的对象不连续请求访问介质时，实时行为才能得到保证。

请注意，高速的以太网版本（≥ 1Gb/s）也可以避免冲突。TDMA 机制也用于无线通信之中，例如，诸如 GSM 等移动电话标准就使用 TDMA 来访问通信介质。

3.5.4　示例

传感器/作动器总线：传感器/作动器总线提供开关或灯泡等简单装置与处理设备之间的通信。这样的设备很多，而且对于该类总线，需要特别注意连线的成本。

现场总线：现场总线类似于传感器/作动器总线。一般而言，它们应支持比传感器/作动器总线更高的数据传输速率。现场总线的示例如下所示。

- **控制器局域网络**（CAN）：1981 年，Bosch 和 Intel 为连接控制器和外围设备开发了这一总线。由于其允许采用一条总线替代大量线路，因此，该总线在汽车工业中非常流行。鉴于汽车行业的市场规模，CAN 组件相对比较便宜，因此，也就在智能家居、制造装备等其他领域中得到广泛应用。CAN 总线具有如下属性：
  - 双绞线差分信号；
  - 采用 CSMA/CA 进行仲裁；
  - 10kbit/s 到 1Mbit/s 的吞吐率；
  - 高、低优先级信号；
  - 对于高优先级信号的延迟最大为 134 μs；
  - 类似于 PC 中串口（RS-232）的信号编码，且面向差分信号传输进行了修改。
  基于 CSMA/CA 的仲裁不能防止饥饿现象，这是 CAN 协议的一个固有问题。
- 面向汽车安全气囊等容错的可靠安全（safety）系统的**时间触发协议**（TTP）[293]。
- FlexRay[160, 244] 是由 FlexRay 财团（包括宝马、戴姆勒股份公司、通用电气、福特、博世、摩托罗拉以及飞利浦半导体）联合开发的一个 TDMA 协议。FlexRay 是 TTP 与 byteflight 协议 [89] 组合的变体。

  FlexRay 包括静态以及动态仲裁阶段。静态阶段使用类似于 TDMA 的仲裁机制，可用于实时通信且可避免饥饿现象。动态阶段为非实时通信提供了良好的带宽保障。出于容错的原因，通信对象最多可以连接到两条总线。**总线监控器**（bus guardians）会保护通信对象，防止通信对象向总线大量发送冗余消息，即所谓的**混串音**（babbling idiots）⊖。通信对象可使用自己的本地时钟周期。所有通信对象共有的周期被定义为本

⊖ 也称为饶舌错。——译者注

地时钟周期的倍数。分配给通信对象的时间槽就是基于这些共有周期的。

  levi 仿真工具允许在实验室环境中仿真该协议 [470]。

- **LIN**（局域互连网络）是汽车领域中用于连接传感器和作动器的一个低成本通信标准 [330]。
- **MAP**：MAP 是面向汽车工厂而设计的总线。
- **EIB**：欧洲安装总线（EIB）是为智能家居所设计的总线。

  集成电路总线（I²C）[406] 是为短距离（米级范围）、相对低的数据速率通信所设计的简单低成本总线。该总线仅需要 4 条线：地、SCL（时钟）、SDA（数据）以及电源线。数据和时钟线都是集电极开路结构的线路，这意味着这些连接设备仅会把线路电压拉低至地。为了将这些线路上的电压拉高，需要独立的上拉电阻。I²C 的标准速度为 100kbit/s，但也存在 10kbit/s 以及最高达 3.4Mbit/s 的版本。不同接口上的电源电压可能有所不同。只有用于检测高、低逻辑电平的标准是相对于电源电压来定义的。在一些微控制器电路板上已支持了这一总线。

  有线多媒体通信：有线多媒体通信需要更高的数据速率。示例：MOST（面向媒体的系统传输）是汽车领域中用于多媒体和信息娱乐设备的通信标准 [385]。IEEE 1394（火线）等标准也可用于该类目的。

  无线通信：这种通信正在变得越来越流行。无线通信的标准有多种，包括如下几种。

- **移动通信**正以不断提高的速率变得愈发可用。使用 HSPA（高速分组接入）可以获得 7Mbit/s 的速率，**长期演进技术**（LET）所获得的传输速率可比它高约 10 倍。
- **蓝牙**是用于连接短距离设备（如移动电话和耳机等）的标准。
- **无限局域网络**（WLAN）已被标准化为 IEEE 802.11 标准，还有多个补充标准。
- **ZigBee**（见 http://www.zigbee.org）是对使用低功率射频来创建个人区域网络所设计的通信协议，其应用包括家庭自动化以及物联网。
- **数字欧洲无绳通信**（DECT）是用于无线电话的标准。除了北美使用不同的频率之外，其在全世界范围内都得到了应用（见 https://en.wikipedia.org/wiki/Digital_Enhanced_Cordless_Telecommunications）。

3.6 输出

嵌入式 / 信息物理系统的输出设备包括以下几种。

- **显示设备**：显示技术是一个极为重要的技术，相应地，有大量关于这类技术的信息 [478]。重要的研究和开发工作催生了诸如有机显示等新型显示技术 [328]。有机显示设备是发光的，其制造密度非常高。与液晶显示设备相比，它们不需要背光以及偏振滤波器。因此，可以预见市场将会发生重大变化。
- **机电设备**：这些设备通过电机或其他机电设备影响环境。

  模拟以及数字输出设备都被广泛使用。在模拟输出设备中，数字信息必须首先由数 - 模转换器（DAC）进行转换。我们可以在嵌入式系统的模拟输入到输出路径上找到这些转换器。图 3-53 给出了所使用路径上信号的命名约定。本节将介绍这些方框符号的用途和功能。

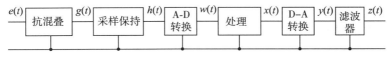

图 3-53 模拟输入与输出之间的信号命名约定

3.6.1　数 – 模转换器

数 – 模转换器（DAC）并不那么复杂。图 3-54 给出了一个简单的权电阻 DAC 的原理图。

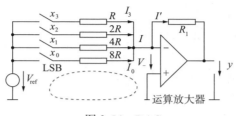

图 3-54　DAC

转换器的关键思想是，首先要产生一个与数字信号 x 所表示的值成比例的电流，由于这个电流很难被后续系统使用，因此这个电流会被转换为相应比例的电压 y。这个转换是采用一个运算放大器（图 3-54 所示的三角形符号）完成的。附录 B 中描述了运算放大器的基本特性。

如何计算输出电压 y？我们来看看图 3-54 左侧所示的 4 个电阻。如果某个数字信号 x 对应的元素为 0，那么，通过相应电阻的电流就为 0。如果信号值为 1，电流就对应于该位的权重，因为阻值是与之对应进行选择的。现在，再来看图 3-54 中虚线所表示的环路。我们可以将基尔霍夫循环法则（见附录 B）应用到由 x 中最低有效位 x_0 开启的环路，从相应的电阻处开始遍历环路，并沿着顺时针方向继续。第二项是运算放大器输入之间的电压 V_-，由于我们是沿着箭头方向前进的，因此它被认为是正的。第三项是由恒压源贡献的，由于我们沿着箭头的反方向前进，因此认为它是负的。总体而言，我们可以得出

$$x_0 \times I_0 \times 8 \times R + V_- - V_{\text{ref}} = 0 \tag{3.22}$$

V_- 近似为 0（见附录 B 中的式（B.14））。由此，我们可得

$$I_0 = x_0 \times \frac{V_{\text{ref}}}{8R} \tag{3.23}$$

对于通过其他电阻的电流 I_1 和 I_3，相应的方程也都成立。现在我们可以将基尔霍夫节点定律用于连接所有电阻的电路节点，在每个节点上，输出电流必定等于所有输入电流之和。因此，我们有

$$I = I_3 + I_2 + I_1 + I_0 \tag{3.24}$$

$$
\begin{aligned}
I &= x_3 \times \frac{V_{\text{ref}}}{R} + x_2 \times \frac{V_{\text{ref}}}{2R} + x_1 \times \frac{V_{\text{ref}}}{4R} + x_0 \times \frac{V_{\text{ref}}}{8R} \\
&= \frac{V_{\text{ref}}}{R} \times \sum_{i=0}^{3} x_i \times 2^{i-3}
\end{aligned}
\tag{3.25}
$$

现在，在 R_1、y 以及 V_- 所组成的回路上运用基尔霍夫循环法则。因为 V_- 近似为 0，我们就有：

$$y + R_1 I' = 0 \tag{3.26}$$

接下来，我们可以将基尔霍夫节点定律应用到连接 I、I' 以及运算放大器的反相输入节点上。

到该输入的电流几乎为零，且电流 I 和 I' 是相等的，即 $I=I'$。由此，我们有：

$$y+R_1I=0 \tag{3.27}$$

从式（3.25）和式（3.27），我们可得：

$$y=-V_{\mathrm{ref}}\times\frac{R_1}{R}\times\sum_{i=0}^{3}x_i\times2^{i-3}=-V_{\mathrm{ref}}\times\frac{R_1}{8R}\times\mathrm{nat}(x) \tag{3.28}$$

其中，nat 表示数字信号 x 所代表的自然数。显然，y 与 x 所表示的值成比例。正输出电压以及表示两者补码的位向量都需要有较小的扩展。

从 DSP 的角度来看，$y(t)$ 是一个离散时间域上的函数：它为我们提供了一个电压电平**序列**，在我们所分析的示例中，其仅在整数时间上有意义。从实际的角度来看，这是很不方便的，因为我们通常要连续观察图 3-54 所示电路的输出。所以，通常采用**"零阶保持"**功能来扩展 DAC。这意味着，该转换器将保持之前的值，直至下一个值被转换。实际上，如果我们不改变这些开关的设置，则直到下一个离散时间瞬间到达之前，图 3-54 所示的 DAC 可完全做到这一点。因此，转换器的输出是一个对应于 $y(t)$ 序列的阶跃函数 $y'(t)^{\ominus}$，其中 $y'(t)$ 是连续时间域上的函数。

作为一个示例，我们来看看根据式（3.3）的信号转换所得到的输出，假设分辨率为 0.125。在该例中，图 3-55 给出了 $y'(t)$ 而不是 $y(t)$，因为 $y'(t)$ 更易于可视化。

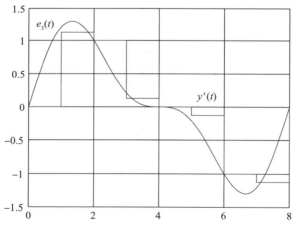

图 3-55　以整数时间采样信号 $e_3(t)$（曲线）（见式（3.3））所产生的 $y'(t)$（折线）

DAC 使得信号能够从离散的时域和值域转换到连续的时域和值域。然而，$y(t)$ 和 $y'(t)$ 都不能反映采样实例之间的输入信号值。

3.6.2　采样定理

假定硬件环路中的处理器将这些值从未改动的 ADC 转发到 DAC，我们也可以考虑将值 $x(t)$ 存储到 CD，目的是产生一个高质量的模拟音频信号。那么，是否有可能在 DAC 的输出端重建原始的模拟电压 $e(t)$（见图 3-8、图 3-21 和图 3-53）？

$\ominus$　实际上，由于上升、下降时间大于 0，因此从一个跳变到下一个跳变的过渡并不理想，且要花费一些时间。

显然，如果我们对图 3-7 所描述的类型进行混叠，则可知重建是不可能的⊖。我们假定采样速率大于由输入信号分解所得正弦信号的最高频率的两倍（采样准则，见式（3.8））。是不是说满足了这个标准就能重建出原始的信号呢？我们仔细分析一下！

向 DAC 输入数字值的离散序列后，将生成模拟值序列。DAC 并不能生成两个采样实例之间的输入信号值。简单的零阶保持功能（如果有）仅会生成阶跃函数。这似乎说明，重建 $e(t)$ 将需要无限大的采样频率，以便生成所有的中间值。

然而，从采样实例的值中可知，采样实例之间可能会存在通过某种智能方式插入的计算值。事实上，采样理论[418] 告诉我们，可从模拟值序列 $y(t)$ 中构造出一个相应的时间连续信号 $z(t)$。

令 $\{t_s\}$（其中 $S=\cdots, -1, 0, 1, 2, \cdots$）是输入信号的采样时间点，假设采样速率常数 $f_s = \dfrac{1}{T_s}$（$\forall S: T_s = t_{s+1} - t_s$）。那么，由采样理论可知，可以用式（3.29）从 $y(t)$ 中近似得到 $e(t)$。

$$z(t) = \sum_{s=-\infty}^{\infty} \frac{y(t_s)\sin\frac{\pi}{T_s}(t-t_s)}{\frac{\pi}{T_s}(t-t_s)} \qquad (3.29)$$

这个公式就是著名的**香农-惠特克插值公式**。$y(t_s)$ 是信号 y 在采样实例 t_s 上的贡献。随着 t 远离 t_s，该贡献的影响也会减小。这个影响遵从一个权重因子，也就是我们所知的辛格函数（sinc-function）：

$$\mathrm{sinc}(t-t_s) = \frac{\sin(\frac{\pi}{T_s}(t-t_s))}{\frac{\pi}{T_s}(t-t_s)} \qquad (3.30)$$

它作为 $|t-t_s|$ 的函数，以非单调方式减小。这个权重因子被用来计算采样实例之间的值。图 3-56 给出了 $T_s=1$ 时的权重因子。

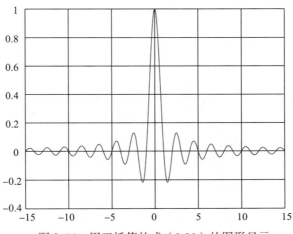

图 3-56   用于插值的式（3.30）的图形显示

⊖   如果有信号的额外信息（例如限制到特定信号类型），重建则是有可能的。

使用 sinc 函数，我们可以计算式（3.29）中各项的和。图 3-57 和图 3-58 给出了 $e(t)=e_3(t)$ 且这个处理执行恒等函数（$x(t)=w(t)$）时的结果项。

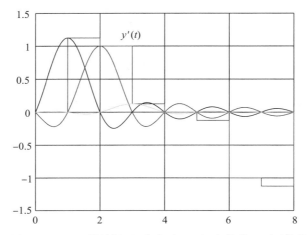

图 3-57 $y'(t)$（折线）以及式（3.29）中的前三项（曲线）

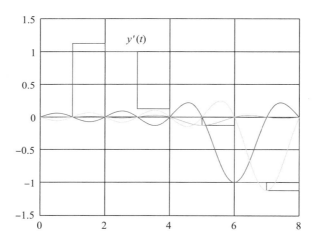

图 3-58 $y'(t)$（折线）以及式（3.29）中的后三个非零项（曲线）

对于每个采样实例 t_s（本例中为整数时间），可由相应的 $y(t_s)$ 计算得出 $z(t_s)$，因为在本例中辛格函数对于其他所有的采样值都为零。在采样实例之间，所有相邻的离散值对 $z(t)$ 的结果都有贡献。图 3-59 给出了 $e(t)=e_3(t)$ 且该处理执行恒等式（$x(t)=w(t)$）时的结果 $z(t)$。

该图包括了信号 $e_3(t)$、$y'(t)$（折线）以及 $z(t)$。通过将图 3-57 和图 3-58 中所有采样实例的贡献值进行相加，就可以算出 $z(t)$。$e_3(t)$ 和 $z(t)$ 非常类似。

通过实现式（3.29），我们能多接近原始输入信号？采样理论告诉我们（例如，见参考文献 [418]），如果满足采样准则（见式（3.8）），**式（3.29）就可计算出精确的近似**。因此，我们来看看如何实现式（3.29）。

在电子系统中，我们如何计算式（3.29）呢？不能使用数字信号处理器在离散时域中求解这个公式，因为这个计算必须生成一个连续时间信号。用模拟电路计算这样一个复杂公式看上去是非常困难的。

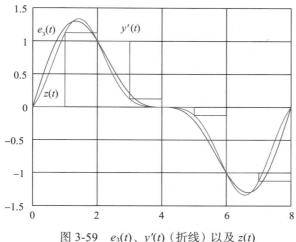

图 3-59　$e_3(t)$、$y'(t)$（折线）以及 $z(t)$

幸运的是，所需的计算是信号 $y(t)$ 和辛格函数之间所谓的折叠运算。根据经典的傅里叶变换理论可知，时域中的折叠运算等价于频域中与频率相关的滤波函数的乘法，该滤波函数是时域中对应函数的傅里叶变换。因此，可用某种适合的滤波器来计算式（3.29）。图 3-60给出了滤波器的相应位置。

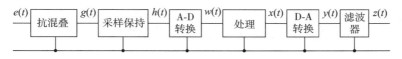

图 3-60　将信号 $e(t)$ 从模拟时间 / 值域转换到数字域并返回

剩下的问题是：哪个与频率相关的滤波函数是辛格函数的傅里叶变换？计算辛格函数的傅里叶变换可得到一个低通滤波器函数[418]。因此，为了计算式（3.29），我们必须要做的"全部"事情就是让信号 $y(t)$ 通过一个低通滤波器，过滤掉图 3-61 所示的理想滤波器的频率。请注意，将函数 $y(t)$ 表示为正弦波之和将需要非常高的频率分量，这样的滤波是无冗余的，尽管我们已经假设在输入端存在一个抗混叠滤波器。

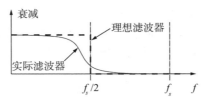

图 3-61　低通滤波器：理想的（虚线）和实际的（实线）

不过，仍然还有一个问题：理想的低通滤波器并不存在。因此，我们必须接受这一事实并设计接近于低通滤波器特性的滤波器。实际上，我们必须接受那些阻碍输入信号精确重建的缺陷。

- 无法设计出理想的低通滤波器，因此，我们必须使用该类滤波器的近似滤波器。设计好的折中方案可称得上是一门艺术（例如，广泛应用的音频设备）。

- 出于相同的原因，我们不能完全移除超过奈奎斯特频率⊖的那些输入频率。
- 由图 3-59 可以看出，值的量化的影响。鉴于值的量化，$e_3(t)$ 有时会与 $z(t)$ 存在差异。在输出生成期间，无法移除量化噪声（由 ADC 引入的）。来自 ADC 输出的信号 $w(t)$ 将依然被量化噪声所干扰，然而，这并不影响采样保持电路输出端的信号 $h(t)$。
- 式（3.29）以一个无限和为基础，也包含了未来实例上的时域值。实践中，我们可以有限度地延迟信号以获知有限数量的"未来"样本，无限延迟是不可能的。对于图 3-59，我们不考虑该图之外的采样实例的贡献。

低通滤波器提供的功能展示了模拟电路的强大能力：由于固有的离散时间和离散值的限制，我们没有办法在数字域中实现模拟滤波器的行为。

有很多学者已经致力于采样理论的研究，因此，许多人的名字也就与采样定理联系在一起了。贡献者包括香农、惠特克、科捷利尼科夫、奈奎斯特以及库普夫米勒等。原始信号可被重建这个事实被简单地称为采样定理，这是因为无法将所有贡献者的名字都添加到这个定理的命名中。

3.6.3 脉冲宽度调制

在实际应用中，已有的模拟信号生成存在如下缺点。

- 使用电阻阵列的 DAC 是很难构建的。电阻的精度必须非常高，处理最高有效位的电阻与标称值的偏差应小于转换器的总分辨率。这意味着对于一个 14 位的转换器，实际阻值与标称值的偏差要在 0.01% 左右。这个精度在实际中是很难达到的，特别是在全温度范围上。如果无法达到这个精度，那么转换器就不是线性的，甚至可能不是单调的。
- 为了产生用于电机、灯泡、扬声器等的足够功率，需要在功率放大器中对模拟输出进行放大。模拟功率放大器（如 A 类功率放大器）的功效很低，因为它们的两个电源轨间总存在一条导通路径。不论实际输出信号如何，这条路径都会产生恒定的功耗。对于非常小的输出信号，实际使用功率与消耗功率的比值会非常小。因此，功率放大器对低音量音频的放大效能非常糟糕。
- 将模拟电路集成到数字微控制器芯片中是很难的。增加外部模拟有源器件又会大大增加成本。

因而，脉冲宽度调制（PWM）是非常流行的。采用 PWM，我们可使用数字输出来生成一个占空比与待转换值相对应的数字信号。图 3-62 给出了占空比为 25% 和 75% 的数字信号，该类信号可由类似于式（3.1）所示的傅里叶级数来表示。对于 PWM 应用，我们要尝试消除高频分量的影响。

通过将计数器和存储在可编程寄存器中的值进行比较，可以产生 PWM 信号（见图 3-63）。每当计数值超过寄存器中的值时，输出高电压；否则，输出接近于零的电压。计数器的时钟信号必须是可编程的，以选择 PWM 信号的基础频率。在我们的原理图中，假设所有 PWM 输出的 PWM 频率都是相同的。寄存器中必须加载要转换的值，通常是以模拟信号的采样速率进行加载的。

⊖ 大小等于采样频率的一半。——译者注

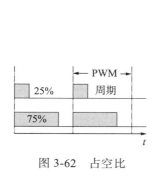

图 3-62   占空比

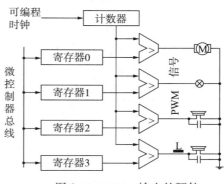

图 3-63   PWM 输出的硬件

过滤高频分量所需的工作取决于应用。在驱动电机的应用中，均匀化是在电机里进行的，这是由于电机中运动部件的质量，也可能是电机的自感，因此无须外部组件（见图 3-63）。对于电灯，只要频率不太低，均匀化是在人眼的视线中进行的，直接驱动简单的蜂鸣器也是可以的。在其他情况中，也需要过滤掉更高频率的分量。例如，高频分量所引起的电磁辐射是不可接受的，或者音频应用可能需要被过滤的高频信号等。如图 3-63 所示，使用两个电容和一个电感元件对扬声器中的高频分量进行滤除。在我们的示例中，给出了 4 个 PWM 输出。具有多个 PWM 输出是一种常见的情形。例如，Atmel 的 AT32UC3A 系列 32 位 AVR 微控制器提供了 7 个 PWM 输出[25]。实际上，对于 PWM 硬件的详细特性可以有很多选择。

PWM 信号的基础频率（周期的倒数）和滤波器的选择是一件需要折中的事情。基础频率必须高于所转换的模拟信号的最高频率分量。更高的频率简化了滤波器的设计（如果存在的话）。选择过高的频率会导致更多的电磁辐射以及不必要的能耗，因为转换会消耗能量。折中方案使用的 PWM 基础频率通常要比模拟信号的最高频率高 2～10 倍。

3.6.4   作动器

现实中存在大量的作动器[145]，其范围可以从移动几吨物体的大型作动器到大小只有几微米的微型作动器，如图 3-64 所示。

图 3-64   基于微系统技术的作动器电机（局部视图；由 E. Obermeier, MAT, TU Berlin 提供），©TU Berlin

图 3-64 给出了一个用微系统技术制造的微型电机，其尺寸在微米范围，旋转中心由静电力控制。

作为示例，我们仅提及一种特定类型的作动器，其在将来会变得更加重要：微系统技术使得微型作动器的制造成为可能，例如，这些作动器可植入人体内。使用这种类型的微型作动器，可以根据实际需要调整输入到体内的药量。其疗效会比用针注射要更好。

作动器对于物联网非常重要，本书中无法给出作动器的完整概述。

3.7 电能：能源效率、能源产生及存储

硬件设计必须遵守嵌入式和信息物理系统设计的一般约束与目标（见 1.3 节以及表 1-2）。在这些不同的目标中，我们将关注能源效率。表 1-1 列出了关注能源效率的一些原因。

3.7.1 硬件组件的能源效率

将通过比较我们所掌握的不同技术的能源效率来继续有关这一主题的讨论。本章所讨论的硬件组件在能源效率方面有很大的差异，这些技术之间的比较以及随时间的变化（对应于特定的制造技术），如图 3-65 所示[⊖]。该图反映了目前可用硬件技术的效率及灵活性间的冲突。

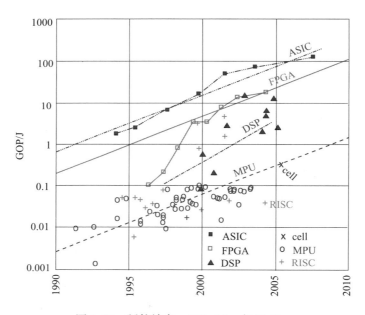

图 3-65   硬件效率，©De Man 与 Philips

图 3-65 以不同目标技术的单位能量所执行的操作数量为标准给出了能源效率 GOP/J，其是时间和目标技术的函数。在这种情形下，操作可以是 32 位加法。很显然，随着技术的进步，集成电路的特征尺寸越来越小，每焦耳（J）操作数日益增加。然而，对于任何一种给定的技术，硬连线专用集成电路（ASIC）上的每焦耳操作数是最大的。对于通常以现场可编程门阵列（FPGA）形式给出的可重构逻辑，该值大约要小一个数量级。对于可编程处理器，该值甚至要更小。然而，由于软件的灵活性，处理器提供了最大的灵活性。

可重构逻辑也有一定的灵活性，但这受限于可映射到该类逻辑的应用的大小。对于硬

⊖ 该图与 H. De Man^[374] 所提供的信息相近，并以 Philips 所提供的信息为基础。

连线设计，不存在灵活性。灵活性与效率之间的权衡也适合处理器：对于面向应用领域优化的处理器（如为了数字信号处理（DSP）优化的处理器），其功率效率值接近于可重构逻辑。对于通用的标准微处理器，这个品质因数的值是最差的。如图 3-65 所示，其中包括了类似 x86 处理器的微处理器（见术语"MPU"）、RISC 处理器以及由 IBM、东芝和索尼联合设计的 cell 处理器的值。

图 3-65 没有准确地标示所比较的应用，也不允许我们研究已执行映射的应用类型。

已经开展的最近的详细对比，使得我们能够以更全面的方式来研究用于这些对比的假设和方法。Mittal 等 [381] 发表了一份涉及 GPU 的对比分析报告。该报告包括一份清单，其中 28 种出版物表明 GPU 比 CPU 更节能，而另外 2 种出版物中的结论则恰好相反。此外，该报告还给出了一份清单，其中 26 种出版物表明 FPGA 比 GPU 更节能，而有 1 种出版物的结论正好相反。例如，Hamada 等 [194] 在引力 n 体模拟中发现，FPGA 的每瓦操作数是 GPU 的 15 倍；而与 CPU 相比，这个因数可以达到 34。准确的因数值必然取决于应用，但作为 THUMB 的规则，我们可以进行如下描述：如果目标是顶级的功率效率和能源效率设计，就应该使用 ASIC。如果认为 ASIC 成本太高，就应该选择 FPGA。如果 FPGA 也不可行，就应选择 GPU。同样，我们也看到，异构处理器一般比同构处理器更节能。可以为特定的应用领域得出更为详细的信息。

3.7.1.1　移动电话的例子

在嵌入式系统的各种应用中，我们正在关注电信和智能手机。对于智能手机而言，计算需求正在快速增长，特别是多媒体应用。De Man 和 Philips 曾估计，高级多媒体应用大约每秒需要 100～1000 亿次操作。图 3-65 说明在 2007 年时，先进的硬件技术或多或少地为我们提供的每焦耳操作数（＝Ws）。这意味着，最节能的平台技术很难提供所需的效率。标准的处理器（MPU 和 RISC 术语）的效率非常低，这也意味着需要利用能够提高效率的所有渠道。近年来，功率效率已经得到了提升。然而，所有这些改进通常都要以提供更高质量（例如，通过提高静止和移动图像的分辨率以及更高的通信带宽）的趋势来补偿。

有关功耗的详细分析请参见 Berkel[50] 及 Carroll 等 [85] 所著文献。Dusza 等 [138] 发表了包括 LTE 移动电话在内的最新分析，他们观察到了高达 4W 左右的功耗。显示器本身的功耗高达约 1W，这取决于显示的亮度。

改进的电池技术将支持更长的供电使用时间，但是由于热的限制，我们无法在不久的将来大大地突破目前的功耗。由于热量问题，设计带有温度传感器的移动电话以及过热时的节流装置已经成为标准。当然，较大的设备可以有较大功耗。环境问题也要求要保持较低的功耗。

技术预测已经以国际半导体技术路线图为标题被发布了。在 ITRS 2013 版 [249] 中已明确指出移动电话正在驱动技术发展："系统集成已经从以 PC 为中心的计算方法转变为高度多样化的移动通信方法。将多种技术异构地集成在一个有限空间内（例如，GPS、电话、平板电脑、移动电话等），同时将任何设计的主要目标从性能驱动的方法转变至降低功率所驱动的方法，已经真正地改变了半导体产业。简言之，在过去，性能是唯一的目标；而现在，最小化功耗则驱动着集成电路的设计。"

3.7.1.2　传感器网络

用于物联网的传感器网络是另一个特例。对于传感器网络而言，可用的能量比移动电话还要少。因此，能源效率是极为重要的，当然，这包括节能的通信 [518]。

3.7.2 电能来源

对于插电设备（例如，接入电网的设备），电能的获取并非难事。而对于其他所有设备而言，则必须通过其他技术来获得能源。物联网系统中的传感器网络就是如此，在此系统中能源是非常稀缺的资源。电池以化学能源的形式存储电能。它们的主要局限体现在，必须将它们运送到需要能源的地方。如果我们想要避免这种局限性，我们就要使用**能量收集**技术。有大量的能量收集技术可供使用 [545, 551]，但所能提供的能量数量通常却非常有限。

- **光伏**技术允许将光转换为电能。该转换通常以半导体的光伏效应为基础。光伏材料面板已经得到了广泛使用，图 3-66 给出了一些示例。

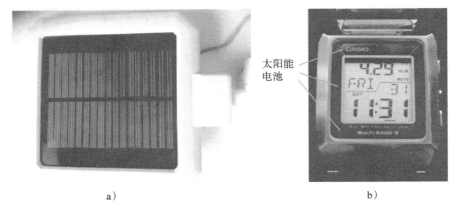

图 3-66　光伏材料。a）面板；b）太阳能供电手表

- **压电效应**可将机械应变转换为电能。压电点火器就利用了这一效应。
- **热电发电机**（TEG）允许将温度梯度转化为电能，它们甚至可在人体上使用。
- **动能**可转换为电能。一些手表就利用了这一技术，另外风能也属于这一类。
- **环境电磁辐射**也可转换为电能。
- 另有许多其他的物理效应可把其他形式的能量转换为电能。

3.7.3 能量存储

对于许多嵌入式系统的应用而言，并不能保证在任何需要的时候都会有电源可用。然而，我们可以存储电能。存储电能的方法包括如下几种。

- **不可充电电池**仅可使用一次，不再进一步的考虑。
- **电容**：电容是非常便捷的电能存储方式。它们的优势包括，潜在的快速充电过程、非常高的输出电流、接近于 100% 的效率、低的漏电流（对于高质量电容而言）以及大量的充电 / 放电周期等。其主要缺点是可存储的能量有限。
- **可充电电池**允许存储和使用电能，与电容类似。电能存储是以某些化学过程为基础的，而电能的使用以逆转这些化学过程为基础。

由于可充电电池对嵌入式系统很重要，所以我们将对其进行讨论。如果想要在系统模型中包括电能源，我们就需要可充电电池的模型。有不同的模型可供使用，它们所包含细节的数量会有所差异，并且不存在可以满足所有需要的某个单一模型 [443]。如下是几个流行的模型。

- **化学与物理模型**：这些模型详细描述了电池的化学和物理操作。该类模型可能会包括带有许多参数的偏微分方程，对于电池制造商是有益的，但对嵌入式系统设计人员而言，它们常常过于复杂（他们通常不了解这些参数）。
- **简单经验模型**：该类模型基于简单的已进行过参数拟合的方程。Peukert 定律[428] 是常被采用的经验模型。根据该定律，电池的使用期可由下式计算：

$$\text{lifetime} = C/I^{\alpha} \tag{3.31}$$

其中 $\alpha > 1$ 是某个经验拟合过程的结果。Peukert 定律反映了这样一个事实，较高的电流通常会导致电池容量的显著降低。该模型中并未给出有关电池行为的其他细节。
- **抽象模型**比非常简单的经验模型提供了更多的细节，但并不涉及化学过程。我们给出两个这样的模型。
- Chen 和 Ricón 提出的模型[97]。该模型是一个电气模型，如图 3-67 所示。根据该模型，充电电流 I_{Batt} 控制原理图左侧部分的电流源，该电流源产生的电流等于从右侧进入的充电电流，该电流将对电容 C_{Capacity} 充电。电容上的电荷数量被称为**荷电状态**（SoC）⊖。荷电状态是由电容上的电压 V_{SOC} 来表示的，因为电容上的电荷可由 $Q = C_{\text{Capacity}} \times V_{\text{SOC}}$ 进行计算。电阻 $R_{\text{Self-Discharge}}$ 对电容的自放电进行建模，即便在电池端子上没有电流流过时这种情况也会发生。

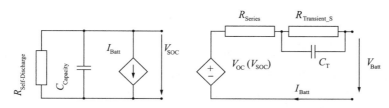

图 3-67　Chen 等给出的电池模型（简化版）

我们现在来看看通过电池端子的电流为零时的可用电压。电池端子的电压通常非线性地取决于 V_{SOC}，这种依赖关系可由非线性函数 V_{OC}（V_{SOC}）来建模，表示电池的**开路端输出电压**。当电池提供一定电流时，该电压下降。对于一个恒定的放电电流，$R_{\text{Series}} + R_{\text{Transient\_S}}$ 建立了相应的压降模型。对于短电流峰值，这种下降仅由 R_{Series} 值来确定，因为 C_{T} 将起到缓冲的作用。当电流消耗增加时，时间常数 $R_{\text{Transient\_S}} \times C_{\text{T}}$ 确定了从只有 R_{Series} 导致压降到由 $R_{\text{Series}} + R_{\text{Transient\_S}}$ 导致压降的转换速度。为了更加精确地模拟瞬态输出电压行为，Chen 等最初的提议包括了第二个电阻 / 电容对。总体上，该模型较好地捕捉了大输出电流对电压、输出电压的非线性依赖以及合理的自放电的影响。该模型也存在更加简单的版本，即对这三个影响都未建模的版本等。

- 实际的电池会呈现出所谓的电荷恢复效应：每当电池的放电过程暂停一段时间后，电池就会得到恢复，即可用更多的电量且电压通常也会增加。在 Chen 的模型中这种效应并未被考虑。然而，这在 Manwell 等[348] 所提出的动力电池模型（kinetic battery model，KiBaM）中是一个关注点。该名称反映了这个模型是类似于哪个类别的，这个模型假设有两个不同的充电箱体，如图 3-68 所示。右侧箱体中有立即可用的电荷

⊖ 也称为剩余电量。——译者注

y_1，左侧箱体中有位于电池中的电荷 y_2，但需要流入右侧箱体才可用。在电池重度使用的时间间隔里，右侧箱体可能几乎会被清空。这时，如果要想让电量再次变可用，就需要花一些时间来充电。连接两个箱体的管道宽度 k 决定了恢复过程的速度。该模型的细节（如流动电荷的数量）反映了箱体的物理状态。这个模型以较为合理的精度描述了电荷恢复过程，但未能描述 Chen 模型中捕捉的瞬态和自放电过程。动力模型对如何使用嵌入式系统具有一定的影响。例如，设定一些时间间隔已被证明是有益的，在这些间隔期间无线传输被关闭 [138]。

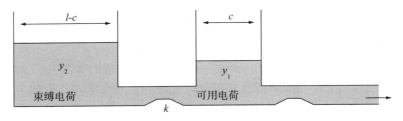

图 3-68　动力电池模型

总体而言，这两个模型很好地表明了必须要选用模型来反映所要关注的效应。
- 也可能存在一些**混合模型**，它们部分基于抽象模型、部分基于化学和物理模型。

3.8　安全硬件

嵌入式系统的一般要求通常包括防护安全性。防护安全性对于物联网是尤为重要的。如果防护安全性是一个主要问题，就需要开发特定的安全硬件。对于通信和存储，我们可能需要确保其防护安全性 [296]。鉴于可能的攻击，必须提供防护安全性。**攻击**可被分为如下几个方面 [289]。

- **软件攻击**不需要物理访问，软件木马的部署就是该类攻击的一个示例。同样，软件缺陷也可能被利用。缓冲区溢出就是造成安全隐患的常见原因。
- 需要物理访问的攻击可被分为如下几类。
  - **物理攻击**：这些攻击尝试物理地干预系统，例如，硅芯片可被打开和分析。该过程的第一个步骤是去掉封装（移除硅芯片的塑料包装），进而，采用微探测或者光学分析。这种攻击的实现非常困难，但它们会揭示芯片的许多细节。
  - **旁路攻击**：这些攻击会尝试利用补充特定接口的附加信息源。

例如，**计时分析**会揭示正在处理哪些数据。如果软件的执行时间依赖于数据，更会如此。应设计与防护安全性相关的算法，以使它们的执行时间并不依赖于数据值。这一要求也会影响计算机运算的实现：指令的执行时间不应依赖于数据。

功率分析是第二类攻击。功率分析技术包括简单功率分析（SPA）和差分功率分析（DPA）。在某些情况下，SPA 足以从简单功率测量值中直接计算出加密密钥。其他情况下，可能需要高级的统计方法，以便利用所测电流的微小波动统计数据来计算出密钥。

电磁辐射分析是第三类旁路攻击。

不同类型的人会尝试这些攻击，而不同类型的人则会对阻止这些攻击充满兴趣。实际上，攻击者可能就是嵌入式设备的使用者，他们尝试进行未经授权的网络访问或者未经授权来访问音乐等受保护的媒体数据。

我们可以对如下的**防范措施**进行甄别。

- 需要一个安全感知的软件开发过程作为防止软件攻击的屏障。
- 防篡改设备包括用于物理防护的特定机制（屏蔽，或者检测篡改模块的传感器）。
- 可以设计这样的器件，使得处理后的数据模式对功耗只有很小的影响。这需要复杂芯片中通常并不使用的某些特定器件。
- 逻辑的防护安全性通常由加密方法提供：加密可以是基于对称或非对称密码的。
  - 对于对称密码机制，发送方和接收方使用相同的密钥来加密和解密消息。DES、3DES 以及 AES 都是对称密码机制的示例。
  - 对于非对称密码机制，采用公钥加密消息，使用私钥解密。RSA 和 Diffie-Hellman 都是非对称密码机制的示例。
  - 同样，散列码也可添加至消息中，从而允许检测到对消息的修改。MD5 和 SHA 都是散列算法的示例。

由于性能差异，某些处理器会采用专门的指令来支持加密和解密。此外，也存在专门的解决方案，如 ARM 的 TrustZone 计算。"TrustZone 方法的核心，是以硬件分隔的防护安全和非防护安全空间的概念，非防护安全软件不能直接访问防护安全的资源。在处理器中，软件要么驻留在安全空间内要么驻留在非安全空间内；这两个空间之间的切换是通过称为安全监控器（Cortex-A 中）的软件或者核心逻辑（Cortex-M）完成的。这一安全（受信任的）和非安全（不受信任的）范畴的概念超越了处理器的扩展，涵盖了 SoC 中的内存、软件、总线事务、中断和外设等。"（见 https://www.arm.com/products/security-on-arm/trustzone。）

Kalray MPPA2-256 多核处理器芯片提供了多达 128 个连接到一个 288 个"常规"核计算矩阵的专用加密协处理器（见 http://www.kalrayinc.com/kalray/products/）。这些计算核都是 64 位的 VLIW 处理器。

应对措施的设计存在如下**挑战**[289]。

- **处理的差距**。由于嵌入式系统的性能有限，高级加密技术的运行可能会非常慢，特别是在以高数据速率进行处理时。
- **电池的差距**。高级加密技术需要大量的能量。在便携式系统中，可能并不提供这样的能量。智能卡就是这样一款硬件，必须以非常小的能量运行。
- **灵活性**。一个系统中通常需要许多不同的防护性安全协议，且可能时不时地要更新这些协议。这阻碍了使用特定硬件加速器进行加密。
- **抗入侵**。必须内置防止恶意攻击的机制。这些机制的设计绝非易事。例如，可能很难保证电流消耗独立于被处理的密码密钥。
- **保障的差距**。在设计期间对防护安全性进行验证需要额外的工作量。
- **成本**。更高的防护安全级别会增加系统的成本。

Ravi 等已经详细分析了安全套接字层（SSL）协议中的这些挑战[289]。

关于安全硬件的更多信息可参见诸如 Gebotys[174]的著作以及本主题系列研讨会的论文集（最新版本请参考文献 [177]）等。

3.9　习题

我们建议在家或在翻转课堂的教学中解决如下这些问题。

3.1　建议对照图 3-2 使用本地可用的小型机器人来说明环路中的硬件。这些机器人应有传感器和作动器，应该运行一段程序以实现控制循环。例如，可以用一个光电传感器，使得机器人在地面上巡线。这项作业的细节取决于机器人的可用性。

3.2 给出"信号"一词的定义。

3.3 为了将连续时间转换为离散时间，我们需要何种电路？

3.4 采样定理的内容是什么？

3.5 假设有一个由 1.75kHz 和 2kHz 正弦波之和构成的输入信号 x。我们以 3kHz 的频率对 x 进行采样。在时间离散化之后，我们能重建出原始信号吗？请解释你的答案。

3.6 值的离散化是以 ADC 为基础的。请为正、负输入电压设计基于 flash 的 ADC 原理图！输出应被编码为 3 位 2 的补码，其可以区分 8 个不同的电压区间。

3.7 假设我们正在使用一个基于逐次逼近的 4 位 ADC。输入电压范围为 $V_{min}=1V$（="0000"）～ $V_{max}=4.75V$（="1111"）。用于转换 2.25V、3.75V 及 1.8V 电压的步骤有哪些？类似于图 3-12，画出这些电压的逐次逼近图例。

3.8 比较基于 flash 的 ADC 和基于逐次逼近的 ADC 的复杂度。假设你将要区分 n 个不同电压区间。请使用大 O 符号，在表 3-2 中填入复杂度。

表 3-2 ADC 的复杂度

	基于 flash 的转换器	逐次逼近型转换器
时间复杂度		
空间复杂度		

3.9 假设使用正弦波作为问题 3.6 所设计的转换器的输入信号。请描述这种情况下的量化噪声信号。

3.10 请列出 DSP 的特性。

3.11 FPGA 包含哪些组件？其中哪些用来实现布尔函数？ FPGA 是如何被配置的？ FPGA 节能吗？ FPGA 适合哪种应用？

3.12 VLIW 处理器的核心思想是什么？

3.13 "单 ISA 异构多核体系结构"的含义是什么？你认为该体系结构的优点有哪些？

3.14 请解释名词"GPU"和"MPSoC"。

3.15 一部分 FPGA 支持 6 个变量的所有布尔函数的实现。这样的函数共有多少个？我们忽略那些仅因重命名变量而不同的函数。

3.16 在存储器范畴里，我们有时会说"小就是美"。其原因是什么？

3.17 分层存储结构中的某些存储层次对于应用程序员是不可见的。尽管如此，程序员为什么还应该关心这些存储层次呢？

3.18 什么是"暂存存储器"（SPM）？我们如何才能确保某些存储对象被存放在 SPM 中？

3.19 设计如下 FlexRay 集群：该集群包括 5 个节点 A、B、C、D 和 E，所有节点通过两个通道连接起来，该集群使用了总线拓扑结构。节点 A、B 和 C 执行与安全相关的任务，因此，它们的总线请求应保证在 20 个通信宏拍（macrotick）。以下是你要完成的工作：

- 下载 levi FlexRay 仿真器 [470]，解压 .zip 文件并安装。
- 通过执行 .leviFRP.jar 文件开始训练模块。
- 在训练模块中，设计上述 FlexRay 集群。
- 配置通信周期，保证节点 A、B 和 C 在 20 个通信宏拍的最大延迟内拥有总线访问。节点 D 和 E 只使用动态部分。
- 配置节点的总线请求。节点 A 每周期发送一条消息，节点 B 和 C 每两个周期发送一条消息，节点 D 每个周期发送一条长度为两个微时隙的消息，节点 E 每两个周期发送一条长度为两个微时隙的消息。

- 启动可视化并检查节点 *A*、*B* 和 *C* 的总线请求是否能够得到保证。
- 在动态部分，交换节点 *D* 和 *E* 的位置。所得到的行为又会是怎样的？

3.20 请设计一个 3 位 ADC 的原理图！应该对编码正数的 3 位向量 *x* 进行转换。请证明，输出电压与输入向量 *x* 所表示的值成正比。如果 *x* 表示 2 的补码，如何修改这个电路？

3.21 在附录 B 中图 B-4 所示的电路为一个放大器，其放大输入电压为 V_1：

$$V_{out} = g_{closed} V_1$$

请根据 *R* 和 R_1 计算图中的电路增益 g_{closed}。

3.22 不同的硬件技术在能效方面有何不同？

3.23 有时也以每秒每瓦的数十亿次操作来测量计算效率，其与图 3-65 中给出的品质因数有何不同？

3.24 为什么优化嵌入式系统是非常重要的？请对嵌入式系统中不同信息处理技术的效率进行比较。

3.25 假设移动电话使用额定容量为 720mAh 的锂电池，该电池的标称电压为 3.7V。假设恒定功耗为 1W，用完这块电池中的电量需要多长时间？计算中，应忽略诸如压降等所有次级效应。

3.26 你认为嵌入式系统的防护安全性面临哪些挑战？

3.27 什么是"旁路攻击"？请给出旁路攻击的一些示例。

系 统 软 件

　　嵌入式系统组件并非全部都要从头开始设计，相反，有很多是可重用的标准组件，这些组件包括早期设计工作的知识并形成了**知识产权**（IP）。IP复用是应对日益增长的设计复杂度的一项关键技术。"IP复用"一词通常是指硬件的复用，然而，仅复用硬件是不够的。Sangiovanni-Vincentelli 指出，软件组件也需要被复用⊖。因此，Sangiovanni-Vincentelli 所提倡的基于平台的设计方法学[452]就包括了硬件和软件 IP 的复用。

　　可被复用的标准软件组件包括系统软件组件，如嵌入式操作系统（OS）以及**中间件**。术语中间件是指操作系统和应用软件之间的中间层软件。我们将把通信库作为中间件的一个特例，该库扩展了操作系统所提供的基础通信设施。同样，将实时数据库（见 4.7 节）看作第二类中间件。对标准软件组件的调用可能已经按要求包含在规格中，因此，为了完成在设计系统的可执行规格，可能需要这些标准组件的应用编程接口（API）的相关信息。

　　与设计信息流一致，我们将在本章讨论嵌入式操作系统与中间件（见图 4-1）。

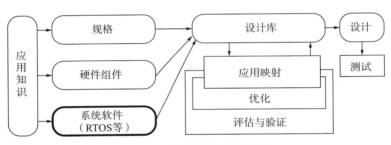

图 4-1　简化的设计信息流

4.1　嵌入式操作系统

4.1.1　基本要求

　　除了非常简单的系统，调度、上下文切换以及 I/O 都需要操作系统的支持以适合嵌入式应用。上下文切换算法复用了处理器，使得每个进程看上去好像都拥有自己的处理器一样。

　　对于带有虚拟寻址的系统⊜，我们可以在不同的地址空间、进程和线程之间做出区分。**每个进程都拥有自己的地址空间，而多个线程可能共享同一个地址空间**。改变地址空间的上下文切换相较不改变地址空间的切换占用更多时间。共享地址空间的线程通常通过共享内存进行通信。操作系统必须为线程和进程提供通信和同步的方法。有关系统软件中这些刚刚接触过的标准主题的更多信息请参阅操作系统类书籍，如 Tanenbaum[502]⊜。

　　⊖　可复用的标准软件组件也常被称为软构件。——译者注
　　⊜　见附录 C。
　　⊜　没有学习过操作系统课程的学生必须在继续学习之前先翻阅一下这种书。

如下是嵌入式操作系统的一些基本特征。

- 鉴于存在大量的嵌入式系统，对于嵌入式操作系统的功能也就有了各种各样的要求。由于效率需求，我们不可能使用提供了所有功能的操作系统。对于大多数应用而言，操作系统必须非常小。因此，我们面向选定的应用需要有**灵活裁剪**的操作系统，**可配置性**就是嵌入式操作系统的一个主要特性。实现可配置性的技术有很多⊖。

  - **面向对象用于派生适当的子类**：例如，我们可能拥有一个基本调度器类。利用该类，可以派生出具有特定属性的调度器。然而，面向对象的方法通常会伴随着额外的开销。例如，方法的动态绑定会产生运行时开销。也存在一些想法想要降低该类开销（例如，请参见 https://github.com/lefticus/cppbestpractices/blob/master/08-Considering_Performance.md）。然而，剩余的开销以及潜在的时间不可预测性对于性能关键型系统软件是不可接受的。

  - **面向方面的程序设计**[334]：使用该方法，软件的正交方面可被独立描述，然后，这些方面可被自动添加到与之相关的程序代码的所有部分。例如，可以在单个模块中描述用于分析的某些代码。之后，其可被自动添加到与之相关的源代码的所有部分，或者从中删除。CIAO 系列的操作系统就是以这样的方式进行设计的[335]。

  - **条件编译**：这种情况下，我们使用宏预处理程序，且利用了 #if 和 #ifdef 预处理命令的优点。

  - **高级编译时间评估**：在编译操作系统之前，可以通过将变量定义为常量来进行配置，之后，编译器会尽可能地传播这些值的信息。在该上下文中，高级的编译器优化也是有用的。例如，如果一个特定函数中的参数总是常量，就可以将其从参数列表中去掉。部分评估[264]为该类编译器优化提供了框架。在复杂的形式中，动态数据可能被静态数据所替代[24]。McNamee 等[369]发表了关于操作系统定制化的综述文章。

  - **基于链接器的未使用函数的删除**：在链接阶段，有关已使用函数和未使用函数的信息会比早期阶段更为丰富。例如，链接器可以推断出哪些库函数已被使用，未使用的库函数会被相应地删除，此时就进行了定制[93]。

    这些技术通常与基于规则来选择操作系统所要包含的文件相结合。通过图形用户界面隐藏这些用于实现可配置性的技术，操作系统的裁剪也就变得更加容易。例如，风河公司的 VxWorks[562] 就是通过图形用户界面进行配置的。

    对于采用了大量派生裁剪的操作系统而言，验证是一个潜在的大问题。所有的派生操作系统都必须被彻底地测试。Takada 认为这是 eCos（一个开源的 RTOS，请参见 http://ecos.sourceware.org，以及 Massa[364]）的一个潜在问题，该操作系统包括 100~200 个配置点[500]。对于 Linux，这个问题的规模要更大[503]。软件生产线工程[431]有助于解决这个问题。

- 嵌入式系统中使用了大量的外围设备。许多嵌入式系统没有硬盘、键盘、显示器或者鼠标。实际上，除系统定时器外，**没有一种设备需要操作系统的所有变体都支持它们**。通常，应用是为操作特定设备而设计的。在这种情况下，设备并不能在应用之间共享，因此，操作系统也无须管理设备。由于这些设备的种类繁多，也就很难

⊖ 这个列表是按照技术在开发过程或工具链中所处的位置进行排序的。

随着操作系统一起提供全部所需设备的驱动程序。因此，通过使用特殊的进程而不是将它们的驱动程序集成到操作系统内核之中可将操作系统与驱动程序解耦，这是有意义的。由于很多嵌入式外围设备的速度有限，因此无须为了达到性能要求而将其集成到操作系统中。这会造成一个软件层上的不同栈。对于 PC，硬盘驱动、网络驱动或音频驱动等一些设备的驱动程序都被假定是默认存在的。它们在非常低级的栈中实现。应用软件与中间件实现于应用编程接口之上，对于所有应用程序它们都是标准的。对于嵌入式操作系统，设备驱动程序是在内核之上实现的，而不是在标准化的操作系统 API 之上实现的（见图 4-2）。驱动程序甚至可能包含在应用程序自身中。

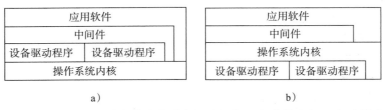

图 4-2   实现在操作系统内核中的设备驱动程序。a）内核之上；b）内核之下

- **保护机制有时是必要的**，这是因为嵌入式系统有时是面向某个目标而设计的（假定它们并不支持所谓的多道程序设计）。一般而言，未经测试的程序很少被加载。软件在经过测试之后，就会被认为是可靠的，这也适用于输入 / 输出。与桌面应用不同，嵌入式系统可能并不总是需要实现 I/O 指令，因为有时特权指令和进程被允许执行它们自己的 I/O。这与前一项表述很好地契合，且降低了 I/O 操作的开销。

  示例：令 switch 对应于某个开关的（存储器映射）I/O 地址，其需要由某个程序进行检查。简单来说，我们可以使用如下命令来查询该开关的状态。这里并不需要执行操作系统的服务调用，因为其会造成保存、恢复上下文（寄存器等）的开销。

```
load register,switch
```

然而，嵌入式系统变得更为动态会是一种发展趋势。同样，可靠安全性与防护安全性要求会让保护变得更加有必要。为此，特殊的内存保护单元（MPU）已被提出（例如，见 Fiorin[158]）。对于拥有关键和非关键应用的混合系统而言（**混合关键系统**），可配置的内存保护 [336] 是一个目标。

- **中断可被连接到任何线程或进程**。使用操作系统的服务调用，我们可以让操作系统在某个中断发生时启动或停止这些服务，甚至可以将线程或进程的入口地址存储在中断向量的地址表中，但这种技术是非常危险的，因为操作系统无法知道实际正在运行的线程或进程。另外，可组合性也会受到影响。如果一个特定的线程直接连接到某些中断上，那么，就很难添加另一个由某个事件启动的线程。特定应用的设备驱动程序（如果已采用）也可能在中断、线程和进程之间建立起链接关系。Hofer 等 [210] 已经研究了建立安全链接的技术。
- 许多嵌入式系统都是实时（RT）系统，因此，用于该类系统的操作系统**必须是实时操作系统**（RTOS）。

在 Bertolotti[54] 所编写的书中，读者可看到关于嵌入式操作系统的更多信息。该部分内容包括了有关嵌入式操作系统的体系结构、POSIX 标准、开源实时操作系统以及虚拟化等方面的内容。

4.1.2　实时操作系统

定义 4.1　实时操作系统是支持构建实时系统的操作系统。[500]

如何使一个操作系统成为实时操作系统？这里有 4 个关键要求⊖。

操作系统的时间行为必须是可预测的。在操作系统中，每个服务的执行时间上限必须得到保证。实际上，可预测性有多个级别。例如，有一些操作系统服务调用集的执行时间上限是已知的且没有显著变化，诸如"获取当天时间"这样的调用就属于此类。对于其他调用，执行时间会有显著变化。像"获取 4MB 空闲内存"这样的调用就属于第二类。特别地，实时操作系统的任何调度策略都必须是确定性的。

有些时间中断必须被禁止，以避免操作系统组件之间的相互干扰。不太重要的是，可以通过禁止它们来避免进程间的相互干扰。为了避免关键事件处理过程中的不可预测延迟，禁止中断的时间必须尽可能短。

对于依然采用硬盘来实现文件系统的实时操作系统来说，必须实现连续文件（文件存放在连续的硬盘区域内）以避免不可预测的磁头移动。

操作系统必须管理线程和进程的调度。调度可被定义为从线程或进程集到执行时间区间（将起始时间的映射作为特殊情况包括在内）以及到处理器（多处理器系统的情况下）的映射。同样，操作系统可能也必须了解截止期，从而可以采用恰当的调度技术。然而，在一些情况下，调度是完全离线完成的，操作系统仅需要提供在特定时间或以特定优先级来启动这些线程或进程的服务。我们将在第 6 章详细讨论调度算法。

一些系统要求操作系统管理时间。如果内部的处理过程与物理环境中的绝对时间相关联，这个管理就是强制性的。物理时间是用实数表示的，而在计算机中通常使用离散时间标准，因此对时间精度的要求可能会有所不同。

1. 在某些系统中，必须与全局时间标准保持同步。在本例中，执行了全局时钟同步。对此有两个可用的标准。

- **世界调整时间**（UTC）：UTC 是根据天文标准定义的。由于地球运动的变化，该标准经常被调整。在从这一年转换到下一年时，会增加几秒。这些调整可能是有问题的，因为错误的软件实现可能会认为在同一个晚上两次进入了下一年。
- **国际原子时间**（法语为 Temps Atomic Internationale，TAI）。该标准中没有任何人为的因素。

一些与环境的连接可用来获取精确的时间信息。外部同步通常是基于无线通信标准的，如全球定位系统（GPS）[395] 或移动网络。

2. 如果嵌入式系统用于网络中，那么它完全可以在网络中同步时间信息。本地时钟同步也可用于此。在这种情况下，接入网络的嵌入式系统会尝试就当前时间达成一致。

3. 某些情况下，为精确的本地延迟提供支持就够了。

对于一些应用，必须提供带有高分辨率的精确时间服务。例如，为了区分原始误差和后续误差，就需要这样的服务。它们有助于识别造成停电的电厂（见参考文献 [405]）。时间服

⊖　本节内容源自 Hiroaki Takada 的教程[500]。

务的精度取决于在特定执行平台上如何支持它们。如果是用应用级的进程来实现，它们就非常不精确（毫秒范围），但如果是用通信硬件实现的，它们就非常精确（微秒范围）。关于时间服务和时钟同步的更多内容可参考 Kopetz 所著书籍 [292]。

操作系统必须是快速的。如果满足所有要求的操作系统运行得非常慢，它仍然是无用的。显然，操作系统必须是快速的。

每个实时操作系统都包含实时操作系统**内核**。内核管理实时系统中存在的每个资源，包括处理器、内存和系统时钟。内核的主要功能是进程与线程管理、进程间同步与通信、时间管理以及内存管理。

虽然有些实时操作系统是面向普通的嵌入式应用而设计的，但其他一些会侧重于特定领域。例如，OSEK/VDX 兼容的操作系统侧重于汽车控制。面向具体领域的操作系统可以为该领域提供专用服务，同时可能会比用于多个应用领域的操作系统更为精简。

类似地，有些实时操作系统提供了标准的 API，而其他一些则提供了自己专用的 API。例如，一些实时操作系统对于 UNIX 遵从标准化的 POSIX RT 扩展 [195]、OSEK ISO 17356-3:2005 标准，或者由日本开发的 ITRON 规范（见 http://www.ertl.jp/ITRON/）。许多操作系统的实时内核（RT-kernel）类型都拥有自己的 API。本书提及的 ITRON 是一个采用了链接时配置的成熟的实时操作系统。

现有的实时操作系统可被进一步划分为如下几个类别 [187]。

- **快速专有内核**：Gupta 认为，"对于复杂系统，这些内核是不够的，因为它们的设计是为了快速而不是为了在每个方面都可预测"。相关示例包括 QNX、PDOS、VCOS、VTRX32 以及 VxWorks。
- **对标准操作系统的实时扩展**：为了发挥广为使用的主流操作系统的优势，人们已经开发出了混合型操作系统。对于该类系统，一个实时内核运行所有的实时进程，标准的操作系统则作为这些进程中的一个被执行（见图 4-3）。

图 4-3   混合型操作系统

这种方法的优点在于：该系统可配备标准操作系统的 API，具有图形用户界面（GUI）、文件系统等，同时，标准操作系统的增强功能也可很快速地应用在嵌入式领域。标准操作系统的问题以及它的非实时进程并不会对实时进程产生负面影响。标准的操作系统甚至可能会崩溃，但这不会影响实时进程。如图 4-3 所示，其缺点是，设备驱动程序存在一些问题，这是因为标准操作系统拥有自己的设备驱动程序。为了避免实时进程的驱动程序与其他进程的驱动程序之间出现冲突，有必要将设备划分为由实时进程处理的和由标准操作系统处理的两大类型。同样，实时进程不能使用标准操作系统的服务。因此，诸如文件系统访问、GUI 等所有优秀特性对于这些进程一般是不可用的，尽管可以尝试在不丢失实时能力的情况下弥合这两种进程之间的差异。RT-Linux 就是这类混合系统的一个示例。

据 Gupta 所言 [187]，尝试使用一个标准操作系统版本是"不正确的方法，因为仍然存在许多基础的、不合适的潜在假设，如面向平均情况的优化（而不是最坏情况）……忽略了许多（如果不是全部）语义信息以及独立的 CPU 调度和资源分配"。实际上，对于标准操作系统上的大多数应用而言，进程间的依赖关系并不太常见，因此，也就常常被该类系统所忽略。对于嵌入式系统而言，情况则会有所不同，因为进程间的依赖非常常见且应被重视。然而，在标准操作系统中很少对资源的分配与调度进行组合。为了确保满足时间约束，需要集成资源分配与调度算法。

有许多**研究系统**旨在消除上述限制，包括 Melody[544] 和 MARS（参见 Gupta[187]）、Spring、MARUTI、Arts、Hartos 以及 DARK。

Takada[500] 阐述了低开销内存保护、计算资源的时间保护（目标是防止进程计算的时间周期超过初始时所计划的）、面向片上多处理器的实时操作系统（特别是面向异构多处理器和多线程处理器）以及连续媒体的支持、服务质量控制等研究问题。

由于物联网（IoT）系统市场的潜在增长，标准操作系统的供应商已开始提供其产品的变体（如 Windows Embedded[377]）并从风河系统等传统供应商那里分得市场份额 [563]。鉴于持续增长的关联度，Linux 及其派生系统 Android 变得日益流行。4.4 节阐述将 Linux 用于嵌入式系统的优点与不足。

4.1.3　虚拟机

某些环境下，在单个物理处理器上仿真多个处理器是有用的。在裸机硬件上运行**虚拟机**是可能的。在这样一个虚拟机之上，可以运行多个操作系统。显然，这就是允许在单个处理器上运行多个操作系统。对于嵌入式系统而言，使用这种方法时必须非常慎重，因为这种方法的时间行为是个问题，而且会丢失时间的可预测性。然而，有时这种方法却很有用。例如，我们可能需要将使用不同操作系统的遗留应用集成到一个硬件处理器上。对虚拟机的全面讨论超出了本书的范围，有兴趣的读者可参考 Smith 等 [477] 以及 Craig[113] 所著的书籍。PikeOS 是专用于嵌入式系统的虚拟化概念的一个示例 [497]。PikeOS 允许将系统资源（如内存、I/O 设备和 CPU 时间等）划分为独立的子集。PikeOS 提供了一个小的微内核，在该内核之上，可以实现多个操作系统、应用编程接口（API）以及运行时环境（RTE）（见图 4-4）。

图 4-4　PikeOS 的虚拟化，©SYSGO

4.2　资源访问协议

接下来，我们将使用**作业**一词来表示线程或者进程。

4.2.1　优先级翻转

某些情况下，为了避免不确定性或其他不必要的程序行为，必须给予作业对资源（如全局共享变量）或设备的独占访问。这样的独占访问对于嵌入式系统非常重要，例如，为了实现基于共享内存的通信或者独占访问某个特定的硬件设备。执行该类独占访问的程序段被称为**临界区**。临界区应非常短。操作系统通常提供用于请求和释放对资源独占访问的原语，也称为**互斥原语**。未得到独占访问授权的作业必须等待，直至所需的资源被释放。相应地，释放操作必须检查正在等待的进程并恢复最高优先级的作业。

本书中，我们将调用请求操作或者锁操作 P(S) 和解锁操作 V(S)，其中，S 对应于被请求的特定资源，P(S) 和 V(S) 被称为**信号量**操作。信号量允许最多 n（n 是参数）个线程或进程并发使用由 S 所保护的特定资源。S 是一个数据结构，其维护一个用于记录可用资源的计数值。P(S) 检查该计数值，如果所有资源都被占用就将调用者阻塞。否则，修改计数值且允许调用者继续执行。V(S) 增加可用资源的数量，并且要保证一个被阻塞的调用者（如果存在）已被解除了阻塞。P(S) 和 V(S) 的命名源于荷兰语。我们仅以 n＝1 的二进制信号量形式来使用这些操作，例如，我们仅允许一个调用者来使用该资源。

对于嵌入式系统，进程间的依赖关系是惯例，而不是例外。同样，实时应用的有效作业优先级要比非实时应用更重要。互斥独占访问可能引起优先级翻转，该效应可改变进程的有效优先级。优先级翻转在非嵌入式系统中也存在，然而，由于上述原因，优先级翻转问题在嵌入式系统中被看作一个严重的问题。

图 4-5 给出了"非抢先"与"互斥"组合后所导致结果中的第一种情形。

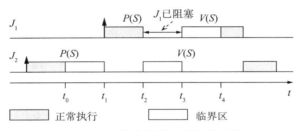

图 4-5　一个作业被低优先级作业阻塞

加粗的向上箭头标示了作业的释放时间，或者称为"就绪"。在 t_0 时刻，作业 J_2 通过操作 P 请求到对某个资源的独占访问之后进入临界区。在 t_1 时刻，作业 J_1 就绪且抢先 J_2。在 t_2 时刻，作业 J_1 未能获取资源的独占访问权进而被阻塞，该资源正被 J_2 使用。作业 J_2 继续执行并在某个时刻释放该资源。释放操作用于检查更高优先级的挂起作业并抢先 J_2。在 J_1 被阻塞期间，低优先级的作业实际上阻塞了高优先级的作业。对某些资源进行独占访问的必要性是造成这种效应的主要原因。幸而，在图 4-5 所示的特定情况下，阻塞时长并未超过 J_2 的临界区长度。这种情况是有问题的，但很难避免。

在更一般的情形下，情况可能会变得更糟，这从图 4-6 中就可以看出。

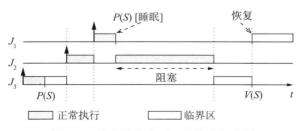

图 4-6　具有潜在大延迟的优先级翻转

假定有 3 个作业 J_1、J_2 和 J_3，其中 J_1 具有最高优先级，J_2 拥有中优先级，J_3 的优先级最低。此外，我们假设 J_1 和 J_3 通过 $P(S)$ 操作请求对某个资源的独占使用。现在，假定 J_3 在被 J_2 抢先后正处于临界区之中。当 J_1 抢先 J_2 并尝试使用 J_3 正在持有的独占访问资源时，被阻塞并让 J_2 继续执行。只要 J_2 在执行，J_3 就不能释放资源。因此，J_2 实际上阻塞了 J_1，即使 J_1 的优先级高于 J_2 的。在本例中，只要 J_2 在执行，J_1 就持续阻塞，虽然 J_1 被一个不在临界区的低优先级作业所阻塞。这种现象被称为**优先级翻转**$^{\ominus}$。实际上，即使 J_2 与 J_1 和 J_3 无关，仍然会发生优先级翻转。优先级翻转情形的持续时间不受任何临界区长度的限制。本例和其他示例都可用 levi 仿真软件来仿真[472]。

最为著名的优先级翻转例子发生在火星探路者上，对共享内存区域的独占使用在火星上导致了优先级翻转[263]。

4.2.2 优先级继承

解决优先级翻转的一种方法是使用**优先级继承协议**（PIP）。该协议是在许多实时操作系统中采用的标准协议。它以如下方式工作。

- 根据作业的优先级进行调度。以先来先服务的方式调度具有相同优先级的作业。
- 当作业 J_1 执行 $P(S)$ 且独占访问已被授权给另一个作业 J_2 时，J_1 被阻塞。如果 J_2 的优先级小于 J_1 的，则 J_2 继承 J_1 的优先级。之后，J_2 恢复执行。一般而言，每个作业继承被它阻塞的作业中最高的优先级。
- 当作业 J_2 执行 $V(S)$ 时，其优先级降低到被它所阻塞作业中的最高优先级。如果没有作业被 J_2 阻塞，则其优先级恢复为原始值。同时，阻塞在 S 上的最高优先级作业恢复执行。
- 优先级继承具有传递性：如果 J_x 阻塞了 J_y 且 J_y 阻塞了 J_z，那么，J_x 继承 J_z 的优先级。

在这种方式下，被低优先级作业阻塞的高优先级作业会将它们的优先级传递给低优先级作业，从而使得低优先级作业可以尽快地释放信号量。

在图 4-6 所示的示例中，当 J_1 执行 $P(S)$ 时，J_3 会继承 J_1 的优先级。这将避免之前提及的问题，因为 J_2 不会抢先 J_3（见图 4-7）。

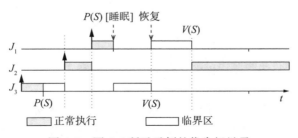

图 4-7   图 4-6 所示示例的优先级继承

图 4-8 给出了一个嵌套临界区的示例[82]。请注意，在 t_0 时刻，作业 J_3 的优先级并未恢复为原始值。相反，其优先级降低为被它所阻塞作业中的最高优先级。本例中，其保持为 J_1 的优先级 p_1。

$\ominus$　一些作者的确已将图 4-5 所示的情况作为优先级翻转的案例。在本书的前面版本中也是如此。

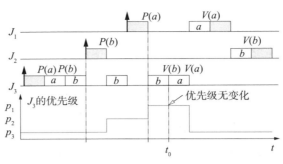

图 4-8   嵌套临界区

优先级继承的传递性如图 4-9 所示 [82]。

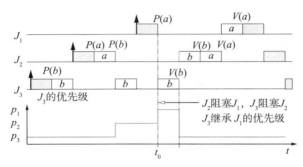

图 4-9   优先级继承的传递性

在 t_0 时刻，作业 J_1 被 J_2 阻塞，J_2 被 J_3 阻塞。因此，J_3 继承 J_1 的优先级 p_1。

优先级继承在 Ada 中也被采用：在预约请求期间，两个线程的优先级被设置为它们的最大值。

优先级继承也解决了火星探路者的问题：探路者中使用的 VxWorks 操作系统实现了调用互斥原语的标志，该标志允许将优先级继承设置为"on"状态。在软件发布时，该状态被设置成了"off"状态。当探路者已经在火星上时，通过使用 VxWorks 中的调试工具将该标志修改为"on"，解决了火星上出现的这个问题 [263]。优先级继承可由 levi 仿真软件进行仿真 [472]。

优先级继承解决了某些问题，但并未能解决其他问题。例如，可能存在多个拥有某个高优先级的作业。

也可能会出现死锁。我们可以用一个示例来阐述可能存在死锁 [82]。假定有两个作业 J_1 和 J_2，对于作业 J_1，我们假定有"…;$P(a)$;$P(b)$;$V(b)$;$V(a)$;…;"形式的代码序列；对于作业 J_2，假定有"…;$P(b)$;$P(a)$;$V(a)$;$V(b)$;…;"形式的代码序列。图 4-10 给出了一个可能的执行序列。

假设 J_1 的优先级高于 J_2 的。此后，J_1 在 t_1 时刻抢先于 J_2 运行直至其调用 $P(b)$，而 b 正被 J_2 持有。之后，J_2 恢复执行。然而，当它调用 $P(a)$ 时就会进入死锁。当我们不使用任何资源访问协议时，就会存在这样的死锁。

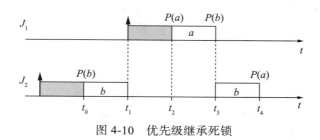

图 4-10　优先级继承死锁

4.2.3　优先级天花板协议

使用**优先级天花板协议**[460]（PCP）⊖可以避免死锁，该协议要求在设计时就知道作业信息。使用该协议，如果已经存在加锁的、可能阻塞作业的信号量，该作业就不被允许进入临界区。一旦作业进入了临界区，在其完成之前就不能被低优先级的作业阻塞。这是通过分配一个优先级天花板来实现的。每个信号量 S 被分配了一个优先级天花板 $C(S)$，它是可以锁定 S 的最高优先级作业的静态优先级。

优先级天花板协议的工作机制如下。

- 假设某个作业 J 正在运行，并且想要锁定信号量 S。那么，仅当 J 的优先级超过信号量 S' 的优先级天花板 $C(S')$ 时，J 才能锁定 S，其中 S' 是当前被 J 之外的其他作业所持有的全部信号量中具有最高优先级天花板的信号量。如果存在这样一个信号量，那么就说 J 被 S' 和当前持有 S' 的作业所阻塞。当 J 被 S' 阻塞时，当前持有 S' 的作业继承 J 的优先级。

- 当某个作业 J 离开 S 所保护的临界区时，它解锁 S，同时唤醒被 S 所阻塞的最高优先级作业（如果有）。J 的优先级被设置为由 J 持有的某些信号量所阻塞的全部作业中的最高优先级。如果 J 不阻塞任何作业，那么，J 的优先级会被恢复为正常优先级。

图 4-11 给出的示例中，使用了信号量 a、b 和 c，其中 a 和 b 的最高优先级为 p_1、c 的最高优先级为 p_2。

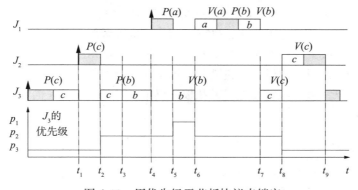

图 4-11　用优先级天花板协议来锁定

⊖　我们采用了瑞典林雪平大学（Linköping University）的幻灯片中所给出的示例，见 http://www.ida.liu.se/~unmbo/ RTS_ CUGS_files/ Lecture3.pdf。

在 t_2 时刻，J_2 尝试锁定 c，但 c 已被锁定。J_2 的优先级并未超过 c 的天花板。尽管如此，锁定 c 的尝试会将 J_3 的优先级提升到 p_2。

在 t_5 时刻，J_1 尝试锁定 a。a 尚未被锁定，但 J_3 已经锁定了 b 且 J_1 当前的优先级已超过 b 的天花板，因此，J_1 被阻塞。这是优先级天花板的关键属性：这种阻塞避免了之后潜在的死锁。J_3 继承了 J_1 的优先级，并反映出 J_1 在等待将被 J_3 释放的信号量 b。

在 t_6 时刻，J_3 解锁 b。J_1 是目前被 b 阻塞的优先级最高的作业，因此其被唤醒。J_3 的优先级降低至 p_2。J_1 锁定和解锁 a 和 b 并完成运行。在 t_7 时刻，J_2 仍然被 c 阻塞，对于优先级为 p_2 的所有作业，J_3 是唯一一个可恢复执行的。在 t_8 时刻，J_3 解锁 c 且其优先级降低为 p_3。J_2 不再被阻塞，其抢先 J_3 并锁定 c。仅当 J_2 完成执行之后，J_3 才恢复执行。

我们来看第二个示例，后面将用它和一个扩展的 PCP 协议进行比较。图 4-12 给出了这个示例⊖。

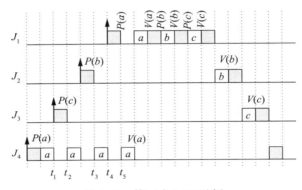

图 4-12   第二个 PCP 示例

所有信号量的最高优先级是 J_1 的优先级。在 t_2 时刻，有一个 J_3 对信号量 c 的请求，但是 J_3 的优先级不超过已被锁定的信号量 a 的天花板，于是 J_4 继承 J_3 的优先级。在 t_3 时刻，有一个对信号量 b 的请求，但 J_2 的优先级仍不超过已被锁定的信号量 a 的天花板，J_4 继承 J_2 的优先级。在 t_5 时刻，有一个对信号量 a 的请求，但 J_1 的优先级不超过信号量 a 的天花板，J_4 继承 J_1 的优先级。当 J_4 释放 a 时，没有信号量被阻塞且其优先级降低至其正常优先级。此时，J_1 拥有最高的优先级并完成执行。剩余的执行全部由常规优先级决定。

可以证明，优先级天花板协议防止了死锁（见参考文献 [82]，定理 7.3）。

根据改变优先级的不同时机，优先级天花板协议还会有一些变体。分布式优先级天花板协议（DPCP）[441] 以及多处理器优先级天花板协议（MPCP）[440] 都是面向多处理器的优先级天花板协议的扩展。

4.2.4 栈资源策略

与优先级天花板协议相比，栈资源策略（SRP）支持动态优先级调度，栈资源策略可以与由 EDF 调度计算出的动态优先级一起使用（见 6.2.1.2 节）。对于栈资源策略，我们必须对作业和任务加以区分。任务可以描述重复的计算，对于迄今为止所使用的术语而言，每一次

⊖ 该示例源自 http://www.ida.liu.se/~unmbo/RTS_CUGS_files/Lecture3.pdf。

计算都是一个作业。任务的概念捕捉了应用到作业集的一些特征，例如，要被周期地执行的相同代码。因此，对于每个任务 τ_i，相应地存在一个作业集，请参考定义 6.1。栈资源策略不仅分别考虑任务的每个作业，还定义了应用于全局任务的属性。栈资源策略支持多单元资源，如内存缓冲区等。如下是一组定义的值。

- 任务 τ_i 的 **抢先等级**（preemption level）l_i 提供了哪些任务可被 τ_i 的作业抢先的信息。仅当 $l_i > l_j$ 时，任务 τ_i 才可抢先另外一个任务 τ_j。我们要求，如果任务 τ_i 是在 τ_j 之后到来的，且 τ_i 拥有更高的优先级，那么 τ_i 必须具有高于 τ_j 的抢先等级。对于非周期 EDF 调度，这意味着抢先等级是根据相对截止期反向排序的。截止期越大，该作业就越容易被抢先。l_i 是一个静态值。
- 资源的 **资源天花板**（resource ceiling）是指一组任务的最高抢先等级，这些任务可通过发出它们对该资源单元的最大请求而被阻塞。资源天花板是一个动态值，该值取决于当前可用资源单元的数量。
- **系统天花板**（system ceiling）是当前被阻塞的全部资源中最高的资源天花板。该值是动态的，且会随着资源访问发生变化。

栈资源策略会在作业尝试抢先时对其阻塞，而不是在作业尝试锁定时：如果一个作业具有最高优先级且它的抢先等级高于系统天花板，该作业就可以抢先另一个作业。一个作业不允许启动，直到当前可用的资源足以满足每个作业（可抢先它）的最大需求。

图 4-13 通过图 4-12 中的示例给出了优先级天花板和栈资源策略之间的区别。

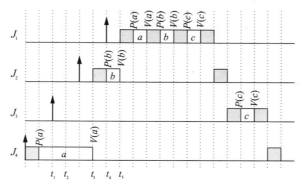

图 4-13　栈资源策略示例

对于栈资源策略，在 t_1 时刻不存在抢先，因为抢先等级不高于该天花板。t_4 时刻同样如此。总体上，栈资源策略比优先级天花板协议的抢先要更少，该属性让栈资源策略成为流行的协议。

SRP 被称为栈资源策略，这是因为作业不能被具有更低 l_i 的作业所阻塞，而且仅当该作业完成时才能恢复执行。因此，在相同等级 l_i 上的作业可以分享栈空间。由于许多作业位于相同等级，因此可以节省大量空间。

栈资源策略也是无死锁的（见 Baker[33]）。关于栈资源策略的更多细节，也请参考 Buttazzo[82]。

优先级继承协议、优先级天花板协议以及栈资源策略协议都是面向单处理器而设计的。

多处理器资源访问协议的第一篇综述文章是由 Rajkumar 等所发表的[442]。在写作本书的时候，仍然没有面向多核的标准资源访问协议（见 Baruah 等[40]，第 23 章）。

4.3　ERIKA⊖

一些嵌入式系统（如汽车系统和家电产品）要求将整个应用驻留到小型的微控制器中。出于这个原因，在该类系统中由固件所提供的操作系统服务就必须限定最小特征集以允许周期与非周期作业的多线程执行，支持共享资源以避免优先级翻转现象。

该类要求已在 20 世纪 90 年代由 OSEK/VDX 集团正式提出[17]，其定义了多线程实时操作系统中的最小服务，允许在 8 位微控制器上实现 1～10K 字节规模的代码。OSEK/VDX API 近来已被 AUTOSAR 集团进行了扩展，其对支持时间保护、时间触发系统的调度表以及内存保护等操作进行了增强以保护驻留在同一个微控制器内的不同应用的执行。本节简要描述该类系统的主要特性和需求，并将其当作开源 ERIKA 企业实时内核的参考实现[150]。

第一个可将 OSEK 内核与其他操作系统进行区分的特征是，所有内核对象在编译时都是被静态定义的。特别是，这些系统中的大多数并不支持动态内存分配以及作业的动态创建。为了帮助用户配置该类系统，OSEK/VDX 标准提供了一种名为 OIL 的配置语言来指定在应用中必须被实例化的对象。当编译一个应用时，OIL 编译器生成操作系统数据结构，并精确分配所需内存的数量。这种方法仅允许分配应用所需的数据，并存放在 flash 存储器（其比大多数微控制器中的 RAM 存储器要便宜）中。

区分 OSEK/VDX 系统的第二个特征是，其支持栈共享（stack sharing）。提供栈共享的原因是小型微控制器上的 RAM 存储器非常昂贵。实现栈共享系统的可能性与如何编写代码相关。

在传统的实时系统中，我们考虑代码的重复执行。作业对应于代码的一次执行。重复执行的代码被称为**任务**。特别是，任务可能会周期地触发作业的执行。这种周期任务的典型实现通常是根据如下机制构造的。

```
task(x) {
  int local;
  initialization();
  for(;;) {
    do_instance();
    end_instance();
  }}
```

该机制的特征是包含了周期任务实例（作业）的永久循环，这个任务以阻塞原语（end_instance()）作为结束，它影响阻塞该任务直至下次激活。当采用该程序设计机制（在 OSEK/VDX 中被称为扩展任务）时，该任务一直存在于栈中，即使是在等待期间。在这种情况下，栈不能被共享且必须为每个任务分配一个独立的栈空间。

OSEK/VDX 标准也提供了对基本任务的支持，这些任务是以类似于函数的方式所实现的特定任务，机制如下：

⊖　本节是由 G. Buttazzo 和 P. Gai（Pisa）完成的。

```
int local;
Task x() {
  do_instance();
}
System_initialization() {
  initialization();
  ...}
```

相对于扩展任务，在基本任务中，在不同实例之间维护的永久状态并不存储于栈中，而是存储在全局变量中。同样，其初始化部分也移至系统的初始化部分，因为任务从一开始就存在而不用动态创建。最后，无须使用同步原语将任务阻塞到下一个周期，因为每次启动一个新的实例时就会激活该任务。另外，任务不能调用任何阻塞原语，所以，它要么被更高优先级的任务抢先要么一直执行完。在这种方式下，任务表现得就像一个函数，在栈上分配一帧、运行并在随后清空该帧。出于这个原因，任务在两次执行期间不会占用栈空间，其允许系统中的所有任务共享这个栈。ERIKA 企业版支持栈共享，允许系统中的所有基本任务都共享一个单独的栈，因此，可减少用于该目的的 RAM 存储器。

就任务管理而言，为了避免优先级翻转，OSEK/VDC 内核采用的立即天花板协议提供了对固定优先级调度的支持。通过指定 OIL 配置文件中每个任务所使用的资源，就可以支持对立即天花板协议的使用。基于 OIL 文件中由每个任务所声明的资源使用情况，OIL 编译器计算每个任务的天花板。

OSEK/VDX 系统也支持非抢先式调度和抢先门限来限制栈的总体使用。它的主要思想是任务之间的抢先减少了要同时分配到该系统栈上的任务数量，进而，减少了对 RAM 总量的需求。请注意，减少抢先可能会让任务集的可调度性降低，因此，抢先等级必须与系统的可调度性和系统中使用的全部 RAM 存储器进行衡量。

对于面向微控制器的操作系统而言，另一个要求是可伸缩性（scalability），这表示面向更小规模的实现应提供 API 的精简版本。实际上，在大量的生产系统中，空间规模对总成本会有着显著影响。在这种背景下，通过符合类（conformance classes）这个概念可以提供可伸缩性，这些类定义了操作系统 API 的特定子集。符合类还带有它们之间的升级路径，最终目标是在降低空间占用的同时支持标准的部分实现。OSEK/VDX 标准（以及 ERIKA 企业标准）所支持的符合类如下所示。

- BCC1：这是最小的符合类，最小支持不同优先级的 8 个任务以及 1 个共享资源；
- BCC2：与 BCC1 相比，该符合类增加了在相同优先级上存在多个任务的可能性。每个任务可以有挂起的激活状态；也就是说，操作系统记录已被激活但未执行的实例数量。
- ECC1：与 BCC1 相比，该符合类增加了存在扩展任务的可能性，该任务等待事件出现。
- ECC2：该符合类增加了多个激活和扩展任务。

ERIKA 企业版通过提供如下两个符合类进行了扩展。

- EDF：该符合类不使用有固定优先级的调度器，而是使用最早截止期优先（EDF）调度器（见 6.2.1.2 节），它对小型微控制器上的实现进行了优化。
- FRSH：该符合类通过提供基于 IRIS 调度算法的资源预约调度器扩展了 EDF 调度器类[363]。

OSEK/VDX 系统的另一个有趣特征在于，系统为控制中断提供了一个 API。与类 POSIX 系统进行对比时，这是一个主要的不同，在类 POSIX 系统中，中断是操作系统的专有域且其不会被导出到操作系统的 API 上。这样做的理由是，在小型微控制器上，用户常常希望直接控制中断的优先级，因此，提供一种标准的方法来处理中断禁止 / 使能非常重要。此外，OSEK/VDX 标准指定了两种类型中断服务程序（ISR）。

- 类型 1：较简单和快速的方法，不会在 ISR 的末尾调用该调度器；
- 类型 2：该 ISR 可以调用改变调度行为的某些原语。ISR 的末尾是一个重新调度点，ISR1 通常较 ISR2 具有更高的优先级。

OSEK/VDX 内核的一个重要特征是，可以通过从产品版本中移除错误检查代码来微调其所占用的空间大小，以及可以定义特定事件发生时被系统调用的钩子。这些特征允许对应用占用的空间进行微调，调试时其占用空间更大（但更安全），当从代码中找出并删除大多数问题时其占用的空间会更小。

为了提供更好的调试体验，OSEK/VDX 标准定义了一个名为 ORTI 的文本语言，其描述了操作系统的不同对象被分配到的位置。ORTI 文件通常由 OIL 编译器生成且被调试者用于打印系统中定义操作系统对象时的详细信息（例如，调试者可能打印应用中的任务列表以及它们的当前状态）。

在开源的 ERIKA 企业版内核中已经实现了由 OSEK/VDX 标准定义的全部特性[150]，面向嵌入式微控制器集，其目标代码的最终大小在 1K 字节到 5K 字节之间。ERIKA 企业版也实现了一些附加特性（如 EDF 调度器），并提供了一个开放、免费的操作系统，其可用于学习、测试和实现工业与教育用途中的实际应用。

4.4 嵌入式 Linux

不断增长的嵌入式系统功能需求（如互联网连接（特别是物联网）或者复杂的图形显示等），都要求将大量软件添加到常见的嵌入式系统的简单操作系统之中。已经证明，通过集成诸如小型的互联网协议（IP）网络栈，可以将某些功能添加到小型嵌入式实时操作系统中[136]。然而，集成多个不同的附加软件组件是一项复杂任务，而且，会引起功能及防护安全性问题。

根据摩尔定律可知，半导体密度以指数增长，这使得另外一种方法成为可能，那就是对经过良好测试的代码库进行调整，使其具备运行嵌入式环境中所需的功能。沿着这一方法，对于大量复杂的嵌入式应用（如互联网路由器、GPS 卫星导航系统、网络附加存储设备、智能机顶盒以及移动电话等）而言，Linux 已经成为操作系统的一个选择。这些应用受益于易移植特性——Linux⊖已经被移植到超过 30 个处理器体系结构上，包括流行的嵌入式 ARM、MIPS、PowerPC 体系结构——以及系统的开源属性，后者避免了商业化嵌入式系统的许可成本。

由于 Linux 最初是作为服务器和桌面操作系统而设计的，因此，要使其适应典型的嵌入式环境就带来了许多挑战。接下来，我们将详细阐述应对将 Linux 应用到嵌入式系统时最常见问题的可用方法。

⊖ 本节中关于嵌入式 Linux 的内容由 M. Engel（Coburg）提供。

4.4.1　嵌入式 Linux 的结构与大小

严格来讲，"Linux"一词仅代表基于 Linux 的操作系统内核。为了创建一个完整的、可运行的操作系统，还需要在 Linux 内核之上额外增加诸多组件。图 4-14 给出了包括系统级用户模式组件在内的典型 Linux 系统配置。在 Linux 内核之上驻留了多个库（通常是动态链接库），它们构成了系统级工具和应用的基础。Linux 中的设备驱动程序常常被实现为可加载的内核模块；然而，在受限的用户模式下也可以对硬件进行访问。

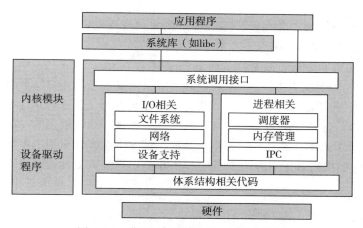

图 4-14　典型的基于 Linux 的系统结构

Linux 的开源属性允许根据给定应用和平台的要求对其他内核级系统组件进行裁剪。反过来，这就形成了一个小型系统，该系统使 Linux 的使用受限于内存规模。

C 程序库是类 UNIX 系统的基础组件之一，提供了用于文件 I/O、处理同步与通信、字符串处理、算术运算和内存管理这些基本功能。在基于 Linux 的系统中，常用的 libc 变体是 GNU libc（glibc）。然而，glibc 是面向服务器和桌面系统设计的，因此，它也就提供了超出嵌入式应用通常所需要的功能。基于 Linux 的 Android 系统使用 Bionic（源自 BSD UNIX 的 libc 版本）替代了 glibc。Bionic 是面向运行于较低时钟速率的系统而专门设计的，如通过提供一个裁剪的 pthread 多线程库版本来有效支持 Android 的 Dalvik Java 虚拟机。据估计，Bionic 的规模大约是典型 glibc 版本[一]的一半。

libc 的更小实现也有许多，如 newlib、musl、uClibc、PDCLib 以及 dietlibc 等，其中每一个都是面向特定用例优化的。例如，musl 是面向静态链接优化的，uClibc 最初是面向无 MMU[二]系统的 Linux，而 newlib 是在多个不同操作系统上跨平台可用的 libc。根据全面比较不同 libc 库实现（由 Eta Labs[三]编译）的特征和大小，相应共享库的二进制文件的大小范围可从 185KB（dietlibc）到 560KB（uClibc），而 glibc 的二进制文件大小为 7.9MB（所有数据都是从 x86 上的二进制文件中得出的）。图 4-15 给出了不同 libc 变体的大小以及使用不同库构建的程序的大小。

[一]　glibc 共享库的大小包括了国际化支持。

[二]　关于 MMU 的介绍请参见附录 C。

[三]　参见在线资源 http://www.etalabs.net/compare_libcs.html。

libc 版本	musl	uClibc	dietlibc	glibc
静态库大小	426 KB	500 KB	120 KB	2.0 KB
共享库大小	527 KB	560 KB	185 KB	7.9 KB
最小静态 C 程序大小	1.8 KB	5 KB	0.2 KB	662 KB
最小静态 "Hello, World" 大小	13 KB	70 KB	6 KB	662 KB

图 4-15　不同 Linux libc 配置的大小比较

除了 C 库，功能、大小及与操作系统捆绑的实用程序的数量等都可根据应用需求进行定制。Linux 系统中，这些实用程序可用于控制系统的启动、运行和监控；这样的示例包括，挂载文件系统、配置网络接口或复制文件等的工具。与 glibc 的情况一样，典型的 Linux 系统会提供一套适合大量用例的工具，但其中的大多数在嵌入式系统中并不需要。

BusyBox 是传统多类工具集的替代软件，在单个可执行文件中提供了许多简化的 UNIX 基础实用程序。该软件是专门为资源非常有限的嵌入式操作系统创建的。BusyBox 降低了由可执行文件格式所引入的开销并允许在不需要库的情况下在多个应用程序之间共享代码。可在参考文献 [508] 中找到 BusyBox 与其他可提供小型用户模式工具集方法的对比。

4.4.2　实时属性

在基于通用操作系统内核的系统中实现实时性保证是使操作系统运行在嵌入式环境中的最复杂挑战之一。如图 4-3 所示，一个常用方法是将 Linux 内核与所有的 Linux 用户模式⊖进程都作为底层实时操作系统的特定任务，且仅在非实时任务需要运行时才被激活。在 Linux 中，遵循这一设计模式的方法有多种。RTAI（实时应用接口）[133] 是以 Adeos 管理程序为基础的⊖，被实现为 Linux 内核的扩展。Adeos 允许多个优先级的域（其中一个是 Linux 内核本身）能够同时存在于相同的硬件之上。例如，在其之上，RTAI 提供了一个服务 API 来控制中断和系统定时器。多年前，Xenomai[176] 是和 RTAI 一起联合开发的，但自从 2005 年起已成为一个独立项目。它基于自己的 "nucleus" 实时操作系统内核，该内核提供实时调度、定时器、内存分配以及虚拟文件处理服务。这两个项目在目标和实现上有所差异。然而，它们共享了对实时驱动模型（RTDM）的支持，该方法为开发设备驱动程序而统一了接口，并且和实时 Linux 系统中的应用相关。使用底层实时内核的第三种方法是新墨西哥矿业与科技学院开发的 RT-Linux[580]，之后由 FSMLabs 公司（2007 年被风河公司收购）商业化。2011 年，相关产品停止维护。RT-Linux 在产品中的使用具有争议性，因为其发起者极力捍卫他们已获得的软件专利的知识产权 [579]。对 RT-Linux 方法授予专利的决定在 Linux 开发者社区中并未得到广泛认可，这导致派生出了上述的 RTAI 和 Xenomai 项目。

为 Linux 增加实时能力的最新方法是 SCHED-DEADLINE（集成在 3.14（2014）版本的内核中），这是一个基于最早截止期优先（EDF）和常带宽服务器（CBS）[3] 算法并支持资源预约的 CPU 调度策略。SCHED-DEADLINE 策略被设计为与其他 Linux 调度策略共存。然而，为了确保实时属性，它要比其他策略更为优先。

每个由 SCHED-DEADLINE 调度的任务 τ_i 都与运行时预算 C_i 和周期 T_i 相关联，告诉内

⊖　也常译为用户态。——译者注

⊖　见 http://home.gna.org/adeos/。

核在任何处理器上该任务在每 T_i 个时间单元中需要有 C_i 个时间单元。对于实时应用，T_i 对应于该任务的后续激活（释放）之间的最小时间间隔，而 C_i 则对应于该任务每次执行时所需的最坏执行时间。当给这个调度策略增加一个新的任务时，要进行可调度性测试且仅当该测试成功时该任务才可被接受。在调度期间，当一个任务尝试运行的时间超过为其预分配的时长时就会被挂起，并推迟到下一个执行周期。为了保证不同任务之间的时间隔离，需要使用这种非工作保存策略（non-work conserving strategy）[⊖]。这样一来，在单个处理器或有分区的多处理器系统上（任务被固定分配给特定的处理器），所有被接受的 SCHED-DEADLINE 任务都会确保在总时间内被调度，该总时间等于与它们在每个时间窗口中的预算时间，并与它们的周期一样长。

在任务可以在多个处理器上自由迁移的一般情况下，由于 SCHED-DEADLINE 实现了全局 EDF（在 6.3.3 节中详述），一般延迟边界适用于全局 EDF [123]。参考文献 [322] 中的基准测试给出，当在有 4 个处理器的系统上以利用率 380% 来运行 SCHED-DEADLINE 时，截止期错过率低于 0.2%，利用率为 390% 时则为 0.615%[⊖]。在有 6 个处理器的系统上，数据具有相似的量级。当然，在单处理器系统或把进程分配给固定处理器核的多核系统中，没有出现错过截止期的情形。

4.4.3　flash 存储器文件系统

嵌入式系统对永久存储的要求与服务器或桌面环境有所不同。通常，存在大量的静态（只读）数据，在许多情况下，发生变化的数据量是非常少的。

于是，文件系统存储可以从这些特定条件中获益。因为当前嵌入式 SoC 中的大多数只读数据被实现为 flash ROM，所以，对这类存储进行优化的一个重要方面就是把 Linux 应用于嵌入式系统。相应地，针对使用基于 NAND 的 flash 存储器而专门设计的多种不同文件系统已被开发出来。

最稳定可用的 flash 专用文件系统之一是日志结构的日志闪存文件系统第 2 版（Journaling Flash File System version 2，JFFS2）[568]。在 JFFS2 中，对文件和目录的更改都会“记录”到 flash 存储器的节点当中。存在两种类型的节点，inode 节点（如图 4-16 所示，索引节点）包括了带有文件元数据的头部，其后跟着一个可选的文件数据载荷，以及 dirent 节点（目录项节点），它是记录名字和 inode 编号的目录条目。当节点被创建时，它们就立即生效，而当在 flash 存储器的其他位置创建了更新的版本时，它们就被废弃。通过将压缩数据存储在 inode 节点的载荷部分，JFFS2 支持透明数据压缩。

位掩码	节点类型	节点总长度	节点头部CRC	Inode/Direntry
0x1985				

公有节点头部　　　　　　　　　　　特定节点内容

图 4-16　JFFS2 inode 节点的内容结构

⊖　这意味着，即使一些任务已被执行，处理器也有可能是空闲的。有关于该术语的定义请参见第 6 章的相关内容。

⊖　在多处理器系统中，系统的 CPU 利用率是所有 CPU 利用率的总和。例如，n 个 CPU 的利用率最高为 $(n\times100)$%。

然而，与其他 Berkeley lfs[449] 等日志结构的文件系统相比，该文件系统中并没有循环日志。相反，JFFS2 使用了块，块的大小与 flash 介质的擦除单元相同。任何时候，节点中的块都是从底部向上填充的，如图 4-17 所示。

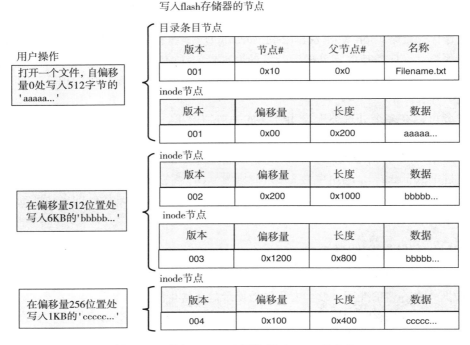

图 4-17　当向 JFFS2 中写数据时 flash 的变化

干净的块只包含可用的节点，而脏块则包含至少一个失效节点。为了回收存储器，后台垃圾收集器收集脏块并释放它们。脏块中的有效节点被复制到新块中，而失效块会被跳过。在复制完成之后，脏块被标记为可用。垃圾收集器还可以消费干净的块，以平衡 flash 存储器的磨损并防止在大多数静态文件系统中局部块的擦除，这在许多嵌入式系统中都很常见。

4.4.4　减少 RAM 使用

传统意义上，类 UNIX 操作系统将主存（RAM）当作硬盘上二级存储的一个高速缓存，例如，交换空间 [367]。虽然这对于具有大硬盘以及相应大内存需求的桌面和服务器系统是一个有用的假设，但它会引起嵌入式系统的资源浪费，因为存放在非易失性存储器中的程序必须被装载到易失性存储器中执行。这通常需要大型的操作系统内核。

为了消除这种内存需求的复制，开发了允许程序代码从 flash 存储器上直接执行的多种片内执行（也称就地执行，eXecute-in-Place，XiP）技术，这是大多数基于微控制器的小型系统中常用的方法。然而，XiP 技术面临着两个挑战，一个是存储可执行代码的非易失性存储器需要支持字节或字粒度的访问；另一个是可执行程序通常以 ELF 等数据格式被存储，这些格式包含了元信息（如用于调试的符号）且需要在执行之前链接运行时。

对 XiP 技术的支持通常被实现为一个特定的文件系统，如高级 XiP 文件系统（AXFS）[44]，它提供了压缩只读的功能。XiP 的使用对于内核本身非常有用，内核通常要消耗不可交换内存空间中的大部分。从 flash 存储器中运行内核将为用户空间的代码留出更多可用的内存空间。对于用户模式的代码而言，XiP 的用处并不大，这是因为在支持虚拟内存的系统中，内核只需加载可执行的代码页。因而，程序代码对 RAM 的占用会被自动降为最小。

对于当前系统而言，提供 XiP 所需的字节或字粒度访问，主要是成本问题。通常使用的NAND flash 技术（如闪存盘、SD 卡、SSD 等）比较廉价，但仅允许块级的访问，这与硬盘类似。NOR flash 是一种支持随机访问的 flash 技术，适合实现 XiP 技术。然而，NOR flash的成本要比 NAND flash 的高一个数量级，而且通常比系统 RAM 慢一些。因此，为系统配备更多的 RAM 而不是大的 NOR flash 存储器且不使用 XiP 技术，对于大多数系统而言这是一个明智的设计选择。

4.4.5   uClinux——面向无 MMU 系统的 Linux

最后一个资源限制在低端微控制器系统（如 ARM Cortex-M 系列）中是显而易见的。这些 SoC 中的处理器核是面向典型实时操作系统情景而开发的，这些情景使用如上所述ERIKA 中的简单库操作系统方法。因此，它们缺少了关键的操作系统支持硬性，如分页内存管理单元（Paging Memory Management Unit，PMMU，见附录 C）。然而，这些控制器有较大的地址空间和相对较高的时钟频率，这使得可在某些限制下能够运行类 Linux 的操作系统。这样，作为 Linux 内核的衍生系统，uClinux 被创建用于无 MMU 的系统。因为其内核版本为 2.5.46，在多个体系结构的主流内核源码树中都提供了对 uClinux 的支持，这些体系结构中包括 ARM7TDMI、ARM Cortex-M3/4/7/R、MIPS、M68k/ColdFire，以及基于 FPGA的软核（如 Altera Nios II、Xilinx MicroBlaze、Lattice Mico32）。

在支持 uClinux 的平台中，内存管理硬件的缺失会有许多不足。一个明显的缺陷是缺少内存保护，因而，任何进程都能够读和写其他进程的内存空间。MMU 的缺失也对传统UNIX 进程的创建方法造成了影响。通常，UNIX 中的进程是用 fork() 系统调用创建的已存在进程的一个副本[447]。这并非要在内存中创建一个物理副本（这个操作潜在地需要复制大量的数据），而是仅复制执行 fork() 的进程的页表条目并将其指向父进程的物理页面帧。当因执行数据写操作使得新创建的进程内存开始与其父进程有所不同时，采用写时复制策略按需复制被影响的页面帧。对写时复制语义硬件支持的缺失以及实际页面复制中的总开销都导致了 fork() 系统调用在 uClinux 中不可用。

相反，uClinux 提供了 vfork() 系统调用。该系统调用基于这样一个事实：大多数UNIX 风格的进程都会在使用分叉操作执行不同的文件之后立即调用 exec()，通过用不同二进制文件的代码和数据段可重载它们的内存影像。

```
pid_t childPID;
childPID=vfork();
 if(childPID==0) { // in child process
   execl("/bin/sh","sh", 0);
 }
printf("Parent program running again, child PID is %d", childPID);
```

在 vfork() 之后直接调用 exec() 意味着新创建进程的完整地址空间将在任何情况下都可被替换，但实际上只使用了可执行调用 vfork() 中的一小部分。相较于标准的UNIX 行为，vfork 确保在调用 fork 之后父进程被停止，直到子进程调用了 exec() 系统调用。因此，父进程不能干预子进程的执行，直到这个新程序影像被加载。然而，为了保证 vfork() 的操作安全，还必须要观测一些限制。修改已创建子进程中的栈是不被允许的，例如，在 exec 之前不会执行任何函数调用。结果是，在诸如内存不足或不能执行新程序等错误情形中，要想从 vfork 返回是不可能的，因为这会对栈进行修改。相反，在出问题的情况中，我们推荐使用 exit() 从子进程退出。

总结一下，uClinux 是在低端、微控制器风格的嵌入式系统上使用某些 Linux 功能的一种方式。片上内存（甚至是在高端微控制器中）的大小被限制为几百 KB。然而，即使最小的 uClinux 版本也需要 8MB RAM，因此就必须增加一个外部 RAM。对于提供了更小内存的系统，传统的 RTOS 系统仍然是更为可行的解决方案。

4.4.6 评估嵌入式系统中 Linux 的使用

除了技术标准，是否决定采用 Linux 来构建嵌入式系统也必须要考虑一些法律和商业问题。

从技术方案上来讲，Linux 包括了对大量 CPU 体系结构、SoC、外围设备以及嵌入式应用中使用的常用通信协议（如 TCP/IP、CAN、蓝牙或 IEEE802.15.4/ZigBee）的支持。它提供了类 POSIX 的 API，使得已有代码易于移植，这些代码可能是用 C 或 C＋＋、Python 或 Lua 等脚本语言，甚至是更为专用的 Erlang 等语言编写的。Linux 开发工具是免费的，且可被方便地集成到使用 Eclipse 等集成开发环境（IDE）以及连续集成测试服务（Jenkins）的开发工具链中。虽然一般而言，Linux 代码库已经过了很好的测试，但是所支持的质量会随着目标平台的不同而有所变化。当使用不太常用的硬件平台时，建议要全面分析 CPU 的稳定性和驱动程序的支持。使用 Linux 的一个缺点是大型代码库的固有复杂度，这需要对系统有深入的理解和丰富的经验才能调试问题。一些半导体制造商和第三方公司提供了对嵌入式 Linux 的商业支持，包括提供一些参考设计的完整电路板支持软件包（BSP）。

从商业角度来看，使用 Linux 的显著好处是其源代码免费可用。然而，管理内核源代码的 GPL 授权版本 2[一]要求在修改已有代码库的源代码时必须一起提交二进制代码。这可能会触及硬件组件的商业秘密或者违反硬件知识产权所有者的保密协议。对于某些硬件（如 GPU 驱动），可以通过包括一组二进制代码"blob"[二]来解决，可通过开源的设备驱动桩来加载这些代码。然而，Linux 内核开发人员都在极力反对这种方法。

一个日益严重的问题是构建在 Linux 上的嵌入式系统的防护安全性，特别是在物联网环境下。很多影响 Linux 内核的防护安全性（security）问题也适合嵌入式 Linux。廉价的消费设备（如基于互联网的照相机、路由器和移动电话等），很少接收软件更新但会使用很多年。这就把它们暴露给了已被利用的安全漏洞，诸如从成千上万被劫持嵌入式 Linux 设备发起的分布式服务拒绝攻击（DDOS）等。因此，为了提供安全的系统，就必须考虑不断更新生产设备以及该领域内遗留设备的成本。

4.5 硬件抽象层

硬件抽象层（HAL）为通过与硬件无关的应用程序编程接口（API）访问硬件提供了一种

    ○ 见 http://www.gnu.org/licenses/gpl-2.0.html。

    ○ 二进制长对象（binary long object）的缩写。——译者注

方法。例如，我们可以提出一种与硬件无关的技术来访问定时器，而不用考虑定时器被映射到哪个地址。硬件抽象层主要用在硬件和操作系统层之间。它们提供软件知识产权（IP），但它们既不是操作系统的一部分，也不能归于中间件。Ecker、Müller 和 Dömer 对本领域的工作进行了综述[139]。

4.6　中间件

通信库提供了一种向缺少通信特性的语言添加通信功能的方法。它们在操作系统提供的基础功能之上添加通信功能。由于是添加在操作系统之上的，可能与操作系统无关（显然，也与底层的处理器硬件无关），因此，在强调通信的意义上，我们将得到信息物理系统。同样，该类通信也是物联网（IoT）所需要的。支持某些本地系统内的通信以及更长距离上的通信是一种趋势。互联网协议的使用越来越普遍。通常，基于加、解密技术，该类协议能够实现**安全通信**，相应的算法是中间件的一个特列。

4.6.1　OSEK/VDX COM

OSEK/VDX COM 是面向 OSEK 汽车操作系统的一个专用通信标准[419]⊖。OSEK COM 以应用程序编程接口（API）方式提供了一个"交互层"（interaction layer），通过这些接口可以进行内部通信（在 ECU 内部通信）和外部通信（与其他 ECU 进行通信）。OSEK COM 只是指定了交互层的功能，必须分别开发符合标准的实现。

交互层通过"网络层"和"数据链路层"与其他 ECU 进行通信。OSEK COM 规定了关于这些层的一些要求，但这些层本身并非 OSEK COM 的一部分。使用这种方式，就可以在不同网络协议之上实现通信。

OSEK COM 是一个专用于嵌入式系统的通信中间件示例。除了面向嵌入式系统裁剪的中间件，许多面向非嵌入式应用开发的通信标准也可应用于嵌入式系统。

4.6.2　CORBA

CORBA（公共对象请求代理体系结构）[407] 是该类适用标准的一个示例，促进了远程服务的访问。基于 CORBA，可通过标准化的接口访问远程对象。客户端（client）与本地的桩（stub）进行通信，模拟对远程对象的访问。这些客户端向对象请求代理（ORB，见图 4-18）发送关于被访问对象以及参数（如果有）的信息。之后，对象请求代理决定被访问对象的位置并通过标准协议（如 IIOP 协议）将信息发送到该对象所在的位置。随后，通过一个框架（skeleton）将这些信息转发给特定对象，并再次使用 ORB 返回来自该对象请求的信息（如果有）。

图 4-18　使用 CORBA 访问远程对象

⊖　OSEK 是德国大陆集团（Continental Automotive GmbH）的一个商标。

标准的 CORBA 并不提供实时应用所需的可预测性，因此，一个独立的实时 CORBA（RT-CORBA）标准被定义出来 [408]。RT-CORBA 的一个本质特性是其在固定优先级系统中提供了端到端的时间线预测。这包括，根据客户端和服务器间的线程优先级来解决资源竞争并限定操作调用的延迟。实时系统的一个特定问题是，当线程互斥地获取资源的独占访问权时，可能并未考虑线程的优先级。在 RT-CORBA 中，必须要考虑优先级翻转问题。RT-CORBA 中包含了限定可能发生这种优先级翻转问题的一些时间约定。RT-CORBA 也包括了线程优先级的管理机制，该优先级与底层操作系统的优先级无关，即使它与操作系统的 POSIX 标准的实时扩展相兼容 [195]。客户端的线程优先级可被传播到服务器端。对于提供互斥访问资源的原语，优先级管理也是可用的。在 RT-CORBA 的实现中，上述的优先级继承协议必须可用。预先存在的线程池则避免了线程创建和线程构造的开销。

4.6.3　POSIX 线程

POSIX 线程（Pthread）库是操作系统级的线程应用程序编程接口（API）[37]。POSIX 线程符合 IEEE POSIX 1003.1c 操作系统标准。一组线程可在相同的地址空间内运行，因此可基于共享内存来实现线程间通信。这避免了 MPI 通常需要的（见 2.8.4.1 节）内存复制操作。这个库适合编程多处理器共享相同地址空间，也包括一个用于执行互斥的标准 API。POSIX 线程使用全显式的同步机制 [530]，精确语义依赖于所使用的内存一致性模型。要正确地实现同步是有一定难度的，这个库可用作其他编程模型的后端。

4.6.4　UPnP、DPWS 和 JXTA

通用即插即用（UPnP）是 PC 中即插即用概念对于网络内连接设备的扩展。家庭和办公室中连接的打印机、存储空间以及交换机很容易被视为是主要对象 [415]。出于安全考虑，仅是交换数据，代码不能被传输。

Web 服务设备配置文件（DPWS）的目标是要比 UPnP 更为通用。"Web 服务设备配置文件（DPWS）定义了最小的实现约束集，以在资源受限的设备上能够启用安全的 Web 服务消息传递、发现、描述和事件处理。" [569] DPWS 指定了一组服务，用以发现连接到网络上的设备、交换可用服务的信息、发布和订阅事件。

除了为高性能计算（HPC）所设计的库，还可以使用一些综合的网络通信库，这些库通常是为基于互联网的通信协议上的松散耦合而设计的。JXTA[265] 是一个开源的对等协议规格，通过一组 XML 消息定义协议，这些 XML 消息允许连接到网络对等端的任何设备交换消息并独立于网络拓扑进行协作。JXTA 创建了一个虚拟覆盖网络，允许一个对等端与其他对等端进行交互，即使一些对等端及其资源位于防火墙之后。其名称是从"juxtapose"[⊖]一词中衍生而来的。

CORBA、MPI、Pthread、OpenMP、UPnP、DPWS 以及 JXTA 都是特定的通信中间件（在操作系统与应用层之间使用的软件）。最初，它们是面向桌面计算机间的通信所设计的，当然，也有人试图利用嵌入式系统的知识与技术。特别是，MPI（消息传递接口）是为基于通信的消息传递所设计的，而且它非常常用。近来，MPI 也被扩展用来支持基于共享内存的通信。

⊖　意为并列地放置、并列、并置等。——译者注

对智能手机等移动设备，使用标准中间件可能是合适的。但对于具有硬实时约束（见定义 1.8）的系统，它们的开销、实时能力以及服务可能是不适合的。

4.7 实时数据库

数据库为存储和访问信息提供了一种便捷且结构化的方式。相应地，数据库为读、写信息提供了 API。一个读写操作的序列被称为一个**事务**。事务可能出于以下原因而被取消：可能出现的硬件问题、死锁、并发控制问题等。一个常见的要求是，事务不影响数据库的状态，除非它们已经执行到最后。因此，事务引发的更改在被**提交**之前通常不会被认为是最终生效的。大多数事务都要求是**原子的**。这意味着，由某个事务生成的最终结果（数据库的新状态）必须与该事务已经完全完成或根本未完成时相同。同样，由一个事务生成的数据库状态必须是**一致的**。一致性要求包括，例如，从属于相同事务的读请求中所得的值是一致的（并不描述在数据库建模环境中从不存在的状态）。此外，对于数据库的其他用户，一个事务局部执行所产生的中间状态必须是不可见的（事务必须像是**独立执行**那样）。最后，事务的结果应是持久的，该属性也被称为事务的**持久性**。总体而言，这 4 条用粗体表示的属性就是我们所熟知的 ACID 属性（请参见 Krishna 和 Shin 所著的书籍[297]，第 5 章）。

对于某些数据库，存在一些软实时约束。例如，航线预约系统的时间约束就是软实时的。相比之下，也有硬实时约束。例如，汽车应用中的行人自动识别以及军事应用中的目标识别就要满足硬实时约束。上述要求保证硬实时约束可能很困难，例如，事务在最终被提交之前可能会多次终止。对于所有依赖分页和硬盘请求的数据库，磁盘的访问时间很难预测。可能的解决方案包括主存数据库以及 flash 存储器的可预测使用。嵌入式数据库有时小到足以使这种方法是可行的。在其他情形下，可能会放宽对 ACID 的要求。更多的信息可参见 Krishna 和 Shin 以及 Lam 和 Kuo 的著作[305]。

4.8 习题

我们建议在家或在翻转课堂的教学中解决如下这些问题。

4.1 嵌入式操作系统必须满足哪些要求？

4.2 哪些技术可被用来以必要方式来定制嵌入式操作系统？

4.3 实时操作系统必须满足哪些要求？这些要求与标准的操作系统有何差异？ Windows 或 Linux 等标准操作系统缺失了实时操作系统中的哪些特性？

4.4 自 1958 年以来，为了减小 UTC 和 TAI 的差异，已经在除夕夜添加了多少秒？可搜索互联网得出问题的答案。

4.5 请给出一些提供内存保护单元的处理器！内存保护单元与更常用的内存管理单元（MMU）有何不同？可搜索互联网得出问题的答案。

4.6 请描述明确需要提供保护的嵌入式系统的种类，请描述可能不需要保护的嵌入式系统的种类。

4.7 请给出一个示例，说明由 3 个作业组成的系统中的优先级翻转。

4.8 请从 levi 网站[472]下载 levi 学习模块 leviRTS。对表 4-1 中的作业集进行建模。$t_{P,P}$ 与 $t_{P,C}$ 是与开始时间相关的时间，在这些时刻，作业分别请求对打印机或通信线路的互斥使用（在 levi 中称为 ΔtP）。$t_{V,P}$ 和 $t_{V,C}$ 是与释放这些资源的开始时刻相关的时间。请采用基于优先级的抢先式调度，出现了什么问题？如何才能解决该问题？

表 4-1   请求资源互斥使用的作业集

作业	优先级	到达时间	运行时间	打印机		通信线路	
				$t_{P,P}$	$t_{V,P}$	$t_{P,C}$	$t_{V,C}$
J_1	1（高）	3	4	1	4	—	—
J_2	2	10	3	—	—	1	2
J_3	3	5	6	—	—	4	6
J_4	4（低）	0	7	2	5	—	—

4.9   哪些资源访问协议可以防止由资源互斥访问而引起的死锁？

4.10   如何在 ERIKA 中优化系统栈的使用？

4.11   如果 Linux 被用作嵌入式系统的操作系统，必须解决哪些问题？

4.12   优先级翻转问题对网络中间件的设计有何影响？

4.13   flash 存储器如何影响实时数据库的设计？

评估与验证

5.1 概述

5.1.1 范畴

规格、硬件平台以及系统软件为我们提供了设计嵌入式系统所需的基本要素。在设计过程中，必须经常验证和评估这些设计，所以将在讨论设计步骤之前阐述验证与评估。虽然验证与评估两者互不相同，但却紧密相连。

定义 5.1 **验证**（validation） 是检查某个（可能是部分的）设计是否符合目的、是否满足所有约束且按期望执行的过程。

定义 5.2 具有数学严谨性的验证被称为（形式化）**检验**（verification）。

对于任何设计过程，验证都非常重要，如果未在设计过程中进行验证，几乎不会有任何系统会按预期工作。验证对于安全关键型嵌入式系统是极为重要的。理论上，我们可以尝试设计被验证过的工具，其总是从规格中生成正确的实现。实际上，除了非常简单的情况，这些验证工具并不可用。因此，每个设计必须经过验证。为了最小化必须验证的设计次数，我们可以尝试在设计的最后阶段进行验证。然而，这种方法通常也行不通，因为用于规格的抽象层和用于实现的抽象层之间存在着巨大差异。所以在设计过程中，对于不同阶段都需要进行验证（见图 5-1）。验证和设计应该是相互交织的，而不应被认为是两个完全独立的活动。

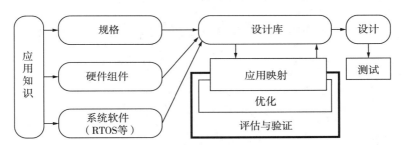

图 5-1 当前章节的上下文

如果有一种验证技术可以应用于所有的验证问题，那当然很不错。但实际上，没有一种可用的技术可以解决所有问题，必须采用某些混合技术。在本章中，从 5.7 节开始，我们将对可用的关键技术进行简要概述。在这部分内容之前，将概述评估技术。

定义 5.3 评估是对某个（可能是部分的）设计的某些关键特性（或"目标"）计算量化信息的过程。

5.1.2 多目标优化

一般而言，通过采用一组度量标准（如平均和最坏执行时间、能耗、代码规模、可信度与可靠安全性等），设计评估可形成设计的某个特性描述。通常，将所有这些标准合并到单个目标函数（例如，使用加权平均）中并不明智，因为这会隐藏设计的某些基本特性。相反，建议为设计人员返回一个设计集合，之后，设计人员可从中选择一个合适的设计。该集合应该仅包括一组"合理的"设计。找出这样的设计集合就是**多目标优化技术**要达成的目标。

为了执行多目标优化，我们需要考虑优化问题中可能解的 m 维空间 **X**。例如，这些维度可以反映处理器的数量、存储器的大小、总线的类型与数量等。对于这个空间 X，定义如下一个 n 维函数

$$f(x)=(f_1(x), \cdots, f_n(x)) \quad \text{其中} x \in X$$

该函数根据一组度量标准或目标（如成本和性能）来评估这些设计。令 **F** 是这些目标值的 n 维空间（即所谓的**目标空间**）。对于每个目标，假设有，某个全序关系＜以及与之相应的≤序关系。接下来，假设目的是要**最小化**这些目标。

定义 5.4　当且仅当 u 至少有一个目标要比 v "更好" 且在所有其他目标上不会比 v 更差，向量 $u=(u_1,\cdots,u_n) \in F$ 支配着向量 $v=(v_1,\cdots,v_n) \in F$：

$$\forall i \in \{1,\cdots,n\}：u_i \leqslant v_i \quad \wedge \tag{5.1}$$

$$\exists j \in \{1,\cdots,n\}：u_j < v_j \tag{5.2}$$

定义 5.5　当且仅当 u 不支配 v 且 v 也不支配 u 时，向量 $u \in F$ 被称作是与 $v \in F$ 无关的。

定义 5.6　当且仅当不存在这样的设计 $y \in X$，使得 $u=f(x)$ 被 $v=f(y)$ 所支配时，一个设计 $x \in X$ 被称为关于 **X** 的**帕累托**[⊖]**最优**。

之前定义了解空间中的帕累托最优，接下来的定义在目标空间中有相同的作用。

定义 5.7　令 $S \subseteq F$ 是目标空间中向量的一个子集，当且仅当 v 未被 S 中的任何元素所支配时，$v \in F$ 被称为关于 S 的**非支配解**。当且仅当 v 在所有解 F 上都不被支配时，v 被称为是帕累托最优的。

图 5-2 突出显示了目标空间中目标 $O1$ 和 $O2$ 相对于设计点（1）的不同区域。

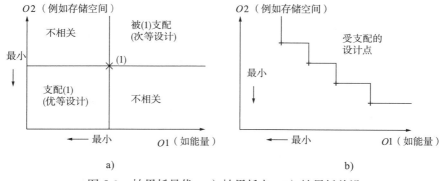

图 5-2　帕累托最优。a) 帕累托点；b) 帕累托前沿

⊖　维弗雷多·帕累托（Vilfredo Pareto，1848 年 7 月 15 日—1923 年 8 月 19 日），生于巴黎，后任瑞士洛桑大学教授，意大利经济学家、社会学家，洛桑学派的主要代表之一。——译者注

右上角区域对应于被设计（1）所支配的设计，因为它们在两个目标上都是"更差的"。左下角矩形区域支配设计（1），因为它们在两个目标上都是"更好的"。左上角和右下角区域中的设计是不相关的：它们对于一个目标是"更好的"，而对于另一个则是"更差的"。图 5-2a 给出了一组帕累托点，即所谓的**帕累托前沿**。

定义 5.8   基于帕累托点的**设计空间探索**（DSE）是寻找并向设计者返回一组帕累托最优解决方案的过程，以使设计者能够选择最合适的实现。

5.1.3   一组相关目标

对于服务器和 PC，平均性能发挥着主导作用。对于嵌入式和信息物理系统，通常需要考虑多个目标。如下列出了这些目标以及其在本书中的位置进行了讨论。

- **最坏情况性能 / 实时行为**：用于计算最坏执行时间（WCET）的一些基础知识将在 5.2.2 节阐述，并通过在 5.2.3 节中引入实时演算对其进行补充。
- **质量度量**：质量度量将在 5.3 节进行阐述。另外，数字系统之间的转换将在 7.1.5 节讨论。
- **能源 / 功耗**：在 5.4 节，将简要阐述评估该目标的相关技术。
- **热模型**：5.5 节中给出了该主题的介绍。
- **可信度**（dependability）：可信度是 5.6 节要讨论的主题，在该节中还讨论了可靠安全性（safety）、防护安全性（security）以及可靠性（reliability）。
- **平均性能**：在 5.2 节中可见关于该目标的信息，另外，通常是基于仿真来分析该目标的，5.7 节讨论了仿真中的相关问题。
- **电磁兼容性**：本书未考虑这一目标。
- **可测试性**：系统测试的成本可能会非常高，有时甚至比生产成本还要高。因此，可测试性也应被考虑在内，且最好是在设计期间就考虑。可测试性将会在第 8 章中讨论。
- **成本**：这里不考虑硅面积或实际资金方面的成本。
- **重量、鲁棒性、可用性、可扩展性、环境友好性**：这些目标也未被考虑。

与之相关的目标比上面所列出的要多。下一节阐述性能评估的一些方法，其聚焦于最坏情况时的性能。

5.2   性能评估

性能评估的目标是对系统的性能进行预测。这是一个巨大挑战（特别是对信息物理系统而言），因为我们可能也需要有关最坏情况的信息，而不仅是有关于平均情况的信息，这样的信息对于保证实时约束是必要的。

5.2.1   早期阶段

为了获得早期设计阶段已有的性能信息，人们已经提出了两种不同类型的技术。

- **估计成本与性能值**：为此目的，已经开发了相当多的估算器。这样的例子有 Jha 和 Dutt[262] 为硬件开发的估算器，Jain 等 [254] 以及 Franke[162] 为软件开发的估算器等。要生成足够精确的估计需要足够多的工作量。
- **精确成本与性能值**：我们也可在近乎实际的硬件平台上使用真实的软件代码（以某

种二进制形式编码的）。仅当存在到编译器的接口时这才是可能的。这种方法可以比之前的更加精确，但会显著地（有时是令人望而却步的）花费更多时间。

为了获得足够精确的信息，通信也需要被考虑。然而，要在早期设计阶段计算通信成本通常是非常困难的。

许多研究人员已经提出了形式化的性能评估技术。对于嵌入式系统，Thiele 等、Henia 和 Ernst 等以及 Wilhelm 等的工作尤为相关（例如，请参考文献 [203, 513, 559]），这些技术需要一些关于体系结构的知识。它们不太适合过于早期的设计阶段，但其中一些仍然可在不了解目标体系结构全部细节的情况下使用。这些方法建模了实际的物理时间。

5.2.2　WCET 估计

任务的调度需要有关于任务执行时长的信息，特别地，如果必须保证满足时间约束，这和在实时（RT）系统中一样。**最坏执行时间**（WCET）是大多数调度算法的基础。图 5-3 给出了与 WCET 相关的一些定义。

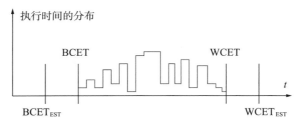

图 5-3　与 WCET 相关的术语

定义 5.9　最坏执行时间（WCET）是程序在任何输入和任何初始执行状态时的最大执行时间。

然而，WCET 的计算是极为困难的。一般情况下，并不能判定 WCET 是否是有界的。从无法判定一个程序是否可终止这一事实来看，这个结论显而易见。因此，仅可对特定程序 / 任务计算 WCET。例如，如果程序没有递归、没有 while 循环以及具有静态已知迭代次数的循环，那么可判定性不是一个问题。但即使存在这些限制，通常也不可能精确地计算出 WCET。对于带有不同竞争类型的现代处理器体系结构的流水线以及具有有限可预测命中率的分层存储结构，两者的影响很难在设计时进行精确预测。为包含中断、虚拟内存以及多处理器的系统计算 WCET 是一个相当大的挑战。如果能够计算出很好的 WCET **上界**，我们就应该感到非常高兴了。

这样的上界通常被称为**估计的最坏执行时间**，或者 $WCET_{EST}$，这样的边界应具有至少两个属性。

1）这些边界必须可靠安全（safe）（$WCET_{EST} \geqslant WCET$）。

2）这些边界必须紧确（$WCET_{EST} - WCET \ll WCET$）。

请注意，"估计的"一词并不表示所得出的时间是不可靠安全的。

有时，降低平均执行时间却不能保证减少 $WCET_{EST}$，这种体系结构的特性会在实时设计中完全被忽略。计算执行时间上的紧确上界[⊖]可能依然很困难。上述的体系结构特性也对

⊖　称为上确界。——译者注

$WCET_{EST}$ 的计算带来了影响。对于多核系统，计算该类边界是极为困难的。实际上，潜在的冲突可能导致多核比相应的单核具有更大的最坏情况边界。

相应地，**最好执行时间**（BCET）以及相应的估计 $BCET_{EST}$ 是以类似的方式定义的。$BCET_{EST}$ 是执行时间上的一个可靠安全的紧确最小边界。

在不了解所生成的汇编代码以及底层体系结构平台时，利用基于 C 等高级语言编写的程序来计算紧确界是不可能的。因此，必须从实际的机器码开始进行安全分析，任何其他方法都会导致不安全的结果。

接下来，我们将更为深入地研究 WCET 估计。该部分内容是基于 R. Wilhelm 所提出的 aiT 工具 [559] 来描述的。aiT 的体系结构如图 5-4 所示。

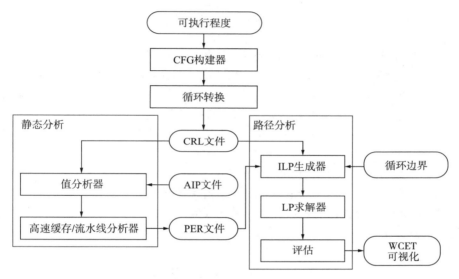

图 5-4　aiT 计时分析工具的体系结构

和我们对高级代码问题的评价一致，aiT 工具从包含被分析代码的可执行对象文件开始。利用这段代码，工具可以解析出一个控制流图（CFG）。接下来，会应用循环转换，这包括了循环与递归函数调用以及虚拟循环展开之间的转换。该展开被称为"虚拟的"，这是因为其在内部执行，且实际上不用修改被执行代码。相应的结果以控制流表示语言（Control flow Representation Language，CRL）的格式进行表示。下一阶段使用不同的静态分析，静态分析读取包含设计人员注解的 AIP 文件，这些注解包含了很难或不可能自动从程序中解析出的信息（例如，复杂循环的边界）。静态分析包括值分析、高速缓存分析以及流水线分析等。

值分析计算寄存器和本地变量中可能值的封闭区间，所得出的信息可用于控制流分析和数据高速缓存分析。通常，地址等值是精确已知的（对于"干净的"代码尤其如此），而且这有助于对存储器进行预测访问。

下一步是**高速缓存与流水线的分析**。我们将给出高速缓存分析的一些细节。假定使用一个 n 路组相联高速缓存（见图 5-5）[⊖]。

　⊖　我们假设学生对高速缓存的概念很熟悉。

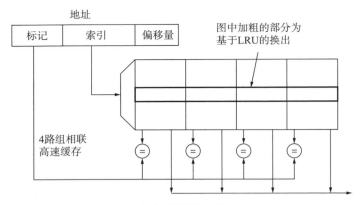

图 5-5   组相联高速缓存（n=4）

我们来看看对应于某个索引的高速缓存中区域（**行**）（图 5-5 中加粗的部分）。假设从该行的换出是由最近最少使用（LRU）策略[一]控制的。这意味着，在特定索引的所有引用中，最近 n 个被引用的内存块会被存储在该行中。我们假设，对于每个索引都有可用且必要的 LRU 管理硬件，并且每个索引的处理都独立于其他索引。在这个假设之下，一个特定索引的全部换出完全独立于对其他索引的决策。这个独立性是极为重要的，因为它允许我们独立地考虑每个索引。

现在来看一个行以及一个特定索引。假设对于每种高速缓存方式（列），我们拥有潜在条目的信息。那么，在访问一个特定索引时将会发生什么？首先，我们来考虑已知位于高速缓存中变量 e 的访问。经过访问之后，该变量就成为已知的最年轻的变量（见图 5-6）。假设左侧条目比右侧的年轻。

图 5-6   对变量 e 的访问使其成为最年轻的

现在，假设我们要访问还未在高速缓存中存储的某个变量（假定 c），这个访问将从高速缓存中移除最老的条目（见图 5-7）。

图 5-7   对变量 c 的访问造成了 f 的换出

另外，再考虑控制流合并。关于合并之后部分高速缓存的内容，我们了解哪些？我们必须区分可能性和必要性类型的信息及其相应的分析。必要性分析（must-analysis）给出了**必须**在高速缓存中存储的条目，该信息对于计算 WCET 很有用。可能性分析（may-analysis）确定**可能**会存在于高速缓存中的条目，这个信息通常被用来断定某些信息肯定不在高速缓存中，之后，在计算 BCET 期间使用这些信息。作为必要性分析和可能性分析的一个示例，我们考虑一下控制流合并处的必要性信息。图 5-8 给出了相应的情形。在图 5-8 中，假设内存对象 c 是要合并的路径中最年轻的对象，a 是另一条路径上最年轻的对象。相应地，可定义

[一]   令人很遗憾的是，该策略对于处理器通常是不可用的。

其他条目的未使用时间。通过合并后的"最差"情况,我们能了解什么?对于两条路径,仅当某个条目确保都位于高速缓存中,才保证其在高速缓存中。这意味着,内存对象的**交叉**(intersection)定义了合并之后的必要性分析结果。作为最坏情况,我们必须假定两条路径上的**最大年龄**⊖。图 5-8 给出了结果,这个分析为每个高速缓存路径使用了多组条目。

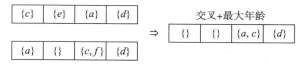

图 5-8　在程序合并处 LRU 高速缓存的必要性分析

现在我们来看控制流合并处的可能性分析,图 5-9 描述了这一情形。某个对象若存在于待合并的两条路径之一的高速缓存中,则其可能会在合并之后的高速缓存中。因此,合并后可能出现在高速缓存中的一组对象会由合并之前的对象的**并集**构成,该对象位于高速缓存中。作为最好情况,我们在合并之前使用**最小年龄**⊖。图 5-9 给出了这个结果。

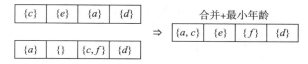

图 5-9　在程序合并处 LRU 高速缓存的可能性分析

静态分析也包括流水线分析,流水线分析必须计算在机器流水线中执行代码所需周期数的安全边界。Hahn 等[190] 和 Thesing[511] 解释了流水线分析的细节。静态分析的结果由每个程序基本块执行时间的边界组成。如图 5-4 所示,这些结果被写入 PER 文件。

aiT 的下一阶段利用这些边界来得出整个程序的 WCET$_{EST}$ 值,使用一个**整数线性规划**(ILP)模型,包括如下两类信息。

- **目标函数**:在 ILP 建模的应用中,该函数代表了总执行时间。这个时间是由式 $\sum_{基本块} e_i f_i$ 来计算的,其中,e_i 是基本块 i 的最坏执行时间(在静态分析期间计算),f_i 是最坏执行计数。只有一部分计数可以自动确定,并且,可能需要由设计人员提供的附加信息(如循环边界)。
- **线性约束**:在 ILP 建模的应用中,这些约束反映了控制流图的结构。

示例5.1　我们来看看如下所示的简单代码:

```
int main() { int i,j=0;
  _Pragma("loopbound min 100 max 100")              /* 边界分析的提示 */
  for(i=0; i<100; i++) {
    if(i<50) j+=i;
    else j+=(i*13) % 42  }
  return j; }
```

图 5-10a 给出了对应于这个小程序的控制流图(CFG),该图由附加的 start 和 exit

⊖　最大未使用时间。——译者注
⊖　最小未使用时间。——译者注

节点进行扩展。节点 _L1 反映 for 测试，_L3 是 if 测试，_L4 和 _L5 是 if 语句的两种情形，_L6 是合并操作。变量 x0～x20 表示块的执行次数以及块之间的迁移次数。例如，从 main 转换到 _L1 节点共有 x6 次，且执行该目标节点 x7 次。假设每个基本块的 WCET 分析已在图 5-10b 中列出。如下是 ILP 约束的一个部分列表。

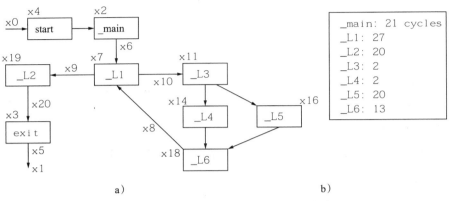

图 5-10 示例程序。a）扩展的控制流图；b）基本块的 WCET$_{EST}$

```
01: 21 x2 + 27 x7 + 2 x11 + 2 x14 + 20 x16 + 13 x18 + 20 x19;   /* 目标 */
02: x7 - x8 - x6=0;                              /* 进入 CFG 节点 _L1 的流约束 */
03: x7 - x9 - x10=0;                             /* 离开 CFG 节点 _L1 的流约束 */
04: x7 - 101 x9 >=0;                             /* _L1 最小循环边界的约束 */
05: x7 - 101 x9 <=0; ...                         /* _L1 最大循环边界的约束 */
06: x0 - x4=0;                                   /*CFG 启动的约束 */
07: x2 - x4=0;                                   /* 进入 _main 函数的流约束 */
08: x2 - x6=0;                               /* 离开 CFG 节点 _main 的流约束 */
09: ...
```

01 行是成本函数，其他所有行则建模反映该图结构的约束。我们来看节点 _L1，02 和 03 行给出了该节点的约束，分支到该节点的次数（x6＋x8）等于其执行次数（x7），从该节点离开的次数（x9＋x10）也等于其执行次数。04 和 05 行给出了循环迭代的次数，这个数字是从代码的编译指示中得出的。06 行描述了一个事实，start 节点的执行次数与分支到该代码的次数完全相同。其他行以类似的方式反映了这个结构。　　▽

可以采用某个标准的 ILP 求解器来求解 ILP 问题。目标函数的最大化会生成 WCET 的一个可靠安全上界。

这种建模执行时间的技术被称为**隐含路径枚举**，因为其避免了枚举大量潜在执行路径的问题。

aiT 以注解控制流图的方式可视化结果。设计人员可以利用这些图对在设计系统进行优化。

多核的 WCET 分析方法非常少[252, 253, 273]。新概率方法[2]的目标是补充已有的方法，它们通常是以极值理论为基础的[189]。

5.2.3 实时演算

WCET 估计允许我们预测某个算法对于单个输入事件的执行，然而，总的目标会更为全面。总体上，我们应该确保硬件平台能够及时处理事件流（这对于物联网的某些部分很重要）。

这可用蒂勒的**实时演算**（Real-Time Calculus，RTC）进行检验，这个演算（RTC）以描述传入事件的速率为基础[⊖]，这个描述也包括了该速率的波动。为此目的，一个事件序列（或流）的计时特性就可由到达曲线（arrival curves）的元组来表示：

$$\bar{\alpha}^u(\Delta), \bar{\alpha}^l(\Delta) \in \mathbb{R} \geqslant 0, \Delta \in \mathbb{R} \geqslant 0$$

这些曲线分别表示了长度为 Δ 的时间区间内到达事件的最大数量和最小数量。对于所有的 $t \geqslant 0$，在时间区间 $(t, t+\Delta)$ 内到达事件最多为 $\bar{\alpha}^u(\Delta)$ 个，最少为 $\bar{\alpha}^l(\Delta)$ 个。对于某些到达事件的模型，图 5-11 给出了可能的到达事件数量。例如，对于周期为 T 的周期性事件流情形，在时间区间 $(0, T)$[⊖] 内发生的单个事件最多。类似的，在时间区间 $(T, 2T)$ 内，存在两个事件的上界。现在，我们来考虑在 $(0, T)$ 时间区间内的下界。在这个时间区间可能没有事件，因此，该边界为 0。对于时间区间 $(T, 2T)$，必须至少存在一个事件，所以，该边界为 1。对于 $\Delta = 0.5T$，将有至少 0 个、至多 1 个传入事件（见图 5-11a）。对于带有扰动 J 的周期性事件流，这些曲线会被移动相同数量（见图 5-11b）。上界向左移动，下界向右移动，假设该扰动是不累积的。我们在表示传入事件的实体符号上加横杠（如 $\bar{\alpha}$）。

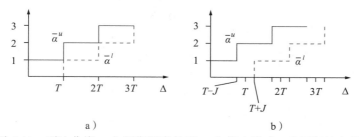

图 5-11　到达曲线。a）周期性事件流；b）带有扰动 J 的周期性事件流

可用的计算与通信服务能力可由服务函数来描述：

$$\beta^u(\Delta), \beta^l(\Delta) \in \mathbb{R} \geqslant 0, \Delta \in \mathbb{R} \geqslant 0$$

这些函数允许我们对可用服务能力有波动的情形进行建模。图 5-12 给出了某个时分多址（TDMA）总线的通信能力。以周期 T 对总线进行周期性分配。总线仲裁在一个时间窗口的 s 时间单元内分配该总线。在这个时间窗口中，总线获得一个大小为 b 的带宽。如果在开始观测时已准确地分配了总线，就可以获得其上界。之后，转换的数量会线性地增长。如果我们开始观察了 Δ 时间后总线正好被取消分配，此时可以获得下界。随后，我们必须等待 $T-s$ 个时间单元，直到总线再次被分配。

要想确定被建模系统的（外部）到达事件流的 $\bar{\alpha}$ 和 β，我们就需要不同的方法。它们的计算并不是 RTC 中的一部分。相反，系统中所生成事件的边界是从演算中得来的（见下文）。

⊖　我们对实时演算的介绍以 Zurawski 编写书籍 [513] 中蒂勒（Thiele）所阐述的内容为基础，由此得出的系统级考量被称为模块化性能分析（MPA）。

⊖　我们忽略了在 $\Delta = nT$ 处对不连续性的细致讨论。

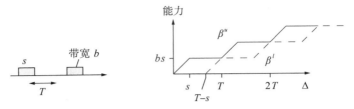

图 5-12   TDMA 总线的服务函数

到目前为止，还没有关于每个传入事件所需**工作负载**的任何信息。对于每个传入事件序列 e，该工作负载是通过附加函数 $\gamma^u(e)$，$\gamma^l(e) \in \mathbb{R}^{\geqslant 0}$ 来表示的。这些信息可由每个事件所需代码的执行时间边界演算得出。图 5-13 给出了该类函数的一个示例。这个示例基于这样的假设，处理单个事件需要 3～4 个时间单元。相应地，单个事件的工作负载在 3～4 个时间单元之间变化，两个事件的工作负载则在 6～8 个时间单元之间变化，等等。点虚线不是该函数的一部分，因为其仅被定义为整数个事件。现在，很容易计算出一个传入事件流所产生的工作负载，上界和下界可分别由如下两个函数来表示。

$$\alpha^u(\Delta) = \gamma^u(\overline{\alpha}^u(\Delta)) \tag{5.3}$$

$$\alpha^l(\Delta) = \gamma^l(\overline{\alpha}^l(\Delta)) \tag{5.4}$$

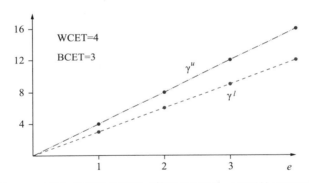

图 5-13   工作负载特性描述（使用 $WCET_{EST}$ 而不是 WCET）

应该有足够的计算或通信能力来处理该工作负载。可由下式计算能够以当前计算能力来处理事件的数量。

$$\overline{\beta}^u(\Delta) = (\gamma^l)^{-1}(\beta^u(\Delta)) \tag{5.5}$$

$$\overline{\beta}^l(\Delta) = (\gamma^u)^{-1}(\beta^l(\Delta)) \tag{5.6}$$

式（5.5）和式（5.6）使用函数 γ^u 和 γ^l 的逆函数，从而将可用能力的边界（以实际时间单元进行测量）转换为可以被处理事件的数量所测量的边界。

基于这些信息，可能从传入事件流得出传出事件流的属性。假设传入事件流的边界表示为 $[\overline{\alpha}^l, \overline{\alpha}^u]$。那么，我们就可以计算传出事件流的特性，如传出事件流的相应边界为 $[\overline{\alpha}^{l'}, \overline{\alpha}^{u'}]$、其他可用任务、剩余服务能力等。剩余服务能力是通过将服务曲线 $[\overline{\beta}^l, \overline{\beta}^u]$ 转换为服务曲线 $[\overline{\beta}^{l'}, \overline{\beta}^{u'}]$ 得来的（见图 5-14），可用于在相同处理器上执行的低优先级任务。

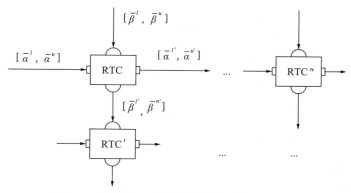

图 5-14　由实时组件转换的事件流和服务能力

如蒂勒等所述，传出流以及剩余服务能力受如下函数的限制 [513]：

$$\bar{\alpha}^{u\prime}=[(\bar{\alpha}^u\otimes\bar{\beta}^u)\,\overline{\oslash}\,\bar{\beta}^l]\wedge\bar{\beta}^u \tag{5.7}$$

$$\bar{\alpha}^{l\prime}=[(\bar{\alpha}^l\,\overline{\oslash}\,\bar{\beta}^u)\otimes\bar{\beta}^l]\wedge\bar{\beta}^l \tag{5.8}$$

$$\bar{\beta}^{u\prime}=(\bar{\beta}^u-\bar{\alpha}^l)\,\overline{\oslash}\,0 \tag{5.9}$$

$$\bar{\beta}^{l\prime}=(\bar{\beta}^l-\bar{\alpha}^u)\,\overline{\otimes}\,0 \tag{5.10}$$

这些公式中使用的运算符定义如下：

$$(f\otimes g)(t)=\inf_{0\leqslant u\leqslant t}\{f(t-u)+g(u)\} \tag{5.11}$$

$$(f\,\overline{\otimes}\,g)(t)=\sup_{0\leqslant u\leqslant t}\{f(t-u)+g(u)\} \tag{5.12}$$

$$(f\,\overline{\oslash}\,g)(t)=\sup_{u\geqslant 0}\{f(t+u)-g(u)\} \tag{5.13}$$

$$(f\,\oslash\,g)(t)=\inf_{u\geqslant 0}\{f(t+u)-g(u)\} \tag{5.14}$$

∧表示最小化运算。

本质上，这些公式刻画了传出流和能力特性。这些公式是从通信理论中得来的，网络演算 [313] 中给出了这些公式的证明。使用这些公式的最为便捷的方法是下载 MATLAB 工具箱 [536]。

相同的理论也允许计算相关延迟，这些延迟是由实时组件以及临时存放传入 / 传出事件所需的缓冲区大小而产生的。在这种方式下，系统性能和其他特性就可从有关组件的信息中计算得出。

Henia、Ernst 等提出了第二种性能分析方法。在这种被称为 SymTA/S 的方法中 [203]，蒂勒所给出方法中的不同曲线被标准事件流（如周期性事件流、带有随机抖动的周期性事件流以及具有突发的周期性事件流等）模型所替代。SymTA/S 显式支持实时研究中已知的不同类型分析技术的组合与集成。

5.3　质量度量

5.3.1　近似计算

有时候，计算某个算法的最佳输出可能需要大量的资源（包括计算时间、能量、热余量等）。对于一些应用，实际上并不需要最佳可能输出，这是因为用户不可能识别出细微的质量下降。这可用于资源受限的环境，以对输出质量与所需资源进行折中。实际输出与最佳输出之间存在一定的偏差，这是可接受的，例如，对于有损耗的音频、视频及图像编码便是如此。这促使我们考虑近似计算。

定义 5.10 可以容忍某个算法的输出与最佳结果之间存在一定偏差的计算被称为近似计算[380]。

使用近似计算，就必须将所生成的输出质量当作一个目标来考虑。令人遗憾的是，要评估某个生成结果的质量并非易事，同时，可能要采用多个度量标准。

5.3.2 简单的质量标准

每当真实输出（或者，最佳输出）已知时，就可以采用某些简单的度量标准。假设 $x_1, \cdots, x_n$ 是某个信号 x 在离散时间内的 n 个采样，此外，假设我们要测量或计算近似值 $y_1, \cdots, y_n$，而不是真实值（或最佳值）$x_1, \cdots, x_n$。

那么，第一个度量标准（即均方误差（MSE））的定义为如下形式。

定义 5.11 均方误差（MSE）定义为：

$$\text{MSE}(x, y) = \frac{1}{n}\sum_{i=1}^{n}(x_i - y_i)^2 \tag{5.15}$$

第二个度量标准是均方根误差。

定义 5.12 均方根误差（RMSE）定义为：

$$\text{RMSE}(x, y) = \sqrt{\frac{1}{n}\sum_{i=1}^{n}(x_i - y_i)^2} \tag{5.16}$$

RMSE 具有与测量值和真实值之差相同的维度，但不能将其与如下定义的"平均误差"相混淆。

定义 5.13 平均绝对误差定义为：

$$\text{MAE}(x, y) = \frac{1}{n}\sum_{i=1}^{n}|x_i - y_i| \tag{5.17}$$

对于所测信号 y 到真实值 x 的相同偏差，MAE 与 RMSE 相等。然而，RMSE 侧重于真实值与测量值之间的大偏差（也称为离群点，outlier）。

前文已给出了信噪比的定义。接下来，我们定义峰值信噪比（Peak-Signal-to-Noise Ratio），其与信噪比类似。令 x 是一个信号，$x_{\max}$ 是其最大值，y 是其噪声近似。

定义 5.14 峰值信噪比（PSNR）的定义如下：

$$\text{PSNR}(x, y) = 10\lg\left(\frac{x_{\max}^2}{\text{MSE}(x, y)}\right) \tag{5.18}$$

$$= 20\lg\left(\frac{x_{\max}}{\text{RMSE}(x, y)}\right) \tag{5.19}$$

和 SNR 一样，PSNR 以分贝（dB）为单位。

以上值的计算并不难，但它们并不能表达人们对某些误差的感受[278]。众所周知，真实值和计算的信号值之间的某些偏差很难被人们注意到。这是有损编码技术（如 MP3、JPEG 或数字电视等标准）的基础。到目前为止，没有一个度量指标能够反映出人们对偏差的感受，接下来，我们将讨论**通用图像质量指标**（UIQI）[539]。该指标尝试捕捉图像结构中的变化，因为人眼对其非常敏感。我们将针对灰度图像给出该指标的计算方法。需要计算以下几个值[278]：

$$\mu_x = \frac{1}{n}\sum_{i=1}^{n} x_i \tag{5.20}$$

$$\mu_y = \frac{1}{n}\sum_{i=1}^{n} y_i \tag{5.21}$$

$$\ell(x, y) = \frac{2\mu_x\mu_y}{\mu_x^2 + \mu_y^2} \tag{5.22}$$

式（5.20）和式（5.21）计算每幅图像的平均亮度，这些平均值用来计算 $\ell(x, y)$。对于平均亮度相同的图像，$\ell(x, y)$ 等于 1；否则，该值将小于 1。

此外，我们考虑方差。式（5.23）和式（5.24）计算每幅图像的对比度，然后这些均值用来计算 $c(x, y)$。对于平均对比度相同的图像，$c(x, y)$ 等于 1；否则，该值将小于 1。

$$\sigma_x = \sqrt{\frac{1}{(n-1)}\sum_{i=1}^{n}(x_i - \mu_x)^2} \tag{5.23}$$

$$\sigma_y = \sqrt{\frac{1}{(n-1)}\sum_{i=1}^{n}(y_i - \mu_y)^2} \tag{5.24}$$

$$c(x, y) = \frac{2\sigma_x\sigma_y}{\sigma_x^2 + \sigma_y^2} \tag{5.25}$$

式（5.26）计算两幅图像的互相关性：

$$\sigma_{x, y} = \frac{1}{n-1}\sum_{i=1}^{n}(x_i - \mu_x)(y_i - \mu_y) \tag{5.26}$$

$$s(x, y) = \frac{\sigma_{x, y}}{\sigma_x\sigma_y} \tag{5.27}$$

由式（5.27）计算 $s(x, y)$ 所得出的正值表示两幅图像有良好的相关性，负值则对应于逆相关性。

之后，就可用式（5.28）来计算总的质量指标。对于相同的图像，$Q = 1$，对于逆相关的图像，Q 为负值：

$$Q(x, y) = \frac{2\mu_x\mu_y}{\mu_x^2 + \mu_y^2} \times \frac{2\sigma_x\sigma_y}{\sigma_x^2 + \sigma_y^2} \times \frac{\sigma_{x, y}}{\sigma_x\sigma_y} \tag{5.28}$$

考虑图像的全局相关性是没有意义的，因为特定块中的某些逆相关已经提供了对该图像的负面印象。因此，式（5.28）仅对像素块进行计算。全局的 UIQI 值考虑不同块中的 Q 值。

结构相似性指标（SSIM）[540] 是 UIQI 目标的一个扩展。

Kühn 比较了不同的度量标准并发现没有哪一个真正比其他的都好[278]。他建议，在实际中应该计算这些度量标准中的某几个，并且在实践中对其进行细致的比较。Mittal 也阐述了一些有用的目标[380]。

数字通信中，比特误码率（BER）是一个重要的度量标准。

定义 5.15   比特误码率（BER）是出错比特数量除以通信总比特数的比率。

5.3.3 数据分析的标准

数据分析中，算法的输出总是统计化的。在某种程度上，我们正在处理的是近似计算，即使在这里并未使用这个术语。

对数据分析而言，目标分类是非常常见的目标。令 X 是我们想要分类的一组对象，且假设限定于二元分类。例如，考虑在海滩找寻琥珀的情况。令人遗憾的是，白磷是在诸如波罗的海等地发现的炸弹残留物，看起来很像琥珀，但当其干燥后会在 1300℃高温时突然燃烧。因此，将这些发现物归类为琥珀或者白磷就是一项非常专业的任务（缺乏经验的人不应触碰这样的东西）。

在这种环境中，存在 4 种可能的情况。

- **真阳性**（TP）：将某个对象归类为琥珀，而且它就是有价值的琥珀。
- **假阳性**（FP）：将某个对象归类为琥珀，但它实际上是危险品。
- **真阴性**（TN）：将某个对象归类为危险品，它就是危险品。
- **假阴性**（FN）：将某个对象归类为危险品，但它实际上是有价值的琥珀。

绝对数量必须相互关联。因此，定义了如下度量标准。

定义 5.16 **精确度** p 被定义为如下分数形式：

$$p = \frac{TP}{TP + FP} \tag{5.29}$$

在寻找琥珀的示例中，我们的目标精确度是 1，因为谁也不想被烧伤。

定义 5.17 **召回率**（recall，或者**灵敏度**，sensitivity）r 被定义为如下形式：

$$r = \frac{TP}{TP + FN} \tag{5.30}$$

为了获得好的精确度，我们必须接受一些假阴性（例如，琥珀被分类为白磷）。

定义 5.18 **准确度** acc 的定义为如下分数形式：

$$acc = \frac{TP + TN}{TP + FP + TN + FN} \tag{5.31}$$

在寻找琥珀的示例中，我们可以容忍非最优的准确度，因为让假阳性尽可能接近于零是非常重要的，所以，我们可能会得出一些假阴性的结果。

定义 5.19 **特异度**被定义为如下分数形式：

$$specificity = \frac{TN}{TN + FP} \tag{5.32}$$

定义 5.20 **F1 分数**或 **F 值**[⊖]被定义为精确度和召回率的调和平均数：

$$F1 = 2\frac{pr}{p + r} \tag{5.33}$$

在更为普遍的情形中，**服务质量**（QoS）是另一个为人们所知的度量标准。它一般与通信通道的质量相关联，在通信通道中比特误码率、延迟和带宽都是衡量质量的指标。

⊖ 统计学中用来衡量二分类模型精确度的一种指标。——译者注

在更为宽泛的意义上，我们不仅要考虑这些技术参数，也要考虑用户的整体体验。这是由**体验质量（QoE）**来体现的，它是指涵盖了用户所关心的全部方面的整个用户体验。用于评估总体体验质量的度量标准也有很多 [383]。

5.4　能量和功率模型

5.4.1　一般属性

能量模型和**功率模型**对于评估相应的目标是必要的。旨在降低功率和能耗的优化需要这样的模型，尝试降低运行温度以及提升可靠性的优化也需要它们。功率估计可用于**电源管理**算法中。

从式（3.13）可知，能量模型和功率模型密切相关。一般情况下，我们可以使用以下几种方式。

基于实际硬件的测量。测量可以有非常高的精度，但它们仅适用于手中的硬件。电压的测量通常并不困难也不需要复杂的过程。电流的测量可以用电流钳或分流器电阻来完成。**电流钳**必须夹在供电线缆的一条导线上，它们测量由流过电缆的电流所产生的磁场。这种方法的优点在于，无须断开电源线路且电源到待分析设备的连接保持不变。不足之处是，电流钳无法实现精确测量。

图 5-15a 给出了一个带有**分流器**的常见电路。与使用简单的电流表相比，使用分流器电阻的优势在于，分流器可以集成到电源线路中，而电流表的线缆可能会让装置易受到噪声的影响。

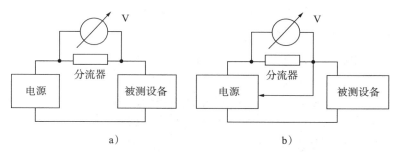

图 5-15　测量电流。a）2 线连接；b）反馈至电压调节器

由于分流器电阻，流入在测设备的电流将引起分流器两端的电压下降，该电压可被测量出来，进而基于欧姆定律计算出电流。找出合适的分流器电阻是一个问题。如果该电阻阻值过大，则提供给在测设备的电压就会低于原始电压，甚至会导致其无法工作。如果该电阻过小，分流器两端的电压将因太小而无法可靠地进行测量，同时会受到大量噪声的干扰。选择合适的电阻取决于流经在测设备的电流。如果该电流的变化很大，那么可能需要采用多个分流器电阻并根据实际电流大小进行切换。当使用稳压电源且调节器的反馈输入可连接到设备的实际供电电压上时（见图 5-15b），有关压降的问题可部分地得到避免。之后，该电源尝试将设备上的电压保持在标称水平。然而，穿过分流器两端的电压会被回流至电压调节器输入上的电流所影响。

令人遗憾的是，并非设备内的每个组件都具有独立的供电引脚或线路，而且，我们仅能计算出被该设备消耗的总电流。为了获得不同组件的电流消耗的相关信息，我们可能要以特定方式来激励该设备。

模型。即使是还没有可用实际硬件的时候，也可以使用模型，但它们可能不精确。模型必须要经过验证，否则它们将仍然存在很大的问题。对于许多可用的功率模型和能量模型，可以找到两种验证方法：一种是使用在较低层次抽象上的更细致的模型来验证这些模型；另一种是将它们与实际设备的测量值进行比较，从而得出一个混合模型。与测量进行对比的验证需要一个方法以选择模型参数。通常，选择线性模型并使用最小二乘法来选择参数（按照式（5.15）来最小化 MSE）。采用这种方法的曲线拟合在 MATLAB 等数学工具箱中是很常见的。推荐用机器学习来进行参数选择。

对于能耗建模，并不存在一个适合所有情形的解决方案。相反，常用的方法是将建模思想进行组合以满足选定工作的需要。因此，我们将讨论一些功率模型的典型示例，并希望读者能找出最适合他／她的约束的方法组合。

5.4.2　存储器分析

正如在 3.4 节中所描述的，高速缓存以及其他存储器的能耗可以用 CACTI 来计算[391, 561]。CACTI 假定有一个抽象的存储器布局，从该布局中提取出电容，然后计算访问时间、周期时间、面积、泄露以及动态功耗。具有相同内存的更详细层次的模型（使用 SPICE[496] 作为该级别的求解器），已对 CACTI 进行了验证。目前（2017 年），最新的 CACTI 版本（6.5 版）已在 http://www.hpl.hp.com/research/cacti/ 发布。最近的增强包括了对互连关系的详细建模以及对非统一内存访问的建模，发射器和读出放大器的模型也已包含在内。同样，可以指定所采用的体系结构参数和工艺参数。Web 接口以及可修改的 C＋＋版本已经可用。目前只有C＋＋版本是最新的。

5.4.3　指令和指令间影响分析

早期的一个功率模型是由 Tiwari[519] 提出的，该模型包括了基础成本和指令间成本。如果执行一条指令的无限实体序列，那么，这条指令的基础成本就对应于每条指令执行所消耗的能量。通过运行由 120 条相同指令和 1 条返回该序列开始位置的分支指令所组成的程序，就可计算出基础成本。这样设计程序不会出现失速周期。这要求添加非操作指令以及某些简单的计算，以消除由它们引起的能耗。

指令间成本建模了指令改变时处理器所消耗的额外能量，这些额外能量是被需要的，例如，要打开或关闭功能单元。指令间成本反映了初始的电路状态对一条指令总体能耗的影响。这些成本可以通过运行一个程序来计算，该程序包含一个指令对的交替序列。

基础成本和指令间成本是通过不产生任何缓存未命中的程序来计算的。缓存未命中的影响必须被添加至这两个成本中，这就需要缓存未命中率和存储器访问能量的相关知识。存储器能量取决于被访问的地址，没人尝试静态地预测存储器地址，因此，这个值仅能在程序执行期间动态确定。

该模型已被应用于两个实际系统之中，一个是 intel 486 DX2，另一个是 Fujitsu SPARClite 934。电流测量已被用来校正该模型。

5.4.4　主功能处理器单元分析

Wattch 功率评估工具 [72] 在体系结构层评估微处理器系统的功耗，使用 SimpleScalar 模拟器来模拟处理器，SimpleScalar 被配置用来尽可能接近地建模所使用的处理器。流水线阶段和功能单元的数量通常被正确地建模，而对于某些更专业的特性可能并非如此。Wattch 是以我们可以在微处理器中找到的不同组件的详细能耗信息为基础的。运行期间，SimpleScalar 保持对被调用功能单元的跟踪，Wattch 则利用这些信息来计算总体能耗。

Wattch 比 Tiwari 的指令集级方法需要更多有关体系结构的信息，比如说，Wattch 在存储器中包含了关于自己的详细的能耗模型。同样，时钟也被显式地考虑了，在使用门控时钟时也包括了条件时钟。

在参考文献 [72] 中，已经验证了 3 种不同处理器的结果。

5.4.5 处理器与存储器能耗分析

Steinke 等 [487] 所给出的模型细节的层次介于 Tiwari 和 Wattch 的之间。首先，该模型考虑了在 CPU 和存储器中指令和数据的能耗总和：

$$E_{total} = E_{cpu\_instr} + E_{cpu\_data} + E_{mem\_instr} + E_{mem\_data} \tag{5.34}$$

随后，这四项中的每一项都可由详细的方程计算得出。如下的符号用于这些方程之中：m 是所考虑的指令数量；$w(b)$ 返回其参数中的指令数（代码或数据）；$h(b_1, b_2)$ 返回两个参数之间的汉明距离；dir 表示数据的传输方向；α_i 和 $\beta_i (i \in \{1, \cdots, 10\})$ 是利用所测能量拟合曲线计算得出的常数。使用这些符号，E_{cpu_data} 就可由下式计算：

$$E_{cpu\_data} = \sum_{i=1}^{m} \{\alpha_5 \ w(DAddr_i) + \beta_5 \ h(DAddr_{i-1}, DAddr_i) \\ + \alpha_{6,dir} \ w(Data_i) + \beta_{6,dir} \ h(Data_{i-1}, Data_i)\} \tag{5.35}$$

其中 $Data_i$ 是指令 i 中所使用的数据值，$DAddr_i$ 是其地址。

此外，我们来考虑 E_{mem_data}，仅当真正从主存中装载数据的时候此项才是相关的。

$$E_{mem\_data} = \sum_{i=1}^{m} \{BaseMem(DataMem, dir, Word\_width) \\ + \alpha_9 \ w(DAddr_i) + \beta_9 \ h(DAddr_{i-1}, DAddr_i) \\ + \alpha_{10,dir} \ w(Data_i) + \beta_{10,dir} \ h(Data_{i-1}, Data_i)\} \tag{5.36}$$

其中 BaseMem 是访问 dir 方向上特定宽度内存对象的基础成本。

E_{mem_instr} 可由下式计算：

$$E_{mem\_instr} = \sum_{i=1}^{m} \{BaseMem(InstrMem, Word\_width_i) \\ + \alpha_7 \ w(IAddr_i) + \beta_7 \ h(IAddr_{i-1}, IAddr_i) \\ + \alpha_8 \ w(IData_i) + \beta_8 \ h(IData_{i-1}, IData_i)\} \tag{5.37}$$

其中，BaseMem 是从指令存储器中访问特定宽度存储器字的基础成本；$IAddr_i$ 是指令的地址；$IData_i$ 是指令 i 本身。

E_{cpu_instr} 可由下式计算：

$$E_{\text{cpu\_instr}} = \sum_{i=1}^{m} \{ \text{BaseCPU}(\text{Opcode}_i) + \text{FUChange}(\text{Instr}_{i-1}, \text{Instr}_i)$$
$$+ \alpha_4 \, w(\text{IAddr}_i) + \beta_4 \, h(\text{IAddr}_{i-1}, \text{IAddr}_i)$$
$$+ \sum_{j=1}^{s} (\alpha_1 \, w(\text{Imm}_{i,j}) + \beta_1 \, h(\text{Imm}_{i-1,j}, \text{Imm}_{i,j})) \qquad (5.38)$$
$$+ \sum_{k=1}^{t} (\alpha_2 \, w(\text{Reg}_{i,k}) + \beta_2 \, h(\text{Reg}_{i-1,k}, \text{Reg}_{i,k}))$$
$$+ \sum_{k=1}^{t} (\alpha_3 \, w(\text{RegVal}_{i,k}) + \beta_3 \, h(\text{RegVal}_{i-1,k}, \text{RegVal}_{i,k})) \}$$

其中，BaseCPU 是 Opcode_i 的基础成本；FUChange() 反映了从指令 $i-1$ 切换到指令 i 时所造成的成本；Imm 表示了对每条指令中至多 s 个立即数的影响；Reg 反映了每条指令中至多 t 个寄存器的寄存器数量；RegVal 表示了每条指令中至多 t 个寄存器值。

要想确定这些常数，就必须设计专门的代码序列，以将能耗分配给公式中的特定项。

示例5.2 如下代码序列允许对执行一条加载字指令所需的能量进行测试：

```
start: lw R1, address
       ...                              /* 大约 50~100 条相同的指令 */
       bra start                        /* 返回 start */
```

由返回到 start 分支所造成的能耗影响可被忽略。不同地址、寄存器数量以及寄存器内容的影响，则可通过改变这些值来研究。例如，我们最初可将所有这些值设置为 0，随后，逐步研究其他值的影响。　　　　　　　　　　　　　　　　　　　　　　　$\triangledown$

在我们的实验中，这些常量是通过在数据上运行一个线性回归方法来确定的。我们发现，数据中 1 的数量会有重要的影响，这是 Tiwari 的模型所未注意到的。

5.4.6 整体应用分析

Odroid XU3[196] 平台（见图 5-16）包括了多个电流传感器。这些传感器可以在应用执行期间精确地测量功耗，分别测量 ARM 大核（big core）、小核（little core）、GPU 和 DRAM 的功耗。这种可能性被诸多研究人员所利用。例如，Neugebauer 等[397] 已经将 Odroid XU3 处理器集成到他们面向某个应用的设计空间探索之中。因此，设计空间探索就是基于所消耗能量的实际分析的。这个方法消除了对精确度未知的模型的使用。XU3 所启用的整个设计空间探索方法如图 5-17 所示。

图 5-16　Odroid XU3

设计空间探索以进化算法为基础，特定解的评估则以 XU3 上代码的实际执行为基础。令人遗憾的是，Odroid XU3 已经停产，被不提供电流传感器的 XU4 所替代。

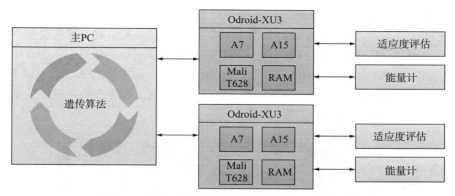

图 5-17　基于实际测量的进化算法与适应度评估

5.4.7　支持多线程的多应用分析

Kerrison 和 Eder 分析了面向实时应用所设计的 XMOS XS1-L 多线程处理器的能耗[277]。该处理器的一个特性是有硬件支持的多线程机制：其在硬件中执行 4 个线程间的快速上下文切换。其中一个研究问题是：线程之间的硬件上下文切换开销有多大？鉴于实际硬件的可用性，可以通过实际测量来回答这个问题。XMOS XS1-L 的功耗可用插接到电源线的分流器电阻来计算，该电阻被连接到 INA219 功率测量芯片上（见 http://www.ti.com/product/ina219）。运行在该处理器上的软件是由第二个处理器控制的。它表明，当所有 4 个硬件线程都被使用时，就会达到最佳的能源效率。然而，硬件多线程会引起诸多载入 / 载出操作以

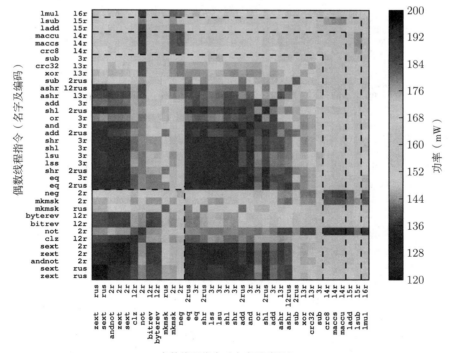

图 5-18　8 位数据的多线程功率分析，© Kerrison, Eder

及相应的能耗。有意思的实验结果包括了执行指令对能耗所造成影响的分析，图 5-18 所示为 8 位数据的情形。图 5-19 给出了 16 位数据时的相应信息，图的两个维度分别编码了以奇数和偶数个线程运行的应用。在这些图中，操作数数量的改变是由虚线表示的，带有 3 个或更多个操作数的指令标示在每个图的顶部以及右侧。显然，消耗的能量会随着操作数的数量增加而增长。图 5-19 表明，处理 16 位数据较处理 8 位数据需要更多的能量。为了优化嵌入式软件，Kerrison 等采用了这个结论。

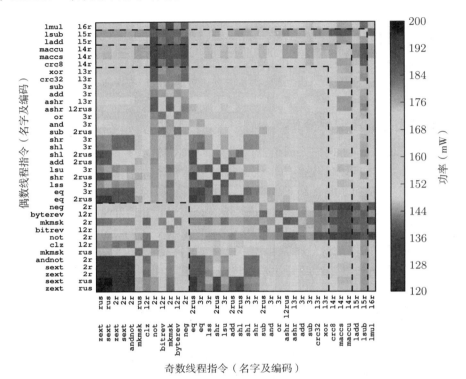

图 5-19　16 位数据的多线程功率分析，© Kerrison, Eder

5.4.8　Android 手机中的通信分析

Zhang 等 [583] 描述了针对 HTC Android 手机的功率模型构建技术，称为 PowerBooter。该技术使用了如下公式：

$$
\begin{aligned}
E =\ & (\beta_{\text{uh}}\, \text{freq}_h + \beta_{\text{ul}}\, \text{freq}_l)\, \text{util} + \beta_{\text{CPU}}\, \text{CPU}_{\text{on}} \\
& + \beta_{\text{br}}\, \text{brightness} + \beta_{\text{Gon}}\, \text{GPS\_on} + \beta_{\text{Gsl}}\, \text{GPS\_sl} \\
& + \beta_{\text{WiFi\_l}}\, \text{WiFi}_l + \beta_{\text{WiFi\_h}}\, \text{WiFi}_h + \beta_{\text{3G\_idle}}\, 3G_{\text{idle}} \\
& + \beta_{\text{3G\_FACH}}\, 3G_{\text{FACH}} + \beta_{\text{3G\_DCH}}\, 3G_{\text{DCH}}
\end{aligned}
\tag{5.39}
$$

其中，$\beta_{..}$ 表示待确定常数；freq_i 表示 CPU 频率；util 表示 CPU 利用率；CPU_{on} 表示处理器利用率；brightness 表示考虑到照明；GPS.. 表示与 GPS 使用相关；WiFi_l 表示 Wi-Fi 处于低速模式的总时间；WiFi_h 表示 Wi-Fi 处于高速模式的总时间；$3G_{\text{3G\_idle}}$ 表示 3G 空闲的总时间；$3G_{\text{FACH}}$ 表示使用共享 3G 通道的总时间；$3G_{\text{DCH}}$ 表示使用专用 3G 通道的总时间。

显然，PowerBooter 从硬件实现中抽象出了更多细节。请注意，PowerBooter 也包括了通信，这在之前的模型中未被考虑。与之前一样，参数是通过测量特定设置下的电流以及使用某种曲线拟合方法来确定的，测量则是通过 Monsoon 功耗测试仪来完成的（见 http:// www.msoon.com/LabEquipment/PowerMonitor/）。

这种模型构建技术与电池模型一起组合使用，就会预测出电池的使用时间。所得到的信息可用于名为 PowerTutor 的工具中。PowerTutor 旨在为使应用程序适应不同硬件平台提供支持，并帮助应用开发人员在他们的应用中使用节能技术，同时无须深入挖掘可用硬件的特性。

Dusza 等[138]给出了移动电话的另一个能耗模型。一些商用工具中也提供了功率或能量的估计功能。

到目前为止，所考虑的全部能耗模型都是为建模功耗或能耗的**平均情况**而设计的，这里，仍然需要对"平均情况"进行说明。计算所得的模型可能仅适合某些输入或某些初始状态。平均情况的结果对于预测某些时间区内的温度和电池的工作时间是有用的。

5.4.9　最坏情况能耗

在某些情形下，人们对**最坏情况**的功耗或能耗充满兴趣。

定义 5.21　嵌入式系统的**最坏情况能耗**（WCEC）被定义为最大能耗，是对于所有输入和初始状态计算出的最大能耗。

定义 5.22　嵌入式系统的**最坏情况功耗**（WCPC）被定义为最大功耗，是对于所有输入和初始状态计算出的最大功耗。

WCPC 与连线尺寸及电源大小有关，WCEC 则与电池系统的设计有关。我们需要保证所选电池系统满足 WCEC 需求。WCEC 的安全上界可由式（5.40）计算得出：

$$\text{WCEC} \leqslant \int_0^{\text{WCET}} \text{WCPC}\, \mathrm{d}t = \text{WCET} \times \text{WCPC} \qquad (5.40)$$

更为严格的 WCEC 评估技术已被提出，如 Jayaseelan 等[259]、Pallister 等[421]以及 Wägemann 等[535]。

5.5　热模型

嵌入式系统对更高性能的追求增加了组件发热的可能。嵌入式系统中不同组件的温度可能会对它们的可用性产生严重影响，如传感器的读出。在最坏情况下，过热的组件会对其他系统造成危害，例如，可能引起火灾。热的组件也可能会产生其他影响，即使是没有立即产生故障。例如，系统的寿命有时会因大的因数影响而缩短。

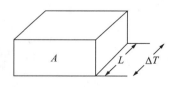

图 5-20　厚度为 L 的板子

嵌入式系统的热行为与电能到热的转换密切相关，因此，热模型常常与能量模型相关。热模型是基于物理学定律的。

来看一块由特定材料制成的匀质平板，其面积为 A，厚度为 L（见图 5-20）。

假设平板正反两面之间的温差为 ΔT，那么，通过该平板的热功率等于

$$P_{th} = \kappa \frac{\Delta T \times A}{L} \qquad (5.41)$$

其中，P_{th} 表示转移的热功率；κ 表示热导率；A 表示面积；ΔT 表示温差；L 表示厚度。

定义 5.23   基于式（5.41），我们可以将**热导率** κ 定义为：当单位面积、单位厚度的某种平板的正反面相差一个温度单位时（常用 Kelvin[⊖]），传输通过该板子的热功率总量 P_{th}。

κ 取决于材料和环境条件。表 5-1 中给出了普通条件下部分常见材料的热导率。要获取更多关于环境条件的依赖性信息，请查阅相关参考文献。

表 5-1   空气、铜以及硅材料的近似热特性

材料	κ: 热导率 (W/km)	c_p: 比热 (J/kg)	c_V: 体积热容 (J/km^3)
空气（25℃）	0.025 [555]	1.012 [552]	1.21×10^3 [552]
铜	401 [555]	0.385 [543, 552]	3.45×10^6 [552]
硅（~26℃）	148 [142]	0.705 [142, 543]	1.64×10^6 [142]a

a. 由式（5.56）计算得出。

定义 5.24   **热导率**被定义为单位时间内，当平板两端的温度相差一个温度单位时（通常为 Kelvin），通过平板的热量。

由式（5.41），我们可得

$$\frac{P_{th}}{\Delta T} = \kappa \frac{A}{L} \qquad (5.42)$$

该值的倒数被称为热阻 R_{th}：

$$R_{th} = \frac{\Delta T}{P_{th}} = \frac{L}{\kappa A} \qquad (5.43)$$

引理 5.1   热阻和电阻类似，这允许我们将热模型映射到电模型。

示例5.3   来看一个产生热功率 R_{th} 的微处理器，晶片（芯片）的热阻为 $R_{th, die}$，风扇的热阻为 $R_{th, fan}$（见图 5-21）。

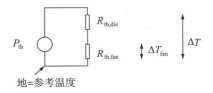

图 5-21   带风扇的微处理器的热模型

[⊖]   开尔文（Kelvin），热力学温标或称绝对温标，是国际单位制中的温度单位，常用符号 K 表示，其单位为开。每变化 1K 相当于变化了 1℃，开尔文以绝对零度作为计算起点，即 -273.15℃=0K。——译者注

可以得到：

$$\Delta T = R_{th} \times P_{th} \tag{5.44}$$

$$R_{th} = R_{th,\,die} + R_{th,\,fan} \tag{5.45}$$

我们给出如下假设：

$$R_{th,\,die} = 0.4W/K \tag{5.46}$$

$$R_{th,\,fan} = 0.3W/K \tag{5.47}$$

$$P_{th} = 10W \tag{5.48}$$

计算可得：

$$\Delta T = 7K \tag{5.49}$$

$$\Delta T_{fan} = 3K \tag{5.50}$$

消耗的功率和热阻在热设计功耗的计算中发挥了关键作用。   ▽

定义 5.25[556] **热设计功耗**（Thermal Design Power，TDP），有时也称为散热设计功率（thermal design point），是由计算机芯片或组件（通常为 CPU 或 GPU）产生的最大热量，在典型的操作中，计算机冷却系统在日常运行中被设计用于散热。TDP 是设计 CPU 冷却系统的标称值，而并非指定 CPU 的实际功耗。

我们可以尝试利用最大温度和热阻来计算 TDP。然而，实际中发布的 TDP 值并不能真实反映 WCPC，因此，为了运行安全，就需要温度传感器。

迄今为止，我们只考虑了稳定状态。一般而言，还必须考虑瞬态和热容（热容量）。

定义 5.26 某个对象的**热容（热容量）**被定义为每个温差 ΔT 所能存储的热能总量 E_{th}：

$$C_{th} = \frac{E_{th}}{\Delta T} \tag{5.51}$$

根本上，C_{th} 依赖于构成该对象的物质类型和数量：

$$C_{th} = c_p \times m \tag{5.52}$$

其中，c_p 是比热，m 是质量。我们也可用比热的定义来解释式（5.52）。

定义 5.27 由某种材料制成的、质量为 m 的对象的比热 c_p 可定义为如下形式：

$$c_p = \frac{C_{th}}{m} \tag{5.53}$$

其中，c_p 依赖于所用物质的类型。c_p 与温度无关，在小的温度范围内可当作一个常数。

在我们的讨论中，考虑单位体积而不是单位质量的热容量通常会更为方便。

定义 5.28 **体积热容** c_v 的定义如下：

$$c_v = \frac{C_{th}}{V} \tag{5.54}$$

其中，V 是对象的体积。

c_v 和 c_p 通过质量密度相关联。

定义 5.29　**质量密度**或**体积密度** ρ 被定义为：

$$\rho = \frac{m}{V} \tag{5.55}$$

将 $V = m/\rho$ 代入 c_v 的定义可得：

$$c_v = \frac{C_{th}}{V} = \frac{C_{th}\,\rho}{m} = c_p\,\rho \tag{5.56}$$

这允许我们在 c_p 和 c_v 的数据表之间进行转换（见表 5-1）。鉴于它与电路的对应关系，我们也可以计算瞬态行为。

示例5.4　图 5-22a 给出了对微处理器示例的扩展。

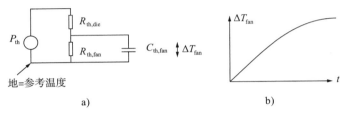

a)　　　　　　　　　　b)

图 5-22　带有风扇的微处理器。a）热模型；b）瞬态

图 5-22b 所示为所得到晶片和风扇两端的瞬态温度。该系统就像电阻和电容网络那样接近于稳定状态。　　　　　　　　　　　　　　　　　　　　　　　　　　　▽

总体上，可以通过采用等价的电气模型来建模热行为。表 5-2 给出了一组等价关系。众所周知的电气网络方程求解技术（参见 Chen 等[98]）是适用的。然而，在热模型一侧并不存在与电感对应的分量。

表 5-2　电气模型与热模型之间的等价关系

电气模型		热模型	
电流	I	热流，"功率流"	$P_{th} = \dot{Q}$
总电荷	$Q = \int I\,dt$	热能量	$E_{th} = \int P_{th}\,dt$
电势	ϕ	温度	T
电压＝电势差	$V = \Delta\phi$	温差	ΔT
电阻[a]	$R = \rho_{el}\frac{L}{A}$	热阻	$R_{th} = \frac{1}{\kappa}\frac{L}{A}$
欧姆定律	$V = RI$	R_{th} 的 Δ 温度	$\Delta T = R_{th}P_{th}$
电容	C	热容量	C_{th}
电容中的电荷	$Q = CV$	电容中的能量	$E_{th} = C_{th}\Delta T$
对象的电容[b]	$C = \rho_q V$	对象的电容	$C_{th} = c_v V$

a. ρ_{el} 是电阻率或体积电阻率。

b. ρ_q 是体电荷密度。

热模型和电气模型之间的等价被 HotSpot[474] 等工具所采用。图 5-23 给出了一个安装在

散热片上的芯片的 HotSpot 模型，散热片安装在散热底座上 [475]。

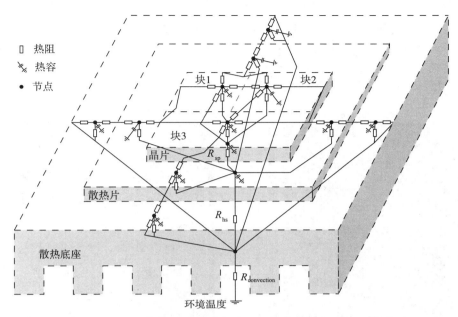

图 5-23　安装在散热片和散热底座上的芯片的 HotSpot 模型

Skadron 等 [475] 强调，芯片、散热片和散热底座内部存在较大的温度梯度。重要的是，不要假设这些部分的温度是一致的。在图 5-23 中，假设芯片包括了 3 个微架构组件，每个组件形成一个热区域。每个散热片和散热底座被建模为 5 个区域：1 个在芯片下方，4 个在周边。在图 5-23 所示的等价网络中，每个区域都被表示为一个节点。假定环境温度是均匀的，对于每一个区域，都存在一个热容，其通常被认为连接到地。而且，对于每个区域，都有一对连接毗邻区域的热阻。它们中的一个建模了第一个区域的节点与边界之间的热阻，另一个则建模了边界与第二个区域的节点间的热阻。这包括连接到每个区域下方区域的一对热阻。$R_{convection}$ 是到环境的热阻，R_{hs} 是散热片和散热底座之间的热阻，R_{sp} 是晶片（芯片）与散热片之间的热阻。

这里，并未真正给出热源。在实验中，Skadron 等采用 Watch 功率模拟器作为热源。SimpleScalar 等微架构模拟器也可用于驱动 Watch。

HotSpot 包括了为模型创建偏微分方程组的机制，如图 5-23 所示。之后，可以使用龙格–库塔法（Runge-Kutta⊖）方程求解器来求解这些方程组。

Skadron 等发现，考虑不同的热区域是有必要的。此外，他们还发现，功耗对温度有影响，为了检查热约束是否得到实际满足，就需要显式建立温度模型。一些节能优化技术对关键温度的影响很小，例如，寄存器文件往往会变得很热。在这种情况下，节省内存参考的功率几乎没有什么帮助，甚至可能会带来负面影响。

示例5.5 作为热建模结果的示例，我们来看看意法半导体的一块 MPSoC 芯片，其包括了 64 个 P2012 核 [482]。该 MPSoC 的热模型是由 3D-ICE[22] 工具来执行的，该模型的相关

⊖　数值分析中，龙格–库塔法是用于求解非线性常微分方程的重要的一类隐式或显式迭代法。由数学家卡尔·龙格和马丁·威尔海姆·库塔于 1900 年左右发明。——译者注

温度如图 5-24 所示[⊖]。高温区域显现为红色，低温区域则为蓝色。该 MPSoC 有 4 个簇，每一个具有 16 个核。布局图的每个角都对应一个簇，这些簇的中心位置有 16 个处理器。存储器位于处理器的下方和上方。经仿真确认，处理器要比存储器更热。由图 5-24b 可知，利用率越高温度就越高。

详细的布局建模避免了对温度的过高估计。   ▽

热模型的验证需要精确的温度测量 [375]。

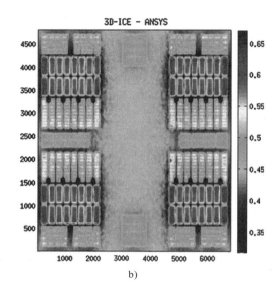

图 5-24   MPSoC 的热仿真结果。a）50% 利用率；b）100% 利用率

5.6   可信度与风险分析

接下来，我们将要讨论可信度（dependability）与风险分析。该主题与热建模相关，因为设备运行温度过高会减少寿命。我们将在 Black 方程的部分更为量化地阐述相关内容。

5.6.1   可信度的几个方面

嵌入式与信息物理系统（和其他产品一样）可能会造成人员和财产损失。该类系统就是安全关键型系统的这一潜在事实已在表 1-2 中列出。通常，我们必须要考虑这个实际情况。要将危害风险降低到零是不可能的，我们所能做到就是使损害的概率变小，希望能比其他风险小几个数量级。所允许的故障可能是在每 10^9 小时运行中出现 1 次故障的量级，对于核电站等高安全关键型系统甚至要更低，其值可能要比芯片故障率低上好几个量级。Kopetz[292] 强调，作为一个整体，系统必须比其任何组件都要更为可信，不能将可靠安全性要求作为事后考虑，应从一开始就加以考虑。显然，这要使用容错机制。由于低的可接受故障率，系统并非 100% 可测试的。相反，必须以测试和推理相组合的方式来证明可靠安全性。抽象能通过使用一组分层的行为模型使得系统成为可说明的。设计错误和人为错误都要考虑。为了说明这些挑战，Kopetz 提出了如下 12 条设计规则。

⊖   图片的引用得到了 David Atienza（EPFL）的授权。这些图片是由 EPFL 与意法半导体联合承担欧盟 FP7 计划项目"PRO3D：面向未来众核 3D 体系结构的程序设计"时得出的。

1. 可靠安全性考量必须作为规格的重要部分，驱动整个设计过程。

2. 必须在一开始就为设计假设制订出精确规格。它们包括预期的故障及其可能性。

3. 必须考虑故障限制区（FCR）。一个 FCR 中的故障不应影响其他 FCR。

4. 必须建立一致的时间与状态符号，否则，就无法区分原始错误和继发错误。

5. 良好定义的接口必须隐藏内部组件。

6. 必须确保组件的失效是独立的。

7. 组件应认为自己是正确的，除非两个或两个以上的其他组件认为相反的情况是正确的（自信原则）。

8. 设计的容错机制必须确保它们不会在解释系统行为时引起任何其他麻烦。容错机制应该与普通功能相互解耦。

9. 系统设计必须支持诊断，例如，必须能够识别存在的（但被掩盖的）错误。

10. 人机接口必须是直观和包容的。尽管用户会出错，但也应保持可靠安全性。

11. 每个异常都应被记录，这些异常现象在普通接口级别可能是不可见的。这个记录应该包括内在的影响，否则，它们可能会被容错机制所屏蔽。

12. 提供一个永不放弃的策略。嵌入式系统有可能要不间断地提供服务，产生弹窗或者离线都是不可接受的。

可信度包括多个相关问题，如可靠安全性、防护安全性、保密性和可靠性。

当不能以电子方式从外部访问嵌入式和信息物理系统时，它们的防护安全性并不会被看作一个严重问题。对于可通过通信信道访问的系统，这种情况就发生了变化，且二者之间的关系更加密切，这是因为防护安全的漏洞可能会引发物理故障，从而导致事故。

仅当外部以及内部原因都不太可能引起故障时，系统才可能是可靠的。

定义 5.30 如果在设计期间假设内部或外部变化只会以有限的方式改变整个用户体验，那么，系统就是有**弹性**（resilient）的。

一个**自修复**系统会提供某个级别的弹性。

在接下来的小节中，我们将讨论可靠安全性、防护安全性以及可靠性等问题。弹性超出了本书的范畴。

5.6.2 可靠安全性分析

对于潜在的安全关键型嵌入式系统的评估应包括对可靠安全性（safety）的评估。

通常，生产可靠安全性相关产品的最小要求是满足 ISO 9001 标准。该标准定义了常规的质量管理体系要求，包括如下原则 [245]：以客户为焦点、领导作用、全员参与、过程方法、持续改进、循证决策以及关系管理。前四个原则或多或少地可以自我解释。持续改进这一原则要求以计划、执行、检查、处理（PDCA）这个循环来处理工作。计划的目标包括了建立目标并说明风险与机遇。执行阶段的目标是实现该计划，其后应该是检查结果并进行改进处理（如有必要的话）。

对于可靠安全性相关系统的设计，已经制订了更具体的准则，并作为 IEC 61508 国际标准进行了发布 [504]。该标准的第 1 部分 [224] 定义了技术系统的一般技术标准，第 2 部分 [225] 给出了对电气 / 电子 / 可编程的与可靠安全性相关的电子系统的要求，第 3 部分列出了软件需求 [226]。第 4～6 部分进一步包含了不太正式的建议。这些标准假设，不可能设计出总能提供所需服务的技术系统，重点应放在文档化设计过程上，它能够跟踪不正确决策的潜在原因。

在 IEC 61508 标准中，给出了 4 个不同风险级别之间的区别，称之为安全完整性等级（SIL）。对于连续运行的设备，该标准给出了不同级别相对应的故障率，SIL-1 级为 $10^{-5}\sim10^{-6}$，SIL 级为 $10^{-6}\sim10^{-7}$，SIL-3 级为 $10^{-7}\sim10^{-8}$，SIL-4 级为 $10^{-8}\sim10^{-9[553]}$。SIL-4 级是很难达成的且通常要求冗余执行。目前混合关键（意味着实现了不同 SIL 级别的子系统）的趋势已经引起了很多问题，例如在同一块多核处理器上。对于不同关键级别进行适当屏蔽并非易事。

IEC 61508 标准有望应用于多个行业。面向特定行业，存在着特定的扩展。例如，这些扩展考虑了对于用户干预可用的总时间、切换到故障－安全模型的可能性以及故障的影响等。例如，如果汽车中出现了什么故障，人们几乎没有时间能做出反应。然而，汽车通常可以以"失效－安全"（fail-safe）模式停在一个安全地方（除了一些隧道之外）。相比之下，飞机系统中通常会有较多的可用时间，但是，不能简单地关闭飞机中的某些安全关键型系统。

MISRA-C 定义了在安全关键型系统中使用 C 编程语言时所需遵守的规则 [379]。

ISO 26262[243] 是面向汽车行业做了较多定制的一个标准。

IEC 62279 标准和 CENELEC 50128 考虑了基于轨道交通的特定情形 [62]。

对于航空领域，系统应遵守适航认证规范 FAR-CS 25.1309《设备、系统和安装》以及 AC-AMC 25.1309《系统设计与分析》[526]。DO-254 标准将其扩展用于硬件和用于软件的 DO-178B（《机载系统与设备认证中的软件考虑》）[155, 450]，在欧洲其被称为 ED-12B。DO-178C 是 DO-178B 的后续标准。

IEC 61511[228] 是为制造领域内的应用定义的，IEC 61513[227] 是面向核电站应用的特定标准。

5.6.3 防护安全性分析

防护安全性（security）的分析需要考虑 3.8 节中已经提及的攻击者模型。该分析需要确定，即使没有对嵌入式系统进行物理访问，是否也有可能发生攻击。如果该系统可被物理访问，物理攻击和旁路攻击就必须被考虑进来。

此外，也必须分析加 / 解密协议与可用的数据速率之间的关系，因为资源受限的嵌入式设备并不能提供期望的加密和解密速率，而且这一情形经常发生。

5.6.4 可靠性分析

可信系统的设计也需要对可靠性进行分析（最初设计正确的系统不会因为内部故障而有发生失效的可能性）。这有望成为未来最重要也最有难度的任务，因为**半导体特征尺寸的减小会降低半导体器件的可靠性**（例如，见 http://variability.org），瞬态故障以及永久故障将会变得更加频繁。减小特征尺寸也将导致器件参数中的可变性增加。因此，可信度分析以及容错设计正变得越来越重要 [173, 389]。半导体中的故障会引起系统故障。Laprie 等定义了**故障**（fault）和**失效**（failure）这两个术语与**错误**（error）和**服务**（service）之间的关系 [27, 309]。

定义 5.31 一个系统（其角色为**提供者**）提供的**服务**是被用户所感知到的行为；……所提供的服务是提供者外部状态的一个序列。……当服务实现系统功能时，就提供了正确服务。

定义 5.32 **服务失效**（service failure）通常简写为**失效**（failure），是所提供的系统服务偏离正确服务时出现的一个事件。……一次服务失效是从正确服务到非正确服务的一次转换。

定义 5.33 当系统的一个状态是错误的且会引起后续的服务失效时，就会出现**错误**（error）。

定义 5.34 判定的或推测的造成错误的原因被称为**故障**（fault）。故障可以是系统内部或外部的。

某些故障将导致系统失效。

作为示例，我们来考虑存储器中位翻转这个瞬态故障。在位翻转之后，该存储器单元将是错误的。如果系统服务受到了这个错误的影响，将会出现失效。

结合这些定义，当我们认为系统不提供期望的系统功能时，将讨论失效率。每当我们考虑引起失效的潜在**原因**时，将会讨论故障。引起故障的可能原因有很多，其中有一些是由半导体的特征尺寸减少所引起的。在本书的剩余部分中，将不再考虑错误。

如上所述，对于许多应用，计算出的灾难率的上界必须小于每小时 10^{-9} 次（SIL-4 级）[292]，对应于每 100 000 个系统运行 10 000 小时出现一次。仅当设计评估中也包括了可靠性、期望寿命及相关目标的分析时，才可能达到这个可信度级别。这样的分析通常是基于失效概率的。

更精确地，我们考虑失效的概率密度。令 x 是直到出现第一次失效的时间，是一个随机变量，令 $f(x)$ 是该随机变量的概率密度。

作为一个示例，我们通常会使用指数概率密度函数 $f(x)=\lambda e^{-\lambda x}$。对于这个密度函数，随着时间的推移，失效的可能性越来越小（某个时刻之后，系统可能不再运行，一个不运行的系统是不可能失效的）。这个密度函数经常被使用，因为它有一个恒定的故障率，所以，可用适当方式描述故障率恒定的情形。当实际失效率未知时，我们甚至也会使用该密度函数，因为恒定失效率是一个好的开始。另外，该密度函数具有漂亮的数学属性。图 5-25a 给出了该密度函数。

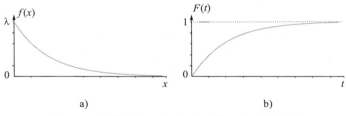

图 5-25　指数分布。a) 密度函数；b) 概率分布

概率分布通常要比密度更加有意思，这个分布表示了系统在时刻 t 不运行的概率。通过将密度函数对时间 t 进行积分就可得到这个概率。

$$F(t)=\Pr(x\leqslant t) \tag{5.57}$$

$$F(t)=\int_0^t f(x)\mathrm{d}x \tag{5.58}$$

例如，对指数分布我们可以得出：

$$F(t)=\int_0^t \lambda e^{-\lambda x}\mathrm{d}x=-\left[e^{-\lambda x}\right]_0^t=1-e^{-\lambda t} \tag{5.59}$$

图 5-25b 给出了对应的函数。随着时间的推移，这个概率接近于 1。这意味着，随着时间的推移，该系统更有可能发生故障。

定义 5.35 系统的**可靠性**（reliability）$R(t)$ 是第一次失效时间大于 t 的时间概率：

$$R(t)=\Pr(x>t),\ t\geqslant 0 \tag{5.60}$$

$$R(t)=\int_{t}^{\infty} f(x)\mathrm{d}x \tag{5.61}$$

$$F(t)+R(t)=\int_{0}^{t} f(x)\mathrm{d}x+\int_{t}^{\infty} f(x)\mathrm{d}x=1 \tag{5.62}$$

$$R(t)=1-F(t) \tag{5.63}$$

$$f(x)=-\frac{\mathrm{d}R(t)}{\mathrm{d}t} \tag{5.64}$$

对于该指数分布，我们有 $R(t)=\mathrm{e}^{-\lambda t}$（见图 5-26）。

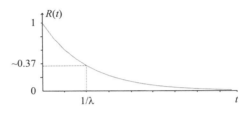

图 5-26   指数分布的可靠性

在 $t=1/\lambda$ 时刻之后，系统功能正常的概率大约为 37%。

定义 5.36   失效率 $\lambda(t)$ 是系统在时间 $t\sim t+\Delta t$ 的失效概率。

$$\lambda(t)=\lim_{\Delta t\to 0}\frac{\Pr(t<x\leqslant t+\Delta t|x>t)}{\Delta t} \tag{5.65}$$

$\Pr(t<x\leqslant t+\Delta t|x>t)$ 是系统在该时间区间中失效的条件概率，假定其在 t 时刻是正常运行的。对于条件概率，存在一个一般方程 $\Pr(A|B)=\Pr(AB)/\Pr(B)$，其中，$\Pr(AB)$ 是 A 与 B 都发生的概率。在我们的例子中，$\Pr(AB)$ 等于 $F(t+\Delta t)-F(t)$。$\Pr(B)$ 是系统在 t 时刻正常运行的概率，我们记为 $R(t)$。因此，从式（5.65）得出：

$$\lambda(t)=\lim_{\Delta t\to 0}\frac{F(t+\Delta t)-F(t)}{\Delta t R(t)}=\frac{f(t)}{R(t)} \tag{5.66}$$

例如，对于该指数分布，我们可以得出[⊖]：

$$\lambda(t)=\frac{f(t)}{R(t)}=\frac{\lambda \mathrm{e}^{-\lambda t}}{\mathrm{e}^{-\lambda t}}=\lambda \tag{5.67}$$

失效率常常以 1 FIT 的倍数（或分数）为单位，"FIT"表示失效单位（Failure unIT，也记为 Failures In Time）。1 FIT 对应于每 10^{9} 小时 1 次失效。

然而，实际系统的失效率通常并非常数。对于许多系统，会有类似于"浴盆曲线"的行为（见图 5-27）。

⊖   这个结果促使我们用相同的符号来表示失效率和指示分布常数。

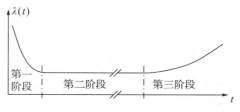

图 5-27　类似浴盆曲线的失效率

对于这样的行为，我们会用较大的初始失效率作为开始。这种高的失效率是由有缺陷的生产过程或"早期故障率"造成的。之后，在正常运行的生命期中，失效率本质上会是一个常数。在有效产品的寿命末期，失效率会因磨损再次增加。

定义 5.37　**平均失效时间**（MTTF$^\ominus$）是直至下次失效的平均时间，假定系统最初是正常运行的。这个平均时间可作为随机变量 x 的期望值进行计算：

$$\text{MTTF} = E\{x\} = \int_0^\infty x f(x) \mathrm{d}x \tag{5.68}$$

例如，对于指数分布，我们可以得出：

$$\text{MTTF} = \int_0^\infty x \lambda \mathrm{e}^{-\lambda x} \mathrm{d}x \tag{5.69}$$

该积分可用乘积法则（$\int uv' = uv - \int u'v$，在我们的例子中，$u = x$ 且 $v' = \mathrm{e}^{-\lambda x}$）来计算。可由式（5.69）得出如下公式：

$$\text{MTTF} = -[x\mathrm{e}^{-\lambda x}]_0^\infty + \int_0^\infty \mathrm{e}^{-\lambda x} \mathrm{d}x \tag{5.70}$$

$$= -\frac{1}{\lambda}[\mathrm{e}^{-\lambda x}]_0^\infty = -\frac{1}{\lambda}[0-1] = \frac{1}{\lambda} \tag{5.71}$$

这意味着，对于指数分布，直到下次失效的期望时间是失效率的倒数。

MTTF 与运行温度之间存在如下经验关系。

引理 5.2　（Black 方程[52, 58]）：

$$\text{MTTF} = \frac{A}{j_e^n} \mathrm{e}^{\frac{E_a}{kT}} \tag{5.72}$$

其中，A 为常数；j_e 为电流密度；n 为常数（1..7），这个值存在争议，Black 给出的值为 2；E_a 为活化能（例如，约为 0.6eV）；k 为玻尔兹曼常数（约为 8.617×10^{-5} eV/K）；T 为温度。

我们且不讨论关于 n 的正确取值，由该方程可知，温度对 MTTF 具有指数级的影响。此外，电流密度也很重要：电流密度越大，产品的寿命越短。

定义 5.38　**平均修复时间**（MTTR）是修复一个系统的平均时间，假定该系统最初是不运行的。这个时间是表示修复时间的随机变量的期望值。

⊖　常译为平均故障时间。——译者注

定义 5.39 **平均失效间隔时间**（MTBF$^\ominus$）是两次失效之间的平均时间。

MTBF 是 MTTF 与 MTTR 的和。

$$MTBF = MTTF + MTTR \tag{5.73}$$

图 5-28 给出了该公式的简单形式，它并没有反映出我们正在处理概率性事件且 MTBF、MTTF 和 MTTR 的值会随机变化这个事实。

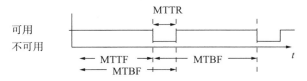

图 5-28 MTTF、MTTR 和 MTBF 的说明

在许多系统中，修复并未被考虑。如果考虑它们，那么 MTTR 应会比 MTTF 小很多。因此，MTBF 和 MTTF 这两个术语经常被混在一起。例如，硬盘的寿命可能被引述为 MTBF，即使其从未被修复，将该数据引述为 MTTF 会更加合适。MTTF 仍然只提供有关可信度的大致信息，特别是在失效率随时间大幅变化的时候。

定义 5.40 **可用性**是系统处于运行状态的概率。

可用性随着时间变化（仅考虑浴盆曲线），因此，我们可以用与时间相关的函数 $A(t)$ 来建模可用性。我们通常只是考虑大时间区间内的可用性 A，因此，可定义

$$A = \lim_{t \to \infty} A(t) = \frac{MTTF}{MTBF} \tag{5.74}$$

例如，假设有一个连续 999 天可用且需 1 天进行修复的系统。这种系统的可用性为 $A = 0.999$。

允许的失效率大约为 1 FIT 这个量级，这要比芯片的失效率低好几个量级。这意味着，系统必须比它们的组件更加可靠！显然，所要求的可靠性级别使得容错技术是必须存在的！

要获得实际的失效率是很困难的，图 5-29 给出了少数已发表结果中的一项 [522]。

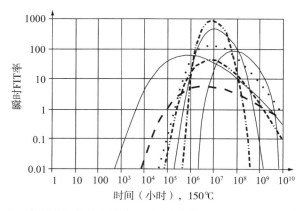

图 5-29 TriQuint 砷化镓器件的失效率（由 TriQuint, Inc.，Hillsboro 提供），© TriQuint

---

$\ominus$ 常译为平均故障间隔时间。——译者注

图 5-29 包含了不同砷化镓（GaAs）器件的失效率，其中温度最高的晶体管工作在
150℃。这里，我们用这个示例来说明，对于一些器件而言，恒定失效率或类浴盆行为的假
设都过于简化了⊖。因此，引用单个 MTTF 数据可能会产生误导，反倒是应该使用失效在时
间上的实际分布。对于本例的具体情况，在产品寿命的前 20 年（175 300 小时）里失效率低
于 100 FIT，即使温度很高。FIT 数据实际上非常依赖温度，其温度可高达 275℃且已知的温
度依赖关系已在 TriQuint 中用于计算超过可用测试时间段的失效率。TriQuint 声明，砷化镓
器件比普通的硅器件要更为可靠。关于 FIT 测试的报告也可用于 Xilinx 的 FPGA（例如，参
考文献 [571]）。

5.6.5　故障树分析、失效模式与影响分析

要以实验方式验证完整系统的失效率通常是不可能的，要求失效率非常小且失效有可
能是不可接受的。我们不可能用 10^5 架飞机飞行 10^4 小时的方式来尝试验证是否达到了低
于 10^{-9}（SIL-4）的失效率！走出这个困境的唯一方法是使用组件失效率检查以及从面向
系统可靠运行的这些保证来进行形式化推导等方法的组合。设计产生的失效以及用户产生
的失效也必须被考虑。使用决策图从系统的组件可靠性中来计算系统的可靠性是最先进的
技术 [247]。

损伤是由**危险**（hazard，失效的机会）所引起的。对于每个由失效引起的可能损伤，存
在一个严重性（成本）和一个可能性。风险可被定义为两者的乘积。由组件失效所导致的损
伤信息可至少由两种技术得出 [137, 434]。

- **故障树分析**（FTA）：故障树分析是一种自顶向下的风险分析方法。该分析从一个可
能的损伤开始，之后尝试提出可能导致损伤的场景。FTA 是基于布尔函数建模的，
该函数反映系统的运行状态（运行或者未运行）。FTA 中通常包括 AND 门和 OR 门
的符号，代表可能的损伤条件。当某个单个事件可能会导致危险时，就采用 OR 门。
当危险的出现需要多个事件或条件时，则采用 AND 门。图 5-30 给出了一个示例⊖。
FTA 是基于系统的**结构化**模型，反映了如何将系统划分为组件。

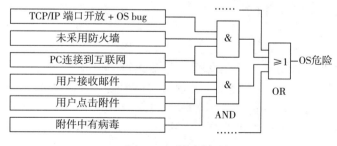

图 5-30　故障树

简单的 AND 门和 OR 门并不能对所有情形进行建模。例如，当共享资源的数
量存在限制时（如能量或者存储位置），它们的建模能力就不足了。可能必须采用马

⊖　有时也应考虑对数正态分布。

⊖　与 ANSI/IEEE91 标准相一致，我们使用符号 &、=1 以及 ≥1 来分别表示与门（AND）、异或门（XOR）
以及或门（OR）。

尔可夫模型[69]来覆盖该类情况。马尔可夫模型基于**状态**的概念，而并非基于系统的结构。

- **失效模式和影响分析（FMEA）**：FMEA 从组件开始，且尝试评估它们的可靠性。使用这些信息，可利用系统组件的可靠性计算出系统的可靠性（对应于自底向上的分析）。第一步是创建包含组件、可能的失效、失效概率以及对系统行为的影响等条目的表格。之后，从该表中计算出系统的总体风险。表 5-3 给出了一个示例。

表 5-3　FMEA 表

组件	失效	后果	概率	关键?
…	…	…	…	…
处理器	金属迁移	无服务	10^{-7}/h	是
…	…	…	…	…

有一些工具同时支持这两种方法，这两种方法可被用于"可靠安全情形"。在这些情形下，一个独立的主管机构必须确定某个技术设备确实是安全的。通常要求技术系统的属性之一是不应潜在存在会引起大灾难的单个失效组件。

具有可靠安全性、可信度的系统设计是其所蕴含的一个主题。本书仅给出了有关该方向的一些指引，近来已有大量关于可靠性问题对系统设计影响的出版物。例如，Huang[214]、Zhuo[585] 和 Pan[423] 等发表的文章。要想了解有关可信度的更多内容，读者可参阅该领域的相关书籍[175, 309, 325, 398, 489]。

5.7　仿真

到目前为止，我们在本章已经强调了设计评估。从本节起，我们开始考虑**验证**（validation）。仿真是评估和验证设计中非常常用的技术，包括了在合适的计算硬件上（通常是在通用数字计算机上）执行一个设计模型。显然，这要求模型必须是可执行的。在第 2 章引入的所有可执行模型和语言都可用于仿真，同时，它们也可用于不同级别，如 2.8.4.2 节所描述的。对于设计在哪个级别上进行仿真常常是仿真速度和精确度之间的折中，仿真速度越快，仿真精确度越低。

至此，我们已在系统的功能行为（它们的输入／输出行为）这个意义上使用了行为一词。也有对设计的某些非功能行为进行的仿真，包括热行为以及与其他电子器件的电磁兼容性（EMC）等。由于它与物理世界的集成，大量的物理效应可能必须包括在仿真模型中。因此，就不可能在本书中涵盖与信息物理系统仿真相关的所有方法。Law[311] 简要阐述了数字系统仿真的方法和主题，还有大量关于系统（特别是异构、信息物理系统）仿真的附加信息（例如，参考文献 [121, 345, 420]）。一些仿真器专用于特定应用领域。由于物理效应众多，我们不可能提供一个完整的参考文献列表。

对于信息物理系统，仿真方法存在严重的限制。

- 仿真常常比实际设计慢很多，因此，如果我们将仿真器与实际环境连接起来，可能**会违反时间约束**。
- 物理环境中的仿真甚至可能是**危险的**（谁会想去驾驶控制软件不稳定的汽车呢）。
- 许多应用中都可能会有大量数据，而且，不可能在可用的时间内仿真足够多的数据。

众所周知，多媒体应用就是如此。例如，仿真某个视频流的压缩过程可能需要大量时间。

- 大多数实际系统都非常复杂，以至于不允许对所有可能的情况（输入）都进行仿真。仿真可以帮助我们找出设计中的错误，但它们并不能确保没有错误，因为仿真并不能穷尽所有输入和内部状态的可能组合。

鉴于这些限制，以形式化验证方法来进行验证就变得越来越重要了。然而，复杂的仿真技术在验证中继续扮演着关键角色（例如，请参见 Braun 等[68]）。类似于 gem5（见 http://gem5.org）、SimpleScalar、OpenModelica 等的学术方案以及诸如 Synopsys Virtualizer™（见 http://synopsys.com）等商业解决方案都已可用。有多个工具可用于网络仿真（如物联网所要求的），包括 OMNET＋＋（见 https://omnetpp.org/）。

5.8 快速原型与模拟

仿真是基于模型的，该模型是实际系统的近似。一般而言，实际系统与模型之间存在某些差异。我们可以通过比在仿真器中更为精确地实现设计系统（SUD）的某些组件（如在真实、物理组件中）来缩小这一差异。

定义 5.41 采用 McGregor[218] 给出的定义，我们将**模拟**（emulation）定义为执行一个在设计系统（SUD）的模型的过程，该系统中至少有一个组件**不**是由某种宿主计算机上的仿真来表示的。

如 McGregor 所言，"缩小可信性（credibility）差距并不是人们对模拟越来越感兴趣的唯一原因——上述关于模拟模型的定义在反过来讲也是有效的——模拟模型是指实际系统中的某个部分被模型所替代。在现实条件下，通过采用一个模型……替代……实际系统，可用模拟模型来测试控制系统，这对那些负责调试、安装并启动各种自动化系统的人来说，是非常令人感兴趣的。"

为了进一步提升可信性，我们可以继续用真实组件来替代仿真组件。这些组件不必是最终组件，它们可以是实际系统本身的近似，但应超过仿真的精度。

请注意，现在通过软件手段在一台计算机上评判另一台计算机的"模拟"是很常见的。在这里，对于这个术语缺乏精确定义，然而，可认为这与我们的定义是一致的，因为被模拟的计算机并不仅被仿真了。相反，我们可以期望速度要比仿真速度更快。

定义 5.42 **快速原型**是执行在设计系统（SUD）模型的一个过程，该模型中**没有**组件是用某种宿主计算机上的仿真来表示的，相反所有组件都由真实组件来表示。然而，这些组件中的一些并非最终要采用的组件（否则，这就是实际系统）。

在许多情况下，应该在实际环境中对所做的设计进行试验，之后再产生最终版本，车辆的控制系统就是这样一个代表性案例。在大批量生产开始之前，该类系统应由驾驶员在不同环境下使用。相应地，汽车行业会设计这些原型。本质上，这些原型的行为应很像最终系统，但是它们可能会更大、功耗更高，并且拥有测试驾驶员可接受的其他属性。"原型"（prototype）一词可以与整个系统关联，涵盖了电气组件和机械组件。然而，快速原型与模拟之间的区别也是模糊的。快速原型本身也是一个广阔的领域，本书内容无法全面覆盖。

我们可以使用 FPGA 等来构造原型和模拟器。在测试驾驶员试验车辆的时候，由 FPGA 等组成的机架可以放入后备厢中。这种方法不局限于汽车行业。在其他多个领域中，也都是使用 FPGA 构建原型。商业可用的**模拟器**由大量 FPGA 组成。它们带有所需的映射工具，这些工具将规格映射到这些模拟器。基于这些模拟器，就可以用行为"几乎"接近最终系统的系统来进行实验。然而，用原型法和模拟器来捕获错误对于非分布式系统而言是一个问题。对于分布式系统，情况可能会更加困难（例如，见 Tsai[523]）。

5.9 形式化验证

形式化验证⊖是指使用数学语言来形式化地证明一个系统的正确性。首先，我们需要一个形式化模型以使形式化验证是可行的。这一步几乎不能自动实现且需要一些工作。一旦有了这样的模型，我们就能够尝试证明某些属性。

依据所采用的逻辑类型，可对形式化验证技术进行分类。

- **命题逻辑**（propositional logic）：在这种情形下，模型由布尔表达式构成。对应的工具被称为**布尔检验器**（Boolean checkers）、**重言式**⊖**检验器**（tautology checkers）或**等价检验器**（equivalence checkers）。它们可用于验证布尔函数（或布尔函数集）的两个表示是否等价。因为命题逻辑是可判定的，所以，两个表示是否等价也是可判定的（这是毫无疑问的）。例如，一个表示可能对应于实际电路中的门，而另一个对应于其规格。之后，证明等价性，从而证明所有涉及转换（例如，功率或延迟的优化）的效应都是正确的。布尔检验器可以处理太大而不能使用模拟来详尽验证的那些设计。让布尔检验器能力强大的关键原因在于，二元决策图（BDD）的使用[546]。对于使用 BDD 表示的布尔函数的等价性检验，其复杂度与 BDD 节点的数量是线性相关的。相比而言，用乘积和表示的函数等价性检验则是 NP 困难的。因此，对于这个应用，基于 BDD 的等价性检验器已经替代了仿真器，并且用数百万个晶体管来处理电路。
- **一阶逻辑**（First Order Logic，FOL）：一阶逻辑将量词∃和∀添加至命题逻辑。对 FOL 模型使用一些自动化验证是可行的。然而，因为 FOL 是不可判定的，所以可能会有需要怀疑的情况。常用的技术包括**霍尔演算**（Hoare calculus）等。通常，也支持整数操作。
- **高阶逻辑**（Higher Order Logic，HOL）：高阶逻辑是基于λ演算的，并且允许像其他对象一样操作函数[525]。对于高阶逻辑，证明过程几乎不可能自动化，通常某些证明支持必须手动完成。

命题逻辑可用来验证无状态逻辑网络，但不能直接建模有限状态机。对于短输入序列，其足以切断有限状态机中的反馈回路，并有效地处理这些状态机的多个副本，每个副本表示一个输入模式的效应。然而，对于较长的输入序列，这个模型是不能运行的。可以用**模型检验**来处理该类序列。

模型检验中，有两个到验证工具的输入：

- 待验证的模型
- 待验证的属性

可用∃和∀对状态进行量化，而数字则不行。验证工具可证明或反驳这些属性。在后一种情况下，它们可以提供一个反例。模型检验比 FOL 要更易于实现自动化。1987 年，它首次被实现，并使用了 BDD。定位未来总线协议规格中的一些错误是可行的[104]。UPPAAL 是

⊖ 关于形式化验证的最初内容是根据 Tiziana Margaria 在多特蒙德工业大学的一次客座报告编写的。
⊖ 如果一个布尔表达式在任意真值的指派下，结果都为 1，那么该布尔表达式就被称为重言式（tautology），或称为恒真命题。——译者注

一个非常流行的模型检验工具[⊖]。

　　例如，该技术可用来证明图 2-52 所示的铁路模型的属性。Petri 网应该能够转换为状态图，之后，可以确认在科隆和巴黎之间通勤的火车数量的确是恒定的，这印证了我们在对 Petri 网库所不变量的讨论。

5.10　习题

我们建议在家或在翻转课堂的教学中解决如下这些问题。

5.1　我们来看一个展示帕累托优化（Pareto-optimality）概念的例子。在本例中，我们研究由 IMEC 研究中心（Interuniversitair Micro-Electronica Centrum）设计的任务并发管理（TCM）工具生成的结果。TCM 工具的目标是建立从应用到处理器的有效映射，不同的多处理器系统被评估且被表示为帕累托优化设计的多个集合。Wong 等[567] 描述了关于 MPEG-4 播放器设计的不同选项，作者假设使用了 StrongArm 处理器与专用加速器的组合。4 个设计满足 30ms 的时间约束（见表 5-4）。

表 5-4　处理器配置

处理器组合	1	2	3	4
高速处理器的数量	6	5	4	3
低速处理器的数量	0	3	5	7
处理器的总数量	6	8	9	10

　　图 5-31 给出了这些不同的设计。

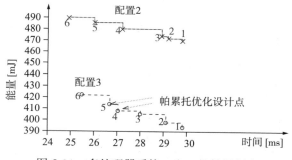

图 5-31　多处理器系统 2 和 3 的帕累托点

　　对于组合 1 和 4，作者报告只有一个从任务到处理器的映射满足时间约束。对于组合 2 和 3，不同的时间预算会导致不同的任务与处理器映射以及不同的能耗。

　　在目标空间中，哪个区域被配置 3 中的至少一个设计所支配？有没有属于配置 2 的某个设计，它应至少不被配置 3 中的一个设计所支配？目标空间中的哪个区域支配配置 3 中的至少一个设计？

5.2　计算 $WCET_{EST}$ 必须要满足哪些条件？

5.3　我们来考虑控制流合并处的高速缓存状态。图 5-32 给出了合并之前的抽象缓存状态。

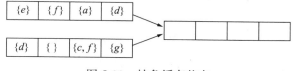

图 5-32　抽象缓存状态

⊖　学术版本见 http://www.uppaal.org，商业版本见 http://www.uppaal.com。

现在，我们来观察合并后的抽象缓存状态。哪个状态是由必要性分析得出的？哪个状态是由可能性分析得出的？

5.4 考虑一个传入的"突发性"事件流，这个流的周期为 T。在每个周期的开始，两个事件相隔 d 个时间单位分别到达。请给出该事件流的到达曲线。所得图形应包括从 0 到最多 $3T$ 的结果。

5.5 假设你正在使用最大性能为 b 的处理器。

1. 如果该性能因高速缓存冲突变差到 b'，则相应的服务曲线会是什么样的？

2. 如果某个定时器每 100ms 会中断一次当前执行的程序且服务该中断的时间为 10ms，服务曲线会如何变化？假设不存在高速缓存冲突。

3. 如果考虑问题 1 中的高速缓存冲突以及问题 2 中的中断，服务曲线会是什么样的？

所得图形应包括从 0 到最多 300ms 的结果。

5.6 假设我们尝试收集琥珀，当然，也存在收集到白磷的风险。假设我们收集了 50 个对象，并将它们全部放入水中以避免火灾。我们将 30 个对象分类为琥珀，20 个为白磷。但是，分类为琥珀的 2 个对象实际上是白磷块，分类为白磷的 8 个对象实际上都是琥珀。请计算这个分类的精确度、召回率、准确度以及特异度。

5.7 假设你尝试使用分流电阻来计算移动电话的功耗。如下值与时刻 t 的功耗计算相关：电阻为 0.47Ω、电源电压为 5.1V、分流计两端电压为 0.23V。t 时刻，移动电话的功耗是多少？

5.8 考虑一块面积 $A = 1\text{cm}^2$、长度为 5cm 的铜质平板。如果该铜板两端的温差为 10℃，那么转换了多少热功率？

5.9 考虑一块硬盘驱动器，并假设硬盘的一半会在运行 5000 小时后有故障。假设该失效服从指数分布，请计算相应的 λ 值。

应 用 映 射

6.1 调度问题的定义

6.1.1 设计问题的详细阐述

一旦规格已经完成，设计活动就可以开始了，这与简化的设计信息流是一致的（见图 6-1）。将应用映射到执行平台上的确是一个非常关键的活动，因此，我们要强调本章内容的重要性。

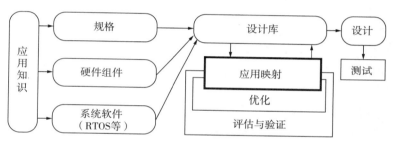

图 6-1 简化的设计信息流

对于嵌入式系统，我们通常期望系统能运行一组应用程序。例如，在移动电话中，我们希望能够在蓝牙栈将音频信号传送到耳机，以及在"个人信息管理器"（PIM）中查找信息的同时拨打电话。同时，可能还在并发地传输文件，甚至是传输视频。我们必须确保这些应用可以一起使用并保证截止期（无音频采样丢失！）。通过分析这些用例可知，这是可行的。

嵌入式和信息物理系统的一个特点是，必须在设计期间同时考虑软件和硬件，因此，这种类型的设计也被称为**软硬件协同设计**。其总目标是找到硬件和软件的正确组合，从而得到满足规格要求且最为高效的产品。因此，不能通过仅考虑行为规格的合成过程来设计嵌入式系统，而是必须说明可用的组件。就这一约束而言还存在其他原因：为了应对嵌入式系统日益增长的复杂性及其严格的上市时间要求，复用就本质上来说是不可避免的。这就形成了**基于平台的设计**：

"平台是满足一组约束的体系结构家族，这些约束允许软硬件组件的复用。然而，仅有硬件平台是不够的。快速、可靠、派生的设计需要使用平台的应用程序编程接口（API），以面向应用软件来扩展该平台。一般而言，平台是一个抽象层，涵盖了许多可能位于更低层次的精化。基于平台的设计是一个居于其中的方法：在自顶向下的设计流中，将上层平台的实例设计到下层平台的实例中，并传播设计约束。"[452] 映射是一个迭代过程，在该过程中，性能评估工具将指导下一次分配。

在本书中，我们聚焦于基于可用执行平台的嵌入式系统设计，这反映了许多现代系统是以某个已存在平台为基础来构建的事实。当需要设计执行平台时，还必须使用本书中阐述的其他技术。鉴于我们的关注点，**将应用映射到执行平台**被看作一个**主要设计问题**。一般情况下，映射将被执行到多处理器系统上。

即使是基于平台的设计，也会有多个设计选项。我们可以在不同的平台变体之间进行选择，每个变体可能有不同数量和不同速度的处理器或者不同的通信体系结构。另外，它们可能还采用了不同的可用调度策略，我们必须选择合适的选项。

由此，就引出了映射问题的定义[512]。

假定有如下条件：

- 一组应用
- 一组描述这些应用如何被使用的用例
- 一组可能的候选体系结构
  - （可能是异构的）处理器
  - （可能是异构的）通信体系结构
  - 可能的调度策略

求解：

- 应用到处理器的一个映射
- 合适的调度技术（如果不是固定的）
- 一个目标体系结构（如果不是固定的）

目标：

- 保证截止期或最大化性能
- 最小化成本、能耗以及其他可能的目标

对可能的体系结构选项的探索被称为**设计空间探索**（DSE）。作为一个特例，我们可考虑一个完全固定的平台体系结构。

设计一个基于 AUTOSAR 的汽车系统可作为示例：在 AUTOSAR[26] 中，存在多个同构的执行单元（称为 ECU）以及一些软件组件。问题是：为了使所有的实时约束都得到满足，我们要如何将软件组件映射到这些 ECU？期望使用最小数量的 ECU。

对于嵌入式系统，可以假设这组应用包括一些重复释放（执行准备就绪）的任务。被执行的代码可以与这些任务相关联。例如，对于每个输入采样，可能都需要执行一次某段代码。我们用 τ_i 表示任务，用 $\tau = \{\tau_1, \cdots, \tau_n\}$ 来表示任务集。

定义 6.1 一个任务的每次执行被称为一个作业（job）。对于每个任务 τ_i，存在一个相关的作业集 $J(\tau_i)$，由于重复执行，τ_i 的作业集可能是无限的。

定义 6.2 每隔 T_i 个时间单元释放一次的任务 τ_i 被称为**周期任务**，T_i 被称为它们的**周期**。

定义 6.3 如果连续释放任务 τ_i 的间隔长度有一个下界，该任务就被称为是**零星的**（sporadic）。对于每个零星任务 τ_i，我们也称该间隔长度为 T_i。

这个最小分隔是很重要的：没有这样的分隔，任何间隔 Δ 的到达曲线都可能会变成无界的，这样，就不可能为有限资源集找出一个调度。

定义 6.4 既不是周期的也不是零星的任务被称为**非周期的**（aperiodic）任务。

对于周期和零星任务系统，超周期（hyper period）的概念是非常有益的。

定义 6.5 令 τ 是一个周期或零星的任务系统，该系统的**超周期**被定义为每个独立任务周期的最小公倍数。

如果任务可以在一个超周期内被调度，那么它们就可以在所有的超周期内都被调度，这是由于任务结构的重复属性而形成的。

6.1.2 调度问题的类型

在本章的剩余部分，使用如下关于作业的符号。令 $J = \{J_i\}$ 是一个作业集。令（见图 6-2）：

- r_i 是 J_i 的释放时间（成为可执行作业的时刻）。
- C_i 是 J_i 的最坏执行时间（WCET）。
- d_i 是 J_i 的（绝对）截止期。
- D_i 是**相对截止期**，也就是说，J_i 成为可执行作业的时刻与该作业的完成时刻之间的时间长度。
- l_i 是**松弛度**（laxity 或 slack），定义为

$$l_i = D_i - C_i \tag{6.1}$$

  如果 $l_i = 0$，那么，在 J_i 被释放后就必须立即开始执行。

- s_i 是 J_i 的实际开始执行时间。
- f_i 是 J_i 的实际结束时间。
- 在与图 6-2 类似的图中，向上的垂直箭头表示释放作业，向下的箭头则表示作业的截止期。

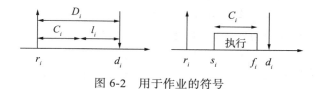

图 6-2 用于作业的符号

接下来，我们将为调度问题采用由 Pinedo[430] 提出的三元组分类，该分类基于之前 Graham、Lawler、Lenstra 和 Kan [182] 介绍过的一种表示方法。基于这个表示，调度问题可由一个三元组来进行分类：

$$(\alpha \mid \beta \mid \gamma) \tag{6.2}$$

α 域

α 域描述了机器环境且由单个条目组成。简单的调度算法处理了单处理器的情况，更为复杂的算法处理了包含多个处理器的系统。在本书中，我们考虑 α 域的如下可能取值。

- 取值 1 代表单处理器。
- 取值 Pm 代表有 m 个可并行使用的处理器。每个作业都可以用相同速度在 m 个处理器的任意一个上执行。在这种情况下，就说这些处理器是**等同的**（或同构的）。β 域可用来表达将作业分配到处理器的一组约束。
- Qm 的值表示性能不同的并行处理器。性能被表示为相对于最慢处理器性能的比例因子，该比例因子可由向量 $(s_1, \cdots, s_m)$ 表示，其中，s_k 是处理器 π_k 的比例因子。在这种情形下，就说处理器是**统一的**（uniform）。统一处理器的模型非常简单，我们几乎不会参考。
- Rm 的值表示 m 个处理速度不相关的处理器。作业或任务 i 在处理器 k 上的执行时间

记为 $C_{i,k}$，这些处理器被称为是**异构的**。异构处理器可以针对特定目标进行优化，如高性能或者低能耗。因此，异构处理器对于嵌入式系统是非常重要的。

β 域

β 域描述了处理的限制条件。这个域包含了一些组件。在本书中，该域的可能取值如下。

- r_i 项表示存在的释放时间，这取决于要分配的作业 i。
- prmp 项表示抢先是被允许的。如果没有该项，就假设为非抢先式调度。非抢先式调度器是基于作业一直执行直至完成这一假设的。因而，如果某些作业的执行时间非常长，那么外部事件⊖的响应时间就会很长。

如果某些作业的执行时间很长或者要求有较短的外部事件响应时间，那么，就必须使用抢先式调度器。然而，抢先可能会导致抢先任务的执行时间的不可预测。因此，为了确保满足硬实时作业的截止期，可能需要对抢先进行限制。

- 另一个可能项描述了时间约束的类型。我们可以区分为**软截止期**和**硬截止期**。

定义 6.6（Kopetz[292]） 如果一个时间约束不被满足时会引起灾难，那么这个时间约束就被称为*硬实时*。

其他所有的时间约束都是软时间约束。面向软截止期的调度通常是基于标准操作系统扩展而来的。在本书中，我们将不再进一步讨论这些系统，本书中默认假设的是硬时间约束。

- 周期（periodic）和零星（sporadic）两项描述了系统所接受的任务类型。
- prec 的值表示存在优先序约束这个事实。作业中的优先序要求作业以某个偏序关系来执行，它们可能是由作业间的通信引起的。对于嵌入式系统，优先序是常规而不是例外。

对于零星和周期任务集，我们经常根据它们的截止期来区分调度问题。

对于所有 i，$D_i = T_i$ 的情况被称为**隐式截止期任务**，或者称为 Liu-and Layland（L&L）**任务**。这种情形是由 $D_i = T_i$ 项来表示的。

必须满足 $\forall i: D_i \leq T_i$ 的任务集被称为**截止期受约束的任务**。当任务的截止期不需要满足关于其周期的任何约束时，任务被称为**任意截止期任务**。这些情况也可由相应的项来表示。

也可用这个域来描述所要采用的调度类型。例如，我们可以为带有固定优先级的作业和任务使用 fixed-job-prio（固定作业优先级）和 fixed-task-prio（固定任务优先级）项。

此外，我们可以对静态调度和动态调度加以区分。动态调度器在运行时进行决策。它们是相当灵活的，但会在运行时产生开销。同样，它们一般也无法感知全局上下文，如作业之间的资源需求或优先序。对于嵌入式系统，这样的全局上下文通常在设计时可用，并且应对它们加以利用。

静态调度器在设计时做出决策。它们以作业开始时间的规划为基础，并生成一组会转发给简单分发调度器（dispatcher）的开始时间表，分发调度器不能制定决策，但它负责按照表中的时间开始任务。分发调度器可以由定时器来控制，进而对表进行分析。完全由定时器控制的系统被称作**完全时间触发的**（TT 系统）。在 Kopetz[292] 的书籍中详细解释了该类系统：

在一个完全由时间触发的系统中，利用离线支持工具，可以先验地建立所有任务的时间控制结构。这种时间控制结构被编码为**任务描述符列表**（TDL），其包括了该节点所有活动

⊖ 该时间是指，从外部事件出现直至完成响应事件请求的总时间。

的循环时间表[⊖]（见图 6-3）。该时间表考虑了这些任务中所要求的优先序和互斥关系，从而，无须操作系统在运行时显式地进行任务协同。……分发调度器由同步的时钟节拍所激活。其查看 TDL 后，执行为该时刻所规划的动作……

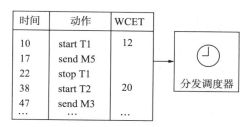

图 6-3　时间触发系统中的 TDL

静态调度的主要优点是，如果满足了时间约束，就很容易被检验："为了满足硬实时系统的时间约束，系统行为的可预测性是最为重要的关注点；预运行时间调度通常只在复杂系统中提供可预测性的实践手段"[576]。其主要不足在于，事件的响应可能会变得非常差。

多处理器调度算法既可以在本地的单处理器上执行，也可以在一组处理器上分布执行。因此，我们也可以对**集中式调度和分布式调度**进行区分，这个差异也可在 β 域中进行表示。

γ 域

γ 域描述了目标函数。本书中，我们考虑该域的如下可能取值。

- L_{max} 项意味着最大延迟被最小化。

定义 6.7 **最大延迟**（maximum lateness）被定义为所有作业中作业完成时间与截止期之差的最大值。如果所有任务都可在截止期之前完成，那么，最大延迟为负值。

- MS_{max} 项表示最小化完成时间的情况（最后一个作业完成的时间）。

定义 6.8 **完成时间**（makespan）被定义为[⊖]：

$$MS_{max} = max_i(f_i) \tag{6.3}$$

- 除了 Pinedo 所考虑的这些项之外，还有其他一些项是与嵌入式系统相关的。例如，我们可能想要最小化能耗，或者甚至会考虑多个目标之间的折中。

可用的调度算法数量繁多，因此，即使是在整本书或整门课程中，也不可能完全覆盖已有的算法。在标准的本科生课程中，通常没有足够的时间来开设关于调度的专门课程（但对于研究生课程而言会有所不同）。因此，在本书中只是简要介绍调度技术。我们知道，很多调度问题是非常复杂的 [40, 430]。在许多情况下，仅能确保近似的最优映射。本书将对嵌入式系统中常用的调度算法进行阐述。表 6-1 列出了本章中的技术总览，从左至右的这些列分别是处理器模型、异步到达时间、抢先、优先序、周期／零星任务与非周期作业、截止期模型（对于周期／零星任务而言）、基于作业的优先级与基于任务的优先级（对于周期／零星任务而言）、全局调度与局部调度（对于多处理器而言）、目标、章节以及算法名称。像最早截止期优先这样的算法是面向非周期系统设计的，但也可用于周期／零星系统。请注意，仅最后三行可完全支持异构处理器，如第一列所见。统一的处理器将仅作为 0/1 多背包模型的一个可

⊖ 该术语指的是本例中的处理器。

⊖ Pinedo 用 C_{max} 表示完成时间，本书中要避免与执行时间 C_i 相混淆。

能用法。如果所有作业都同时到来（对应第二列中为"—"的项），抢先是无用的，因此，第三列被标记为 X。D_i 列的项仅与周期 / 零星任务相关。至于目标，我们观察到在许多情况下延迟是相关的目标。然而，就周期 / 零星调度而言，关键问题在于：是否存在满足这些截止期的调度？对于 HEFT 和 CPOP 启发式算法，完成时间是相关的目标。仅最后一行对应于几个目标的最小化，要么是每次一个目标的方式，要么是使用帕累托最优的实际多目标优化。

表 6-1　本章所阐述或提及的调度技术

α	β							γ	章节	算法
Proc.	r_i	prmp	prec	periodic[a]	D_i	优先级	全局	目标		
1	—	—	—	—	—	—	—	L_{max}	6.2.1.1	最早到期
1	X	X	—	—	—	—	—	L_{max}	6.2.1.2	最早截止期优先
1	X	X	—	—	—	—	—	L_{max}	6.2.1.3	最低松弛度
1	X	—	—	—	—	—	—	L_{max}	6.2.1.4	（定理 6.3）
1	X	X	X	—	—	作业	—	L_{max}	6.2.2.2	最迟截止期优先
1	X	—	X	—	—	—	—	L_{max}	6.2.2.2	[484]
1	X	X	—	X	$=T_i$	任务	—	$\leq D_i$	6.2.3.2	单调速率
1	X	X	—	X	$\neq T_i$	任务	—	$\leq D_i$	6.2.3.5	单调截止期
Pm	—	—	—	—	—	—	X	$m=|\pi|$	6.3.1	装箱理论
Pm	—	—	—	—	—	—	X	$\sum b_i$	6.3.1	0/1 多背包
Pm	X	X	—	X	$=T_i$	—	—	$\leq D_i$	6.3.1	降序首次适应
Pm	X	X	—	X	$=T_i$	作业	X	$\leq D_i$	6.3.2	Pfair
Pm	X	X	—	—	—	作业	X	$\leq D_i$	6.3.3	G-EDF, fpEDF, EDZL
Pm	X	X	—	X	$=T_i$	任务	X	$\leq D_i$	6.3.4	G-RM, RM-US, RMZL
Pm	X	X	—	X	$\neq T_i$	任务	X	$\leq D_i$	6.3.4.3	基于密度
Pm	—	—	X	—	—	—	—	MS_{max}	6.4	ASAP, ALAP
Rm[b]	—	—	X	—	—	—	—	MS_{max}	6.4.3	队列调度
Pm	—	—	X	—	—	—	—	MS_{max}	6.4.4	线性整数规划
Rm	—	—	X	—	—	—	—	MS_{max}	6.5.2	HEFT, CPOP
Rm	—	—	X	—	—	—	—	MS_{max}	6.5.3	[344]
Rm	X	X	X	—	—	—	(X)	various	6.5.4	DOL, HOPES, MAPS, …

a. 面向非周期任务集的算法可应用于周期 / 零星任务集。
b. 列表调度仅以受限的方式支持异构处理器。

与性能评估类似，调度不能被限制于某个设计步骤。相反，在设计该类系统期间，可能会多次需要调度算法。在确定规范时可能已经需要非常粗略的计算。随后，有可能需要更为详细的执行时间预测。在编译之后，关于执行时间的信息会更加详细，因此，可以指定更为精确的调度。最后，有必要在运行时决定接下来要执行哪个任务。相比而言，在时间触发系统中，RTOS 调度可能仅限于对要执行的任务进行简单的表查找。

实际上，对于一个给定的任务集和约束，了解是否存在一个可行的调度是非常重要的。如果对于该任务集和约束集存在一个调度，那么就说，在给定的约束集下该任务集是**可调度的**。对于许多应用，**可调度性测试**非常重要。在很多情形下，总能返回精确结果的测试（称为精确测试、精确检验）本质上是 NP 困难的 [172]。因此，就需要使用充分且必要的测试来进行代替。就充分测试而言，应检验确保调度的充分条件。也存在这种可能性（希望很小的），即使存在一个调度，也无法保证调度。必要性测试以对必要条件的检验作为基础，它们可用于证明不存在调度。然而，在有些情况下，可能通过了必要性测试但仍然不存在调度。

6.2 单处理器调度

我们首先来考虑单处理器系统的情况。根据三元组符号，其对应于 (1|..|..) 的情形。在本节，我们使用 Buttazzo[82] 所著书籍中的一些素材，参考这本书可以获得更多参考资料。

6.2.1 相互独立的作业

本节，我们一开始就将讨论限定为相当特殊的情况，即相互独立的作业在单个处理器上执行。

6.2.1.1 最早到期算法

首先，我们来看看所有作业同时到达的情形，并且尝试最小化延迟。当所有作业同时到达时，抢先显然就是无用的。因此，根据三元组符号，我们会考虑情形 $(1||L_{max})$。

对于该情形，Jackson 在 1955 年给出了一条非常简单的法则 [251]。

定理 6.1（Jackson 法则） 给定一组带有截止期且相互独立的 n 个作业，任何按照非递减截止期执行作业的算法在最小化最大延迟方面都是最优的。

遵从该法则的算法被称为最早到期（Earliest Due Date，EDD）算法。如果截止期是提前已知的，EDD 就可被实现为一个静态调度算法。EDD 要求按照截止期对所有作业进行排序，其复杂度为 $O(n \log(n))$。

证明（EDD 的最优性）：令 $\mathcal{S}$ 是由任意算法 A 生成的一个调度。假设 A 不能得出与 EDD 相同的结果，那么存在作业 J_a 和 J_b，在 J 中 J_b 先于 J_a 执行，即使 J_a 的截止期早于 J_b（$d_a < d_b$）。现在，请考虑一个调度 $\mathcal{S}'$，$\mathcal{S}'$ 是通过交换 J_a 和 J_b 的执行顺序从 $\mathcal{S}$ 得出的（见图 6-4）。

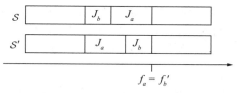

图 6-4 调度 $\mathcal{S}$ 和 $\mathcal{S}'$

在调度 $\mathcal{S}$ 中，J_a 的截止期早于 J_b，但 J_b 先执行。由此，作业 J_a 和 J_b 的最大延迟就是 J_a 的最大延迟，或者说 $L_{\max}(a,b)=f_a-d_a$。

对于调度 $\mathcal{S}'$，$L'_{\max}(a,b)=\max(L'_a,L'_b)$ 是作业 J_a 和 J_b 中的最大延迟。L'_a 是作业 J_a 在调度 $\mathcal{S}'$ 中的最大延迟，相应地定义了 L'_b。存在以下两种可能的情况。

1. $L'_a > L'_b$：在这种情况中，我们有

$$L'_{\max}(a,b)=f'_a-d_a$$

在新的调度中，J_a 更早结束。由此，我们有

$$L'_{\max}(a,b)=f'_a-d_a<f_a-d_a$$

不等式的右侧是调度 $\mathcal{S}$ 中的最大延迟。由此，如下关系成立：

$$L'_{\max}(a,b)<L_{\max}(a,b)$$

2. $L'_a \leqslant L'_b$：在这种情况中，我们有

$$L'_{\max}(a,b)=f'_b-d_b=f_a-d_b\ (\text{见图}6\text{-}4\ )$$

J_a 的截止期较 J_b 的要早，这可得出

$$L'_{\max}(a,b)<f_a-d_a$$

再一次，我们有

$$L'_{\max}(a,b)<L_{\max}(a,b)$$

结果是，通过有限次数的交换，任何调度（不是 EDD 调度）都可转换为 EDD 调度。最大延迟仅可在这些交换期间被减小，因此，EDD 对于该类调度问题是最优的。 □

6.2.1.2 最早截止期优先算法

我们接下来考虑单处理器系统中不同释放时间的情况。在该情形下，抢先可潜在地减小最大延迟。根据三元组符号，这对应于情形 $(1|r_i, \text{prmp}|L_{\max})$。

最早截止期优先（Earliest Deadline First，EDF）算法在最小化最大延迟方面是最优的。该算法基于如下定理[213]。

定理 6.2 给定一个有 n 个相互独立且到达时间任意的作业集，在任何时刻都执行所有就绪作业中绝对截止期最早的任务的算法，其在最小化最大延迟方面是最优的。

EDF 要求，每当出现一个新的就绪作业时，该作业就应被插入就绪作业的队列中，并按照它们的截止期进行排序。因此，EDF 是一个动态调度算法。如果新到达的作业被插入队列头部，则当前正在执行的作业会**被抢先**。如果该队列使用了排序链表，则 EDF 的复杂度就是 $O(n^2)$。桶数组可用来减小该执行时间。

示例6.1 图 6-5 给出了由 EDF 算法得出的调度。在时间 4，作业 J_2 拥有更早的截止期，因此，它抢先 J_1。在时间 5，作业 J_3 到来，由于其截止期更晚，因此该作业就不会抢先 J_2。J_1 的截止期晚于 J_3，因此，其仅在 J_3 结束之后才能继续执行。在图 6-5 中没有包括 J_1 的截止期。

显然，优先级是动态的：它们取决于接下来的截止期。因为 EDF 使用了动态优先级，所以不能和仅支持固定优先级的操作系统一起使用。然而也已证明，我们可以在应用层对操

作系统进行扩展，从而模拟出一个 EDF 策略[127]。

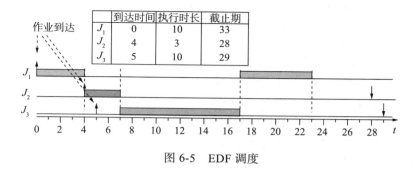

图 6-5　EDF 调度

证明（定理 6.2）：令 $\mathcal{S}$ 是某个算法 A 所生成的调度，A 不同于 EDF；令 $\mathcal{S}_{EDF}$ 是由 EDF 生成的调度。现在，我们将时间划分为长度为 1 的不相交区间⊖。每个区间覆盖了 $[t, t+1)$ 范围内的时间。令 $\mathcal{S}(t)$ 是根据调度 $\mathcal{S}$ 在区间 $[t, t+1)$ 中执行的作业；令 $E(t)$ 是 t 时刻的所有作业中截止期最早的作业；令 $t_E(t)$ 是在调度 $\mathcal{S}$ 中作业 $E(t)$ 开始执行的时间（$\geqslant t$）。

$\mathcal{S}$ 不是 EDF 调度，因此，必定存在我们没有执行具有最早截止期作业的时间 t。对于 t，我们有 $\mathcal{S}(t) \neq E(t)$（见图 6-6）。

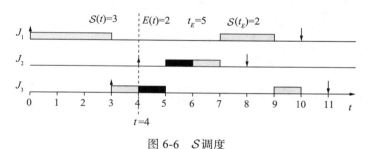

图 6-6　$\mathcal{S}$ 调度

为 Jackson 法则使用相同的参数，我们可证明图 6-7 所示的交换 $\mathcal{S}(t) \neq E(t)$ 并不增加最大延迟。

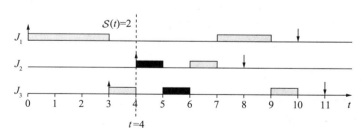

图 6-7　交换作业 $\mathcal{S}(t)$ 和 $E(t)$ 之后的调度

通过一组交换，可将任何非 EDF 调度转换为一个不会增加最大延迟的 EDF 调度。这证明，在所有可能的调度算法中 EDF 是最优的。

我们可以证明，假如交换是在调度 $\mathcal{S}$ 中，则它们将保证所有的截止期。根据最初的假

⊖　这里假设有一个离散时间域，其可被扩展至连续时间域。

设，调度 $\mathcal{S}$ 中的最大延迟是 0。由于 EDF 返回最小化最大延迟的最优调度，因此 EDF 调度的最大延迟也为 0。对于这个问题类型，EDF 调度就是满足截止期的最优调度。　　　□

6.2.1.3　最低松弛度算法

关于松弛度，我们现在来看情形 $(1|r_i, \text{prmp}, ..|..)$，目标是要找到一个调度（如果存在）。最低松弛度（Least Laxity，LL）、最少松弛时间优先（Least Slack Time First，LST）以及最小松弛度优先（Minimum Laxity First，MLF）是三个基于松弛度的调度策略[332]。根据最低松弛度调度，作业优先级是松弛度的单调减函数（见式（6.1）；松弛度越小，优先级越高）。松弛度是动态变化的，需要动态地重新计算。负的松弛度对可能错过的截止期发出早期告警。最低松弛度调度也是抢先式的，抢先并不限定在新作业出现的时刻。

示例6.2　图 6-8 给出了一个最低松弛度调度以及计算松弛度的示例。和之前一样，在时间 4，作业 J_1 被抢先。在时间 5，J_2 也被抢先，这是由于作业 J_3 的松弛度更低。

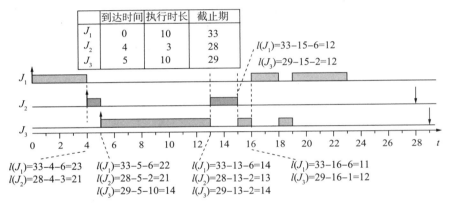

图 6-8　最低松弛度调度　　　▽

可以证明（在参考文献 [332] 中这是一个练习），对于以满足截止期为目标的单处理器系统而言，LL 也是最优调度策略。这意味着可以找到一个调度（如果存在）。鉴于其动态优先级，它不能与只支持固定优先级的标准操作系统一起使用。此外，与 EDF 调度相比，LL 调度需要关于执行时间的信息，且通常会引起大量的上下文切换。因此，它的使用仅限于需要发挥其属性的特定情形。同样，松弛度在多处理器调度中也能发挥作用，如 6.3.3.2 节和 6.3.4.2 节所述。

6.2.1.4　无抢先调度

我们来考虑不允许抢先的情况，表示为 $(1|r_i|L_{\max})$。

定理 6.3　如果不允许抢先，最优调度必须让处理器在某些时刻处于空闲状态，以便完成截止期较早、到达较晚的作业。

证明：我们假设一个最优的非抢先式调度器（对未来一无所知）从不让处理器处于空闲状态，该调度器应以最优方式调度图 6-9 所示的情况（必须找到一个调度，如果存在的话）。对于图 6-9 中的示例，我们假设有两个作业。令 τ_1 是 $C_1 = 2$、$T_1 = 4$、$D_1 = 4$ 且 $r_1 = 0$ 的周期性任务；令 τ_2 是 $C_2 = 1$、$D_2 = 1$、$T_2 = 4$ 且 $r_2 = 1$ 的零星任务，例如在时间 $4n+1$ 时间零星出现。

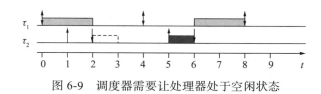

图 6-9　调度器需要让处理器处于空闲状态

基于上述假设，调度器必须在时间 0 开始执行作业 τ_1，因为它不应留有任何的空闲时间。由于调度器是非抢先的，当 τ_2 在时间 1 可用时并不能开始执行，因此，τ_2 错过了截止期。如果调度器让处理器空闲（如图 6-9 中的时间 4 所示），就可以找到一个可行的调度。因此，这个调度器不是最优的。这与最优调度器不让处理器在某些时间空闲的假设相矛盾。　□

我们断定：为了避免错过截止期，调度器需要有关于未来的信息。该类算法被称为**可预见未来的**（clairvoyant）算法。在有可执行任务的情况下，让处理器空闲的算法不是**工作保持的**（work conserving）。

定义 6.9　如果一个调度算法不允许出现有可执行任务但处理器却是空闲状态的时刻，那么该算法就是**工作保持的**[116]。

如果没有提前得到关于到达时间的信息，那么，就没有可以决定是否让处理器保持空闲的在线算法。

如果到达时间是提前已知的，这个调度问题就变成一般的 NP 困难问题，这时，分支与边界技术通常用于生成调度。

6.2.2　带有优先序约束的调度

接下来，我们考虑优先序约束，相应的三元组符号表示为 $(1|r_i, \text{prmp}, \text{prec}|L_{\max})$。

6.2.2.1　任务图

优先序约束是用有向无环图（DAG）$G=(\tau, E)$ 来表示的，集合 τ 表示 DAG 中的顶点（或节点），$E \subseteq \tau \times \tau$ 是边的集合。

示例6.3　图 6-10 给出了一个示例，其中边说明了源节点（表示边的元组中的第一个元素）必须在它们的汇聚节点（表示边的元组中的第二个元素）之前执行，顶点标号表示任务数，边标号则表示通信容量。　▽

将应用描述为 DAG 有如下几个方面的原因。

- 一方面，每个顶点可对应于一个任务实例，那么，边就表示任务之间的依赖关系。
- 另一方面，多处理器的可用性引出了将任务划分为子任务并在不同处理器上以交叉方式执行这些子任务的想法。每个顶点对应于一个子任务。将任务自动分解为多个子任务以有效利用并行处理器，这被称为**自动并行化**（automatic parallelization）。对于给定数量的子任务，自动并行化要比自动调度难得多。

创建 DAG 的这两种情形可以组合的方式来使用：我们可以拥有任务间的依赖关系，以及任务可被划分为子任务。接下来，假设该 DAG 表示如上所述的一种情形，且我们将 DAG 称为**任务图**。调度与 DAG 实际是如何生成的并无关系。

示例6.4　图 6-11 给出了一个带有消息传递的简单任务图的有效调度，任务 τ_3 只能在任务 τ_1 之后执行，τ_2 已经完成且向 τ_3 发送消息。　▽

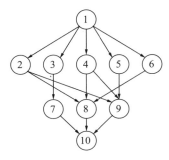

图 6-10　任务的有向无环图

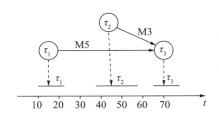

图 6-11　优先序图与调度

6.2.2.2　最迟截止期算法

Lawler[312] 提出了一个在依赖任务或作业同时到达时最小化最大延迟的优化算法，该算法被称为最迟截止期优先（Latest Deadline First，LDF）算法。LDF 读取任务图。在没有后继任务的所有任务中，选取截止期最迟的一个任务并将其放入一个队列。之后，重复这样一个过程：总是从后继任务已被选择且插入该队列的任务中选择截止期最迟的任务。在运行时，以进入队列的**相反**顺序执行这些任务。LDF 是非抢先的，对单处理器是最优的。

示例6.5　考虑图 6-11 所示的情形。LDF 会先将 τ_3 加入队列，因为这个任务没有后继任务。τ_1 和 τ_2 的后继任务都已被选中。这两个后继任务中的哪一个先被存入队列要取决于它们的截止期。具有较晚截止期的节点先被存入队列。在运行时，以相反的顺序处理该队列，例如从 τ_1 开始。　　　　　　　　　　　　　　　　　　　　　　　　　　　　　▽

我们可以用修改的 EDF 算法来处理异步到达时间的情况。其关键思想是，要将问题从一个给定相互依赖的作业集转换为一个带有不同时间参数且相互独立的作业集[99]。该算法也是单处理器系统中的最优算法。

如果不允许抢先，可以采用 Stankovic 和 Ramamritham[484] 开发的启发式算法。

6.2.3　无优先序约束的周期性调度

接下来，我们将考虑周期性的情形。我们将主要关注任务而不是作业，因为其可以为任务派生出周期系统的大多数属性。我们将限定于描述任务相互无关的情形，三元组符号描述为 $(1|r_i, \text{prmp}, \text{periodic}|..)$。

6.2.3.1　符号

对于周期性调度而言，与非周期性调度相关的目标的用处不大。例如，当我们讨论作业的无限重复时，最小化调度总长度就不是一个问题。我们能做的最好事情就是设计一个总能找到调度（如果有的话）的算法，这促使我们为周期性调度定义最优度。

定义 6.10　对于周期性调度，当且仅当调度器能找到一个可行的调度（如果存在的话），这个调度器就被认为是**最优的**。

定义 6.11　对于周期和**零星**任务系统 $\tau = \{\tau_1, \cdots, \tau_n\}$，任务利用率的定义如下：

$$u_i = \frac{C_i}{T_i} \tag{6.4}$$

这意味着，对于零星任务系统，使用与周期系统相同的定义，即使 T_i 只表示作业的最小间隔。

定义 6.12   对于任务系统 $\tau=\{\tau_1,\cdots,\tau_n\}$，其中任务 τ_i 的利用率为 u_i，我们给出最大以及总利用率的定义：

$$U_{\max}=\max_i(u_i) \tag{6.5}$$

$$U_{\text{sum}}=\sum_i u_i \tag{6.6}$$

6.2.3.2　单调速率调度

单调速率（Rate Monotonic，RM）调度[331]可能是面向独立周期任务的最为著名的调度算法。单调速率调度基于如下假设（"**单调速率假设**"）。

1. 所有具有硬截止期的任务都是周期性的。

2. 所有任务都是独立的。

3. 对于所有任务，$D_i=T_i$。

4. C_i 是常数，且对于所有任务是已知的，不允许自挂起（自愿放弃执行）。

5. 上下文切换所需时间可以忽略。

6. 对于单个处理器以及 n 个任务，如下等式对于累计利用率 U_{sum} 成立：

$$U_{\text{sum}}=\sum_{i=1}^{n}\frac{C_i}{T_i}\leqslant n(2^{1/n}-1) \tag{6.7}$$

图 6-12 给出了式（6.7）右侧部分的图示。

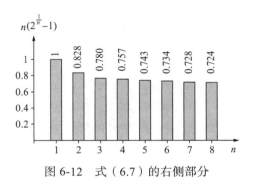

图 6-12　式（6.7）的右侧部分

对于更大的 n 值，右侧部分约为 0.7：

$$\lim_{n\to\infty}n\times(2^{1/n}-1)=\ln(2)=\ln(2)\ (\sim 0.7) \tag{6.8}$$

随后，根据单调速率调度策略可知，**任务的优先级是周期的单调减函数**。换句话说，周期短的任务将拥有高优先级，而长周期的任务将被分配低优先级。单调速率调度是一种具有**固定优先级**的**抢先式调度策略**。

示例6.6　图 6-13 所示为由单调速率调度生成的调度示例。任务 τ_2 被抢先了多次，双箭头表示作业的到达时间以及前一个作业的截止期，任务 $\tau_1 \sim \tau_3$ 的周期分别为 2、6 和 6，执行时间分别为 0.5、2 和 1.75。任务 τ_1 具有最短的周期，因此其具有最高的速率和优先级。每当任务 τ_1 出现时，它的作业就会抢先当前执行的任务。任务 τ_2 与任务 τ_3 的周期相同，它们彼此不能抢先。　　　　　　　　　　　　　　　　　　　　　　　　　　　　　　　　▽

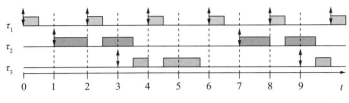

图 6-13　由 RM 调度生成的调度示例

　　式（6.7）要求不使用处理器的某些计算能力，以确保及时满足所有请求。那么，在利用率上出现这种限制的原因是什么？关键原因在于，单调速率调度具有静态优先级，这可能会抢先一个截止期临近的任务，以支持某个截止期更晚、优先级更高的任务。之后，优先级低的任务可能会错过截止期。

　　示例6.7　在图 6-14 中，任务参数为 $T_1=5$、$C_1=3$、$T_2=8$ 以及 $C_2=3$。这里，没有足够的空闲时间可用来保证 RM 调度的可调度性。

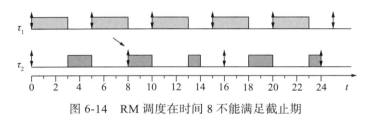

图 6-14　RM 调度在时间 8 不能满足截止期

　　在这种情况中，$U_{sum} = \dfrac{3}{5} + \dfrac{3}{8} = \dfrac{39}{40} = 0.975$。$2\left(2^{\frac{1}{2}}-1\right)$ 大约为 0.828。因此，就不能确保 RM 调度的可调度性，而且，实际上在时间 8 就错过了截止期。我们假设，在下一个周期中不会再调度执行这些已错过的计算。　　　　　　　　　　　　　　　　　　　　　　　　　　$\triangledown$

　　如果处理器的利用率非常低，那么这些错过截止期的情况就不可能发生，很显然，它们是在利用率高的时候才发生的，如图 6-14 所示。如果式（6.7）中的条件得到满足，就可确保利用率足够低，进而防止类似于图 6-14 中的问题出现。式（6.7）是**充分**条件。这意味着：当条件不满足时，我们仍然可能找到一个调度。当然，还存在其他充分条件[57]。

　　RM 调度有如下重要优点。
- 结果表明，该算法是单处理器系统中最优的固定优先级抢先调度算法[57]。
- 它是基于**静态优先级**的，从而可以应用于具有固定优先级的操作系统。
- 如果以上 6 个 RM 假设都被满足，则所有的截止期也都将被满足（见 Buttazzo[82]）。

　　RM 调度也是诸多可调度性形式化证明的基础。如果调度中最有问题的情况是已知的，那么，示例的设计和证明就会很容易。首先，我们假设如下属性。

　　性质 6.1　我们假设每个作业都在同一任务的下一个作业被释放之前完成。

　　定义 6.13　任务 τ_i 的临界时刻（critical instant）被定义为时刻 t，在该时刻任务的释放将具有最大的响应时间。

　　定理 6.4（临界时刻定理）　对于固定优先级调度，如果任务 τ_i 与所有更高优先级的任务同时释放，那么，每个任务 τ_i 在单处理器系统上执行的响应时间就是最大化的。

　　证明：这里，我们给出由 Liu 和 Layland[331] 提出的原始证明，并使用这些作者的措辞（除了修改符号以与我们的描述相一致）："令 $\tau=\{\tau_1,\cdots,\tau_n\}$ 表示按照优先级排序的任务集，τ_n

是优先级最低的任务。考虑在 t_1 时刻出现一个对 τ_n 的特定请求。假定在 t_1 和 t_1+T_n 之间，在 τ_n 的后续请求出现的时刻，要求任务 τ_i（$i < n$）出现在 t_2，t_2+T_i，t_2+2T_i，$\cdots$，t_2+kT_i 时刻，如图 6-15 所示。显然，τ_i 抢先 τ_n 将导致在 t_1 时间完成所出现的 τ_n 请求有一些延迟，除非在 t_2 之前已完成对 τ_n 的请求。而且，从图 6-15 中我们可以立即看出，推进请求时间 t_2 并不能加速 τ_n 的完成。完成时间要么不变，要么被这样的推进所延迟。因此，当 t_2 与 t_1 重合时，τ_n 的完成延迟最大。对于所有的 τ_i（$i=2, \cdots, m-1$），重复这个讨论，我们就证明了这个定理。" ☐

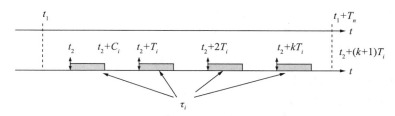

图 6-15　某个有更高优先级的任务 τ_i 延迟任务 τ_n

在这个证明中隐式地使用了性质 6.1。如果我们考虑一般情况（假设性质 6.1 不成立的情形，请参见 Baker[32]），定理 6.4 依然成立，但证明会变得更加复杂，如 Devillers 等 [124] 和 Bril[71] 所述⊖。

当调度单处理器系统时，临界时刻定理是非常有用的。一般而言，临界时刻定理对于多处理器系统并不成立，这使得证明更难。因此，这条定理的有效性确实应该得到重视！

现在，我们来看看 RM 调度的其他属性。处理器的空闲时间或剩余能力（spare capacity）并非总是需要的。

定理 6.5　令 τ 是一个周期任务系统。如果所有任务的周期是次高优先级任务的周期的倍数，那么，当下式成立时就可以用 RM 调度来调度 τ。

$$U_{\text{sum}} \leqslant 1 \tag{6.9}$$

示例6.8　如果电视机中的任务必须以 20Hz、50Hz 和 100Hz（或 30Hz、60Hz 和 120Hz）的速率执行，那么该要求是满足的。　▽

证明（定理 6.5）：令任务是按照优先级排序的，因此，$\forall i: T_i \leqslant T_{i+1}$。考虑某个任务 τ_i 以及拥有次低优先级的任务 τ_{i+1}（见图 6-16）。请注意，τ_{i+1} 的第二个截止期与 τ_i 的第四个截止期完全重合。我们可以将任务 τ_{i+1} 的执行时间折叠到 τ_i 的执行时间并创建一个新的任务 τ'_{i+1}，该任务中包含原有两个任务的执行时间。如果两个任务的总执行时间不超过 τ_{i+1} 的周期，这种折叠是可行的。可以采用同样的方式与次低优先级的任务重复执行这个过程。总体上，只要总利用率不超过 1，这种折叠就是可行的。 ☐

⊖　这个提示由多特蒙德工业大学的 J. J. Chen 给出。

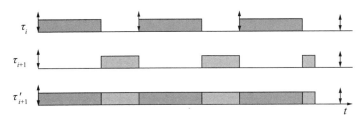

图 6-16　将相邻优先级的任务进行折叠

式（6.7）或式（6.9）提供了检验可调度性条件的简单方法。

鉴于临界时刻定理，RM 调度的最优度证明仅需考虑任务与所有其他更高优先级任务同时释放的情形。

6.2.3.3　最早截止期优先调度

EDF 也可应用于周期任务集。

图 6-14 所给示例的超周期为 40，显然，这足以解决单个超周期的调度问题。随后，可在其他超周期中重复这个调度，这是从 EDF 对非周期调度的最优度中得出的，EDF 对单个超周期是最优的，因而对整个调度问题也就是最优的。这里，无须满足额外约束来确保最优度。这意味着，EDF 对于 $U_{sum}=1$ 的情况也是最优的。

示例6.9　如果用 EDF 来调度图 6-14 中的示例，不会错过任何截止期（见图 6-17）。在时间 5 的调度行为与 RM 调度不同：由于 τ_2 较早的截止期，其不会被抢先。　　　　　　▽

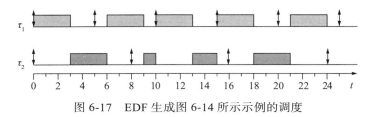

图 6-17　EDF 生成图 6-14 所示示例的调度

6.2.3.4　显式截止期任务

现在，我们转而考虑截止期不同于周期的任务，该类任务被称为显式截止期任务。该类系统中的每个任务 τ_i 被表示为一个三元组 (C_i, D_i, T_i)，其中，D_i 是相对截止期并且有 $D_i \leqslant T_i$。$D_i \leqslant T_i$ 的情况被称为约束截止期的情形。任意截止期情形的特点是不存在这种约束。显然，带有显式截止期任务的类型比隐式截止期的任务类型要更具有一般性，且每个隐式截止期任务也是一个显式截止期任务。

对于描述显式截止期任务的计算需求，利用率的价值是有限的。在一定程度上，密度比利用率要具有更大的作用。密度的定义如下：

$$\text{dens}_i = \frac{C_i}{\min(D_i, T_i)} \tag{6.10}$$

$$\text{dens}_{sum}(\tau) = \sum_{\tau_i \in \tau} \text{dens}_i \tag{6.11}$$

$$\text{dens}_{max}(\tau) = \max_{\tau_i \in \tau}(\text{dens}_i) \tag{6.12}$$

密度值表示了计算需求的特征，更严格的边界是由需求上界函数（DBF）给出的。

定义 6.14 对于任何零星任务 τ_i 以及任意实数 $t \geqslant 0$，**需求上界函数** $\mathrm{DBF}(\tau_i, t)$ 就是可由 τ_i 生成的所有作业的最大累计执行需求，这使得这些作业的释放时间和截止期都处于长度为 t 的连续区间之中。

在区间 $[t_0, t_0 + t)$ 上，如果 τ_i 的一个作业在区间开始时到达——例如，在 t_0 时刻——且其后续作业会尽可能快地到达，例如，在时刻 $t_0 + T_i$，$t_0 + 2T_i$，$t_0 + 3T_i$，$\cdots$，那么 τ_i 的整个执行需求就是最大化的。由这个观察可得出式（6.13）[40, 42]：

$$\mathrm{DBF}(\tau_i, t) = \max\left(0, \left(\left\lfloor \frac{t - D_i}{T_i} \right\rfloor + 1\right) C_i\right) \tag{6.13}$$

密度和需求上界函数是有关系的。

引理 对于所有任务 τ_i 以及所有的 $t \geqslant 0$：

$$t \times \mathrm{dens}_i \geqslant \mathrm{DBF}(\tau_i, t) \tag{6.14}$$

证明：我们来比较描述密度与 DBF 随时间变化的图，图 6-18 给出了这两个函数。

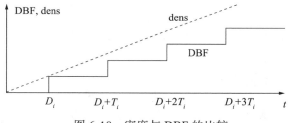

图 6-18 密度与 DBF 的比较

式（6.14）的左端是斜率为 dens_i 的直线，DBF 是阶跃高度为 C_i 的阶跃函数。每当任务必须被执行时，阶跃函数增加 C_i，第一个阶跃发生在 $t = D_i$ 时。由密度的定义可知，这个阶跃不会超过这条直线。以后的阶跃将出现在 $t = D_i + T_i$、$t = D_i + 2T_i$、$t = D_i + 3T_i$ 时刻，以此类推，因为在这些时间区间之后需求都会增加 C_i。再次说明，这些阶跃不会越过这条直线。 □

当截止期不同于周期时，可以通过扩展 EDF 来方便地处理这种情况。对于单调速率调度，这个扩展被称为单调截止期调度。

6.2.3.5 单调截止期调度

可用**单调截止期（DM）调度**来处理显式截止期任务。对于 DM 调度，静态优先级是基于非增长截止期的：对于任意两个任务 τ_i 和 $\tau_{i'}$，如果 $D_i < D_{i'}$，τ_i 的优先级就高于 $\tau_{i'}$ 的。

对于约束截止期任务，式（6.7）可被推广至式（6.15），这是充分但非必要的[82]。

$$\sum_{i=1}^{n} \frac{C_i}{D_i} \leqslant n(2^{1/n} - 1) \tag{6.15}$$

6.2.4 带有优先序约束的周期性调度

依赖于调度的任务比独立于调度的任务更有难度，特别是在非抢先情况下（三元组表示为 $(1|r_i, \mathrm{prec}, \mathrm{periodic}|L_{\max})$）。对于给定的依赖任务集以及截止期，判定是否存在一个非抢先

调度的问题是 NP 完全的[172]。为了减少这种调度开销，我们可以使用不同的策略：

- 增加附加资源以使得调度变得更加容易。
- 将调度划分为静态部分和动态部分。使用这个方法可在设计时做出尽可能多的决策，而为运行时留下最少的决策。

6.2.5 零星事件

在零星事件的情况下，可以将零星事件连接到中断，同时，如果该中断的优先级是系统中最高的，就立即执行它们。然而，这将导致其他的任务会产生不可预测的计时行为。因此，就采用了专门的**零星任务服务器**，该服务器每隔一定时间就执行并检查就绪的零星任务。这种方式下，零星任务从本质上就被转换成了周期任务，从而提升了整个系统的可预测性。

6.3 相同多处理器上独立作业的调度

接下来，我们将考虑多处理器的情形，原因是其在现代嵌入式系统中以多核的形式被广泛使用。在从单处理器转向多处理器的过程中，必须要考虑很多问题。首先，我们假设有 m 个相同的处理器（或者"核"），此外，假设正在处理一个任务系统 $\tau=\{\tau_1, \cdots, \tau_n\}$，其中，在周期任务和零星任务的情况下，每个任务 i 的特点是由最坏执行时间（WCET）C_i 以及周期 T_i（除非另作说明，否则周期也可当作截止期的定义）表示的。每当任务的周期或零星属性不相关时，我们也可以关注一个带有显式截止期 d_i 的作业集。

对于多处理器，仅决定何时执行任务或者作业是不够的。当然，我们必须决定何时执行作业以及在**哪里**执行它们。因此，一个一维问题就变成二维问题。

对于 m 个相同的处理器，可调度性的显而易见的必要条件是：

$$\forall i: u_i \leqslant 1 \qquad (6.16)$$
$$U_{sum} \leqslant m \qquad (6.17)$$

6.3.1 隐式截止期任务的分区调度

接下来的内容主要是以 Baruah 等[40]所著书籍为基础的，同时，用 Davis 等[116]的综述论文以及 I. Puaut[436, 437]的幻灯片等其他来源的素材进行补充。Baruah 等聚焦于零星任务系统。在一定程度上，其动机基于这样一个事实：该类系统与周期任务系统相比，作业的释放不需要全局时间同步。相反，维护一个可保持最小区间 T_i 的时基就足够了。同样，出于复杂性原因，零星任务系统也被考虑进来。我们从考虑相同多处理器上的零星隐式截止期任务开始。在三元组表示中，这对应于 $(Pm|D_i=T_i, sporadic|..)$ 的情形。

此外，我们首先被限定在分区调度的情形。这意味着，每个任务被分配给一个特定的处理器。任务迁移是不被允许的。可通过装箱理论（bin packing）来解决面向同步到达时间的分区调度，为实时调度调整的符号定义如下。

定义 6.15（Souza[479]的第 10 章）令 $\tau=\{1, \cdots, n\}$ 是物品的集合，每个物品 $i \in \tau$ 的大小为 $c_i \in (0,1]$；令 $\pi=\{1, \cdots, m\}$ 是容量为 1 的箱子集合。找到一个分配方案 $a: \tau \to \pi$，使得非空箱子的数量 $m \leqslant n$ 是最小的且被分配的大小不超过箱子的容量，这一问题被称为**装箱问题**。

我们知道装箱问题是 NP 困难的[172]，诸如 Korf[294]提出的最优算法需要大量的运行时间。将该调度问题形式化为一个装箱问题的目标是最小化处理器的数量 m。

对于给定的 m 个处理器，将同步到达时间的调度建模为一个背包问题更为合适，准确地讲，是一个 0/1 多背包问题。这个问题可被定义为如下形式，再次使用为实时调度调整的符号。

定义 6.16（Martello[351]）　令 $\tau=\{1,\cdots,n\}$ 是 n 个物品的集合，每个物品的大小为 c_i 且收益为 b_i；令 π 是 m 个背包的集合且 $m\leqslant n$，每个背包的容量为 κ_k。假设我们能够将物品的子集部分地分配到这些背包上，以使得

$$a:\tau\to\pi\quad 有\quad\forall k:\sum_{i,a:i\to k}c_i\leqslant\kappa_k \tag{6.18}$$

选择不相交的物品子集以使将物品放入背包的总利润 $\sum b_i$ 最大化，这个问题被称为 0/1 **多背包问题（MKP）**。

我们可以基于 0/1 多背包问题的算法，将一组作业分配给 m 个处理器。对于相同的多个处理器而言，容量是完全相等的。对于统一的多个处理器，我们可以使用容量来考虑处理器的速度。0/1 多背包问题也是 NP 困难的。请注意，我们可能并不会调度所有任务。

考虑同步到达时间调度的复杂性，在实际中不会存在对该类通用问题的有效优化算法，常采用启发式算法。常见的启发式算法会以特定序列形式来考虑任务与处理器。根据所采用的序列，启发式算法有所不同。Lopez 等[338]比较了多种启发式算法，它们被限定于合理分配算法，定义如下。

定义 6.17（合理分配（RA））　算法被定义为，仅当任务不适合平台上的任何处理器时，该任务才不能在这个多处理器平台上进行分配。

定义 6.18（合理分配递减（RAD））　算法被定义为，一个以利用率的非递减顺序来考虑任务的 RA 算法。

Lopez 等所研究的算法是通过结合这两个特性的所有可能组合而得到的。

1. 考虑任务的顺序：可以根据利用率的递减顺序（记为 D）、利用率的递增顺序（记为 I）以及任意顺序（用空字符表示）来考虑任务。

2. 处理器分配的搜索策略。如果我们以某种排序方式来考虑处理器，那么**首次适应（FF）策略**将分配与其相适应的第一个处理器，**最差适应（WF）策略**将分配具有最大剩余容量的处理器，**最佳适应（BF）策略**将分配其所能适应的、具有最小剩余容量的处理器。

这样的组合总共有 9 种，所有组合都可被高效实现。例如，算法 FFD 的详细描述如下。

```
根据非递增的利用率 ui=Ci/Ti 对任务集进行排序；
/* 假设任务集是根据排序重新编号的；*/
for(mt=0; mt ≤ m; mt++) K[mt]=1;                    /* 初始容量 */
for(i=1; i≤n; i++) {                                /* 对每个任务 */
  for(mt=1;(ui > K[mt]) and(mt≤m); mt++)            /* 容量足够？*/
    if(mt > m) mt=0 ;                               /* 没有解，使用索引 0 */
  a[i]=mt;                                          /* 返回数组中的处理器分配 */
  K[mt]=K[mt]-ui ;                                  /* 更新剩余容量 */
}
```

当然，启发式算法并不是最优的，可能存在的问题是：我们离最优有多远？许多出版物

中讨论了所需额外处理器的数量上界，这是与最优装箱问题所需的最少处理器数量相比而言的，Dosa[131] 的论文就是这样的一个示例。对于实时系统，与之相关的不同问题是：对于给定数量的处理器，是否存在可保证可调度性的总利用率的任何边界？Lopez 等 [338] 证明了这个优化边界。

定理 6.6　任何合理的分配算法都有不小于下式的利用率边界。

$$U_{B1}(U_{max}) = m - (m-1)U_{max} \tag{6.19}$$

证明：当利用率为 u_i 的任务不能被分配时，每个处理器必须都拥有分配给它的任务且每个处理器的利用率大于 $(1-u_i)$。那么，所有被分配任务以及包括 τ_i 在内的总利用率就必须超过

$$m(1-u_i) + u_i = m - (m-1)u_i \tag{6.20}$$

$$\geq m - (m-1)U_{max} \tag{6.21}$$

当分配不可行时，该条件必须被满足。　　　　　　　　　　　　　　　　□

此外，以如下形式定义 β：

$$\beta = \left\lfloor \frac{1}{U_{max}} \right\rfloor \tag{6.22}$$

β 是可在单个处理器上运行的任务集的任务数量下界，我们假设 EDF 用于每个处理器上的本地调度。Lopez 等也证明了如下定理。

定理 6.7　不存在利用率边界大于下式的分配算法。

$$U_{B2}(\beta) = \frac{\beta m + 1}{\beta + 1} \tag{6.23}$$

证明：见 Lopez 等 [338]。　　　　　　　　　　　　　　　　　　　　□

Lopez 等也证明了 WF 和 WFI 以式（6.19）作为它们的下界，其他的算法以式（6.23）作为它们的下界。每当 U_{max} 接近于 1 时，式（6.19）中的边界也接近于 1：

$$U_{B1}(1) = 1 \tag{6.24}$$

当 U_{max} 接近于 1 时，β 为 1 且 U_{B2} 为：

$$U_{B2}(1) = \frac{m+1}{2} \tag{6.25}$$

式（6.25）中的边界允许我们采用较式（6.24）中的边界更加高效的方式来使用多处理器。因此，若考虑这些边界的话，WF 和 WFI 就不如其他 7 个算法。实验表明，FFD 优于 FF，FFI 和 BFD 优于 BF 和 BFI[40]。支持这种观察结果的理论证明 [40] 也是存在的。

以上给出的 9 个算法都是相对简单的算法。我们避免了对同一问题提出更详细的算法，这是因为所考虑的问题过于简化，无法应用到实际应用之中。

- 如本节所述，调度问题是一个非常受限制的问题。不存在优先序和抢先，且只能采用相同的处理器。
- 分区调度可能导致存在未使用的处理器资源，甚至是在有作业的情形下。这意味着，分区调度并非工作保持的，因此最优度不能被保证。

本节内容给出的是基础知识，而非实际应用所需要的更为复杂的方法，如下文中所阐述的方法。

6.3.2　面向隐式截止期的全局动态优先级调度

使用全局调度可以避免有作业时处理器却未被使用的问题。对于全局调度，将处理器分配给任务或作业是动态的。这给予我们更大的灵活性，特别是在工作负载或处理器的可用性不断发生变化时。在没有执行约束时，利用率的上界（如式（6.19）和式（6.23）中所示的）可由下式替代：

$$U_{sum} \leqslant m \tag{6.26}$$

然而，更好的利用率边界以及灵活性是以调度决策、抢先和作业迁移的开销为代价的。

比例公平（pfair）调度[41]的关键思想是，它以对应于利用率的速度来执行每个任务⊖。例如，如果对于一个任务集有 $u_i = 0.5$，那么，每个任务都应执行大约该时间的一半，忽略处理器的数量。对于比例公平调度，我们假设时间是用整数来量化和枚举的。同样，假设也用整数来表示参数 C_i 和 T_i。

定义 6.19　在时间 t，调度 $\mathcal{S}$ 中任务 τ_i 的延迟（lag，记为 lag($\mathcal{S}$, τ_i, t)）是任务已收槽数与应收槽数之间的差值：

$$\text{lag}(\mathcal{S}, \tau_i, t) = u_i t - \sum_{u=0}^{t-1} \text{alloc}(\mathcal{S}, \tau_i, u) \tag{6.27}$$

第一项是任务 τ_i 的目标执行时间，第二项是任务在调度 $\mathcal{S}$ 中已被执行的时间。如果延迟保持在区间内 $(-1, +1)$ 内，就说这个调度是比例公平调度。

示例6.10　在图 6-19 中，给出了实际时间相对于真实执行时间的函数。总的执行时间应介于两条虚线之间。　　　　　　　　　　　　　　　　　　　　　▽

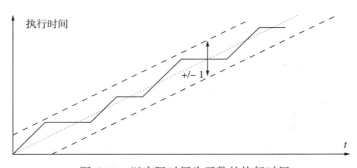

图 6-19　以实际时间为函数的执行时间

对于比例公平调度，我们将每个任务 τ_i 划分为一组子任务 τ_i^j，其中，j 枚举了执行区间。对于每个子任务，我们定义一个伪释放时间和伪截止期：

$$r(\tau_i^j) = \left\lfloor \frac{j-1}{u_i} \right\rfloor \tag{6.28}$$

⊖　pfair 调度的阐述以 I.Puaut 的幻灯片为基础[437]。

$$d(\tau_i^j) = \left\lceil \frac{j}{u_i} \right\rceil \qquad (6.29)$$

示例6.11　考虑一个 $C_i=8$、$T_i=11$ 的任务 τ_i。对于每个 j 图 6-20 给出了所分配执行槽数的可能区间。

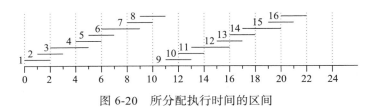

图 6-20　所分配执行时间的区间

例如：

$$r(\tau_i^6) = \left\lfloor \frac{6-1}{8/11} \right\rfloor = \left\lfloor \frac{55}{8} \right\rfloor = 6$$

$$d(\tau_i^6) = \left\lceil \frac{6}{8/11} \right\rceil = \left\lceil \frac{66}{8} \right\rceil = 9$$

任务 τ_i 的第六个子任务必须在时间区间（6:9）中执行。　　　　　　　　　　　　▽

　　Baruah 等 [40] 的书中提出了一种为执行槽数分配正确数量的具体方法。一般而言，这种机制会有不同的版本：我们可以将 EDF 用于伪截止期，或者可通过定义应用于关联情况的规则来修改 EDF。对于完整的处理器利用率，可以得到可调度性，例如 $U_{\text{sum}} \leqslant m$。

　　比例公平调度会潜在受到处理器之间大量迁移的影响。同样，因为执行时间的整数（过）近似，所以它不是工作保持的。一些降低作业迁移开销的变体已被提出。同样，可通过一些变体来降低总体复杂度。

　　在操作系统中可找到比例公平调度的许多应用，例如虚拟机调度。

6.3.3　面向隐式截止期的全局固定作业优先级调度

6.3.3.1　G-EDF 调度

　　也可尝试使用单处理器调度算法的扩展来解决这个二维问题，例如，可以使用全局 EDF（G-EDF）。G-EDF 就像 EDF 一样，根据下一个截止期的接近度来定义作业的优先级。如果有 m 个处理器可用，就执行所有可用作业中 m 个最高优先级的作业。显然，这样的**优先级是作业依赖的**，而不仅是任务依赖的。在全局调度策略中，我们希望将抢先和任务迁移最小化。对于 G-EDF，这些数值取决于我们如何将任务 / 作业分配给一个特定的处理器 [181]。

　　引理 6.1　G-EDF 不是最优的。

　　证明：这个证明采用了反例，该反例引自 Cho 等 [102]。假设 $m=2$ 且 $C_1=3$、$D_1=4$、$C_2=2$、$D_2=3$、$C_3=2$、$D_3=3$。如图 6-21a 所示，G-EDF 首先调度 J_2 和 J_3，因为它们的截止期更早。J_1 错过了其截止期。然而，存在一个图 6-21b 所示的可行调度。　　　　　　　□

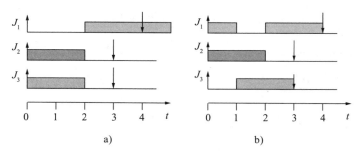

图 6-21 a) G-EDF 在 $t=4$ 处错过了截止期；b) 可行的调度

显然，G-EDF 的问题是由 $t>2$ 时不能使用第二个处理器所引起的。

一般而言，G-EDF 可能会出现所谓的 Dhall 效应[125] 等异常现象：若任务集中存在一个利用率接近 1 的任务，无法使用 G-EDF 对其进行调度。

示例6.12 为了证明这个效应，我们考虑 $n=m+1$ 这样一个情形且

$$\forall i \in [1..m]: T_i=1, C_i=2\varepsilon, u_i=2\varepsilon \tag{6.30}$$

$$T_{m+1}=1+\varepsilon, C_{m+1}=1, u_{m+1}=\frac{1}{1+\varepsilon} \tag{6.31}$$

图 6-22 给出了相应的调度。一开始，仅任务 $\tau_1,\cdots,\tau_m$ 被执行。任务 τ_{m+1} 只可在前 m 个任务已经完成执行且该任务将错过截止期时才会执行。显然，高利用率任务 τ_{m+1} 的出现就足以引起在 $t=1+\varepsilon$ 时刻错过截止期，即使其他任务的利用率都非常小，这也是会发生的。实际上，任务 $\tau_1,\cdots,\tau_m$ 的利用率可能是任意小的，但我们仍可能遇到截止期错过的情况。　　　　▽

这就激发了各种算法变体的应用，这些算法为高利用率的任务分配高的优先级，而不考虑它们的截止期或者周期。

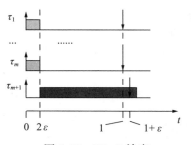

图 6-22 Dhall 效应

fpEDF 就是这样一个算法。假设给定了一个隐式截止期的零星任务系统 $\tau=\{\tau_1,\cdots,\tau_n\}$，这些任务以非递增利用率 u_i 来排序。我们的目标是在 m 个相同的处理器上调度这些任务，且要避免出现 Dhall 效应。fpEDF 算法的运行如下[40]：

```
for (i=1; i≤m-1; i++){
  if(u_i>0.5) τ_i 的作业获得最高优先级（关联被任意打断）
  else break;
}                                    /* 剩余作业根据 EDF 获得优先级。*/
```

这意味着 $m-1$ 个有最大利用率的任务将获得最高优先级，如果它们的利用率超过 0.5 的话。

定理 6.8   算法 fpEDF 具有不小于 $\frac{m+1}{2}$ 的利用率边界。

除非已知某些附加信息，否则这就是我们所能期待的最佳边界，这可从以下定理中看出。

定理 6.9   对于 m 个处理器上的固定作业调度算法，其具有大于 $\frac{m+1}{2}$ 的可调度利用率是不存在的。

在参考文献 [40] 中可以找到这两个定理的证明。就像分区调度中的示例一样，如果最大利用率已知，就可以有更严格的边界。

EDF(k) 调度算法采用了类似的思想：对于 EDF(k)，k 个最大利用率的任务获得最高优先级，并可任意地打断关联。所有其他任务都是根据 EDF 进行调度的。

定理 6.10   令 τ 是一个隐式截止期的零星任务系统。EDF(k) 将在 m 个单位速度的处理器上调度 τ，其中

$$m=(k-1)+\left\lceil \frac{U(\tau^{(k+1)})}{1-u_k} \right\rceil \qquad (6.32)$$

且 $U(\tau^{(k+1)})$ 是移除前 k 个任务的任务集利用率。

读者可再次在参考文献 [40] 中找到该定理的证明。

6.3.3.2   EDZL 调度

显然，G-EDF 可能会错过可调度任务集的截止期，我们可以通过添加松弛度因子来改进 G-EDF：只要作业的松弛度大于 0，EDZL 算法就适用于 G-EDF（见参考文献 [40]，第 20 章）。然而，每当一个作业的松弛度变为 0 时，该作业就会获得所有作业中的最高优先级，甚至包括当前正在执行的作业。

示例6.13   考虑图 6-23 中的示例（引自文献 Puaut[436]）。

在本例中，参数为：$n=3$，$m=2$，$T_1=T_2=T_3=3$，$C_1=C_2=C_3=2$。同时，G-EDF 在 $t=3n$（$n=1,2,3,\cdots$）时刻错过了 τ_3 的截止期，如图 6-23a 所示。然而，EDZL 保证了截止期，如图 6-23b 所示。详细的行为在一定程度上取决于 EDZL 所采用的处理器分配。 $\triangledown$

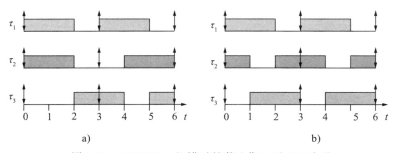

图 6-23   G-EDF：a）错过的截止期；b）ZL 改进

如 Choi 等 [456] 所述，EDZL 绝对优于 EDF。非正式地，这可以用如下方式进行说明⊖：

⊖ 这个非正式的解释由多特蒙德工业大学的 J. J. Chen 提供。

假设 $\mathcal{S}$ 是由 EDF 得出的一个调度，$\mathcal{S}'$ 是在相同的输入任务集上由 EDZL 得出的调度。如果一个作业在 t 时刻在 EDZL 中是可调度的，而在 EDF 中是不可调度的，那么该作业在 EDF 中会错过截止期而在 EDZL 中则不会。如果两个调度算法都可调度这个作业，那么，该调度保持不变。也就是说，当 $\mathcal{S}$ 区别于 $\mathcal{S}'$ 时会有如下结果：

- EDZL 保持可行，而 EDF 保持不可行
- EDZL 和 EDF 都不可行

因此，EDZL 是优于 EDF 的。

Piao 等[429] 证明了 EDZL 的利用率边界，公式如下。

$$U_{sum} \leqslant \frac{m+1}{2} \tag{6.33}$$

6.3.4　面向隐式截止期的全局固定任务优先级调度

6.3.4.1　全局单调速率调度

以类似的方式，我们可以将单调速率调度扩展为全局单调速率调度（G-RM）。对于 G-RM，存在一个关于松弛化调度的异常情况。

引理 6.2　对于 G-RM，可能存在这样的情形，对于某个任务系统调度存在调度，但如果扩展了这些周期，截止期就会被破坏。

证明：我们用一个示例证明存在这样的情况，该示例引自 Puaut[436]。考虑 $m=2$、$n=3$、$T_1=3$、$C_1=2$、$T_2=4$、$C_2=2$、$T_3=12$、$C_3=7$ 的情况。图 6-24 所示为由 G-RM 生成的调度。

如果我们将 τ_1 的周期扩展至 $T_1=4$，τ_3 将错过它的截止期（见图 6-25）。相较于单处理器情况而言，这个不合理的结果使得证明和示例的设计变得更为复杂。□

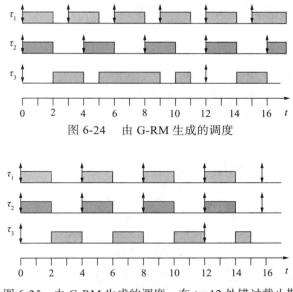

图 6-24　由 G-RM 生成的调度

图 6-25　由 G-RM 生成的调度，在 $t=12$ 处错过截止期

单处理器的临界时刻定理对于多核系统不再有效。

对于 G-RM，已证明如下的利用率边界[⊖]。

定理 6.11   任何满足如下条件的隐式截止期周期或零星任务系统 τ，都可在 m 个单位速度的处理器上由 G-RM 成功调度[53]。

$$U_{\text{sum}} \leqslant \frac{m}{2}(1 - U_{\max}(\tau)) + U_{\max}(\tau) \tag{6.34}$$

G-RM 也会受到 Dhall 效应的影响：请注意，在式（6.34）中，随着 $U_{\max}$ 接近 1，U_{sum} 会逼近于 0。同样，类似于 G-EDF，该算法不能充分利用多个可用的处理器。

因此，进一步提出了带有阈值 ζ 的算法 RM-US(ζ)，其中 US 代表利用率阈值。给定一个隐式截止期的零星任务系统 $\tau = \{\tau_1, \cdots, \tau_n\}$ 且任务以利用率 u_i 非递增方式进行排序，目标是在避免 Dhall 效应的同时，在 $m-1$ 个相同处理器上调度至多 $(m-1)$ 个高利用率的任务，为剩余任务保留至少 1 个处理器。RM-US(ζ) 的运行如下：

```
for(i=1; i≤m-1; i++) {
  if(uᵢ>ζ)τᵢ 被分配了最高优先级
  else break; }                    /* 剩余的任务都按照 G-RM 进行分配 */
```

定理 6.12   在 m 个单位速度的处理器上，RM-US(ζ) 算法具有一个不小于 $\dfrac{m^2}{3m-2}$ 的利用率边界。

Andersson 等[14]给出了相关证明。当 $3m \gg 2$ 时，该边界接近 $\dfrac{m}{3}$。Chen 等给出了一个更为严格的边界[95]。

6.3.4.2   RMZL 调度

G-RM 可能会错过可调度任务集的截止期，我们可以考虑对其进行改进。RMZL 调度就是这样的一个改进。对于 RMZL 调度，只要当前松弛度大于 0，就可以使用（G-）RM 调度。但当其中一个作业的松弛度变为 0 时，就应将其优先级提升至最高。RMZL 调度优于 RM 调度，因为仅在 RM 调度可能已经错过一个截止期时才会改变调度。

6.3.4.3   面向显式截止期的分区调度

用密度排序替代利用率排序，就可以使用类似于隐式截止期任务系统的分区调度方式实现显式截止期任务系统的分区调度。然而，我们并不推荐这种方法，因为在某些情形下密度可能是无限大的。Baruah 等为分区调度给出了一个更好的方法[40]。

6.4   同构多处理器上的关联作业

一般而言，上一节给出的结果构成了基本的基础知识，但是，独立任务和相同处理器上的限制约束了它们在许多设计问题中的应用，接下来，我们将取消这些限制。首先，我们将取消独立任务的限制，聚焦于在设计自动化社区中使用的某些简单算法。例如，尽快算法（ASAP）、最晚算法（ALAP）、列表算法（LS）以及力引导调度（Force-Directed Scheduling，FDS）等利用算法设计描述进行自动合成是非常流行的，这被称为高级综合（HLS）（Coussy[112] 概要阐述了相关内容）。

⊖   Chen 等[95]证明了一个更为严格的边界。

6.4.1　ASAP 调度

考虑优先序约束，ASAP 调度试图尽可能快地调度每个任务。如在 HLS 中所采用的 ASAP 调度考虑了一组任务到整数开始时间（≥0）的映射，而且抢先是不被允许的。在 ASAP 调度已经计算了开始时间之后，必须执行到具体处理器的分配。因此，ASAP 调度只给出了到开始时间的映射：$\mathcal{S}:\tau \to \mathbb{N}_0$。

对于这个算法而言，我们假设所有任务的执行时间都是已知的，而且，它们与执行这些任务的处理器无关。因此，我们假设处理器都是同构的。该算法不考虑关于处理器数量的任何约束，并假设所得调度需要的处理器数量是可用的。ASAP 算法的逻辑如下：

```
for (t=0; 存在未被调度的任务; t++) {
    τ′={前驱任务全部已完成所有任务};
    将 τ′ 中所有任务的开始时间设置为 t; }
```

示例6.14　假设给定了图 6-26a 所示的任务图，每个标记为 i 的节点代表任务 τ_i。此外，假设图 6-26b 中列出了执行时间。

随后，ASAP 调度将生成图 6-27 所示的调度。

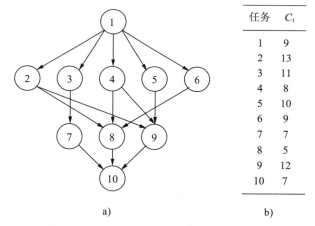

图 6-26　a）任务图；b）任务的执行时间

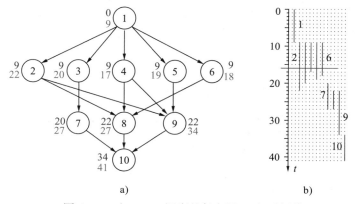

图 6-27　a）ASAP 调度的任务图；b）时间线

节点左侧上部的数字表示开始时间，节点左侧下部的数字代表结束时间。任务 τ_1 完成之后，任务 $\tau_2 \sim \tau_6$ 立即全部开始执行，因为它们与其他任何任务都不相关。同样，一旦任务 $\tau_7 \sim \tau_9$ 的前驱任务完成，它们也立即开始执行，对于任务 τ_{10} 亦是如此。图 6-27b 中的横线表示需要最多 5 个处理器，因为在 ASAP 调度中不考虑对处理器数量的任何约束。   ▽

ASAP 调度最小化了完成时间，这是因为所有任务会被尽可能早地调度。给出的算法也可扩展至实数执行时间。我们可以认为 ASAP 调度是具有线性复杂度的，并假设我们为 τ' 的计算采用了一种智慧技术。该算法也可应用于人类生活，对应于每个人都渴望尽可能早地完成现有工作的情形。

6.4.2 ALAP 调度

对于存在依赖关系的任务，ALAP 调度是次简单的调度算法。对于 ALAP 调度，所有任务都尽可能晚地启动。该算法的逻辑如下：

```
for(t=0; 存在尚未被调度的任务 ; t--) {
    τ'={不被任何未调度任务所依赖的全部任务};
    将 τ' 中的所有任务的开始时间设置为 (t- 它们的执行时间); }
移动所有时间，以使第一个任务在 t＝0 开始
```

该算法由未被其他任务依赖的任务开始，假定这些任务在 0 时刻完成。之后，它们的开始时间就可根据执行时间计算出。随后，该循环以时间步向后迭代。每当我们到达一个任务应该完成的最晚时间步时，就计算该任务的开始时间并调度它。在完成该循环之后，所有时间都向正时间推移，这样第一个任务就会在时间 0 处开始。我们也可将 ALAP 调度看作在图的"另一"端开始的 ASAP 调度。

[示例6.15] 对于图 6-26 所示的任务图，ALAP 调度将产生图 6-28 所示的结果。不同颜色的含义与 ASAP 示例中的相同。

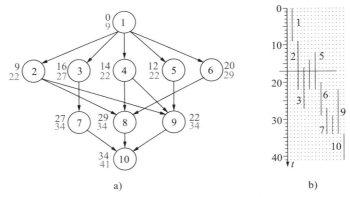

图 6-28 a）ALAP 调度的任务图；b）时间线

请注意，在该调度中要尽可能晚地完成每个任务。具体而言，任务 $\tau_7 \sim \tau_9$ 仅在时间 34 处完成。任务 $\tau_4 \sim \tau_6$ 的完成时间要比 ASAP 调度中的晚。任务 τ_1、τ_2、τ_9 和 τ_{10} 的调度和 ASAP 调度中的一样，因为这些任务决定了完成时间。决定完成时间的任务被称为**关键路径**。如图中横线所示，需要 4 个处理器。注意，所需处理器数量的减少纯属巧合，这并非 ALAP 调度的一般性质。   ▽

这个调度策略也适用于人类生活，对应于每个人（是懒惰的且）会尽可能晚地完成任务。

6.4.3　列表调度

当采用列表调度（LS）时，我们尝试将 ASAP 和 ALAP 调度维持在低的复杂度水平，同时使得该算法知道可用的处理器。处理器可能是不同类型的，但我们仍然假定存在任务到处理器类型的一对一映射。处理器可能是异构的，但列表调度并不会生成任务到处理器类型的关键映射。

假定有处理器类型的集合 L，列表调度对于类型 $l \in L$ 关注每个处理器的数量上界 B_l。

列表调度要求有可用的优先级函数，该函数反映某个任务 τ_i 的调度紧急度。如下的紧急度度量正在被使用[505]。

- **移动性**（mobility）：移动性被定义为 ASAP 调度与 ALAP 调度开始时间的差值。在图 6-29a 中，节点左侧数字标出了在讨论示例的移动性。显然，对于关键路径（移动性为 0）上的 4 个任务，调度是紧急的。

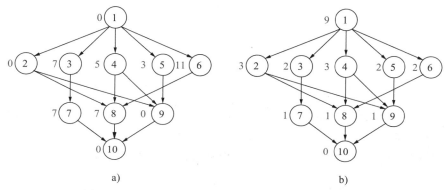

图 6-29　在讨论示例的移动性（a）和后继的数量（b）

- **树中任务 τ_i 下节点的数量**（见图 6-29b）。
- **路径长度**：任务 τ_i 的路径长度被定义为从 τ_i 开始到完成整个图 G 的路径长度。通常用与节点关联的执行时间对路径长度进行加权，假设该信息是已知的。在图 6-30b 中，增加了路径长度。

列表调度需要有被调度任务图 $G=(\tau, E)$ 的信息、从图的每个节点到相应资源类型 $l \in L$ 的映射、每个 l 的上界 B_l、一个优先级函数（如前所述）以及每个任务 $\tau_i \in \tau$ 的执行时间。之后，列表调度将最高优先级的节点匹配到每一个时间步，这样就不会违反约束[505]。

```
for (t=0; 存在尚未调度的任务 ; t++)          /* 在时间上循环 */
    for (l ∈ L) {                           /* 在资源类型上循环 */
    τ*_{t,l} = 在 t 时间仍然执行的 l 类型的任务集 ;
    τ**_{t,l} = 在 t 时间可以开始执行的 l 类型的任务集 ;
    计算最大优先级 τ'_t ⊆ τ**_{t,l} 的集合，使得
    |τ'_t| + |τ*_{t,l}| ≤ B_l .
    将所有任务 τ_i ∈ τ'_t 的开始时间设置为 t: s_i = t; }
```

示例6.16　图 6-30 给出了应用于图 6-26 所示的列表调度的结果，其中，将路径长度作为优先级。假设所有处理器的类型是相同的，而且，允许不超过 3 个处理器（$B_1=3$）。在时间 9，任务 τ_2、τ_4 和 τ_5 具有最长的路径长度，因此，它们具有最高优先级。τ_4 在时间 17 完

成，在剩余的任务中，τ_3 和 τ_6 具有最长的路径长度。假设我们调度任务 τ_3。在时间 19，τ_5 完成且 τ_6 可以开始执行。在时间 28，τ_3 和 τ_6 完成，并为任务 τ_7 和 τ_8 释放处理器。τ_7 在时间 35 处完成，使得依赖的任务 τ_{10} 能够开始且在时间 42 处完成，仅比 ASAP 和 ALAP 调度中略晚一些，尽管只使用了 3 个处理器。   ▽

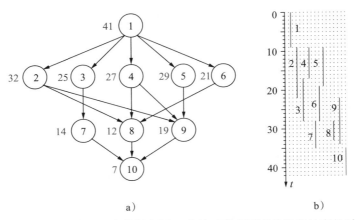

图 6-30　a）带有路径长度的任务图；b）基于列表调度的路径长度的时间线

列表调度——类似于 ASAP 和 ALAP 调度——并不将任务分配给这些处理器，而对于资源受限的模型也不需要这样做。列表调度也可扩展至实数执行时间。该算法通常产生好的结果，且易于适应不同情形。这两个特性使得列表调度成为带有优先序的任务的流行调度算法。

力引导调度（FDS）是面向依赖任务的另一个启发式调度算法。FDS 的目标是高效地使用处理器，尝试平衡在任何特定时间所需的处理器数量。更多的细节，请参见 Paulin 等 [426]。

6.4.4　基于整数线性规划的最优调度

接下来，我们将描述把任务映射到多处理器的方法，对于这些处理器的映射，将从设计问题的全局角度进行决策，这基于整数线性规划（ILP）（见附录 A）。这种方式明确给出了约束和优化目标。在我们的论述中，采用了 Coscun 等 [111] 中的素材。

ILP 模型包括了一个线性成本函数和一组线性约束。在该模型的这两部分中，我们将使用如下变量：

- $x_{i,k}$：如果任务 τ_i 在处理器 π_k 上执行，其值为 1，否则为 0。
- s_i：τ_i 的开始时间。
- f_i：τ_i 的完成时间。
- C_i：τ_i 的执行时间。
- $b_{i,j}$：在同一个处理器上，如果任务 τ_i 在 τ_j 之前执行，其值为 1，否则为 0。

假设图 $G=(\tau, E)$ 有一个公共退出节点 τ_{exit}。如果一开始并不存在这个节点，我们就添加一个虚拟节点，该节点的结束时间等价于完成时间 MS_{max}。我们可以用这个结束时间作为要最小化的成本函数。ILP 的最小化目标可被表示为：

$$Min(f_{\tau_{exit}})$$ （6.35）

现在，我们来看看约束。首先，要求每个任务是在某个处理器上执行的：

$$\forall \tau_i \in \tau: \sum_{k \in \{1..m\}} x_{i,k} = 1 \quad (6.36)$$

其次，不同的时间之间存在如下联系：

$$\forall \tau_i \in \tau: f_i = s_i + C_i \quad (6.37)$$

第三，为了考虑优先序关系，可使用如下公式：

$$\forall (\tau_i, \tau_j) \in E: s_j - f_i \geqslant 0 \quad (6.38)$$

第四，在单核中，我们必须按照变量 $b_{i,j}$ 所确定的顺序来执行：

$$\forall (\tau_i, \tau_j): f_i \leqslant s_j \quad \text{如果 } b_{i,j} = 1 \quad (6.39)$$

此外，必须考虑到每个处理器每次只能执行一个任务，这可以如下方式来表示：

$$\forall (\tau_i, \tau_j): b_{i,j} + b_{j,i} = 1 \quad \text{如果 } \exists \pi_k: x_{i,k} = x_{j,k} = 1 \quad (6.40)$$

式（6.39）和式（6.40）可被转换为 ILP 所要求的线性形式[111]。

可将所得到的 ILP 模型输入给某个可用的 ILP 求解器。正如所提到的，ILP 模型具有精确建模设计问题和目标的优势。它们使用数学优化技术并远离命令式编程，能够从全局角度进行优化。

ILP 问题是 NP 困难的，ILP 求解器的运行时间可能会很长。然而，ILP 求解器的设计在近年来已经取得了显著进展。因此，中等规模的问题在可接受的时间内已经得到解决。然而，由于 ILP 的复杂性，这些方法不能扩展到真正的大型设计中，且其运行时间可能是难以接受的。虽然如此，这些模型仍然可用于对中等规模的设计问题进行精确优化，同时也可作为启发超大型设计问题的良好起点。

6.5 异构多处理器上的关联作业

6.5.1 问题描述

在取消对独立任务的限制之后，我们想要取消对同构处理器的限制。假设执行平台 $\pi = \{\pi_1, \dots, \pi_m\}$ 上不同处理器的处理速度是无关联的。根据 Pinedo 的三元组表示法，我们现在考虑 $(R_m|r_i, \text{prec}, \cdot|\cdot)$ 这一情况。这也允许我们对包含了混合处理单元（包括 FPGA 和 GPU）的平台进行建模。

产生调度问题的理论并未被全面研究。因此，Baruah 等[40]认为（该书第 22 章）：尽管在实时系统实现中无关联的多处理器正日益增加，但相对而言，对该类系统的调度理论研究仍处于起步阶段。在 Baruah 的书籍中给出了某些早期成果，我们采用的是发布在设计自动化社区中的方法，这些方法能够处理实际的设计任务，但牺牲了最优度的证明。

6.5.2 采用局部启发的静态调度

接下来，我们将讨论异构最早结束时间（HEFT）以及处理器上的关键路径（CPOP）算法，这两个算法将任务图 $G = (\tau, E)$ 中的任务静态地调度到异构多处理器系统 $\pi = \{\pi_1, \dots, \pi_m\}$ 上[521]。这两个算法是快速算法的标准示例，在某种程度上，它们将 ASAP 和 ALAP 调度扩展至异构处理器上。

如下是我们所需要的符号。

- 假设该任务图有一个公共入口节点 τ_{entry}。如果该节点最初并不存在，那么我们将增加一个具有零执行时间和通信带宽要求的人工节点。
- 假设该任务图有一个公共退出节点 τ_{exit}。如果该节点最初并不存在，我们将增加一个具有零执行时间和通信带宽要求的人工节点。
- 矩阵 $C=(c_{i,k})$ 表示任务 τ_i 在处理器 π_k 上的执行时间。
- 矩阵 $B=(b_{k,l})$ 表示处理器 π_k 到处理器 π_l 进行通信的通信带宽。
- 矩阵 $data=\{\text{data}_{i,j}\}$ 代表必须从任务 τ_i 传输到任务 τ_j 的数据量。
- 向量 $\kappa=\{\kappa_k\}$ 包含了在处理器 π_k 上的通信启动开销。
- 矩阵 $H=\{h_{i,j,k,l}\}$ 描述了从任务 τ_i 到任务 τ_j 的通信开销，假定 τ_i 被映射到处理器 π_k 上且任务 τ_j 被映射到处理器 π_l 上[⊖]。

  一般情况下，在我们的记法中，为优先序的源节点使用标号 i，为其分配的处理器则使用标号 k。标号 j 表示优先序的汇聚节点，为其分配的处理器则用标号 l 表示。

- 对于映射到处理器 π_k 和 π_l 的情况，$h_{i,j,k,l}$ 代表从任务 τ_i 到任务 τ_j 的通信开销：

$$h_{i,j,k,l}=\kappa_k+\frac{\text{data}_{i,j}}{b_{k,l}}\qquad k\neq l \qquad (6.41)$$

$$=0 \qquad\qquad k=l \qquad (6.42)$$

- 平均通信开销被定义为：

$$\overline{h_{i,j}}=\overline{\kappa}+\frac{\text{data}_{i,j}}{\overline{B}} \qquad (6.43)$$

其中，$\overline{\kappa}$ 是平均通信启动时间；$\overline{B}$ 是平均通信带宽。

- 给定一个局部调度，$s_e(\tau_i,\pi_k)$ 是任务 τ_i 在处理器 π_k 上的最早启动时间。显然，$s_e(\tau_{\text{entry}},\pi_k)$ 对于任意 k 都为 0。

  我们将 $f_e(\tau_i,\pi_k)$ 定义为任务 τ_i 在异构处理器 π_k 上的最早完成时间。$f_e(\tau_i,\pi_k)$ 与 $c_{\text{entry},k}$ 相等。

  一旦决定在处理器 π_k 上调度任务 τ_i，就可计算出实际的启动时间 $s(\tau_i,\pi_k)$ 和实际完成时间 $f(\tau_i,\pi_k)$。

  $s(\tau_i,\pi_k)$ 和 $f(\tau_i,\pi_k)$ 的值可从局部调度的迭代计算得出，如下：

$$s_e(\tau_j,\pi_l)=\max\{\text{avail}(l),\max_{\tau i\in\text{pred}(\tau_j)}(f(\tau_i)+h_{i,j,k,l})\} \qquad (6.44)$$

$$f_e(\tau_j,\pi_l)=c_{j,l}+s_e(\tau_j,\pi_l) \qquad (6.45)$$

其中，$\text{pred}(\tau_j)$ 是任务 τ_j 的直接前驱任务集；k 是在该局部调度中为任务 τ_i 映射的处理器；$\text{avail}(l)$ 是处理器 π_l 执行完最后一项任务的时间；内部项中的 max 表达式是 τ_j 所需数据全部到达处理器 π_l 的时间。

- 对于 HEFT 和 CPOP，假设要最小化完成时间。这个完成时间是根据退出节点的实际完成时间计算得出的：

$$\text{makespan}=f(\tau_{\text{exit}}) \qquad (6.46)$$

⊖ 在原文中，并未明确给出标号 k 和 l。

- 平均执行时间 $\overline{c_i}$ 是对所有处理器上的执行时间 $c_{i,k}$ 取平均值。
- 任务 τ_i 的**升秩**（upward rank）$\mathrm{rank}_u(\tau_i)$ 是从退出节点向上并包括节点 τ_i 的关键路径长度。

$$\mathrm{rank}_u(\tau_{\mathrm{exit}}) = \overline{c}_{\mathrm{exit}} \tag{6.47}$$

$$\mathrm{rank}_u(\tau_i) = \overline{c}_i + \max_{\tau_j \in \mathrm{succ}(\tau_i)} (\overline{h}_{i,j} + \mathrm{rank}_u(\tau_j)) \tag{6.48}$$

- 任务 τ_j 的**降秩**（downward rank）$\mathrm{rank}_d(\tau_j)$ 是从启动节点向下且不包括节点 τ_j 的关键路径长度。

$$\mathrm{rank}_d(\tau_{\mathrm{entry}}) = 0 \tag{6.49}$$

$$\mathrm{rank}_d(\tau_j) = \max_{\tau_i \in \mathrm{pred}(\tau_j)} (\mathrm{rank}_d(\tau_i) + \overline{c}_i + \overline{h}_{i,j}) \tag{6.50}$$

HEFT 算法的逻辑如下：

将计算和通信开销设置为平均值；

计算 $\mathrm{rank}_u(\tau_i) \forall \tau_i$（从 τ_{exit} 开始向上遍历）；

以 rank_u 值的非递增顺序排序任务；

while 列表中存在未调度的任务 **do** {

    从列表中选择第一个要调度的任务 τ_i；

    for 每个处理器 $\pi_k \in \pi$ {

        用基于插入的调度策略计算 $f_e(\tau_i, \pi_k)$；

    }

    将任务 τ_i 分配给处理器 π_k，使 $f_e(\tau_i, \pi_k)$ 最小化；

}

这里，"基于插入的策略"意味着，该算法在已被调度的那些任务中寻找一个足够大的间隔，以使得该间隔中的分配遵从优先序约束。

示例6.17　假设执行时间是由图 6-31a 的表格给定的。请注意，对于每个任务，图 6-26c 中的执行时间已被选作 3 个处理器中的最小时间。

图 6-31b 给出了对图 6-26a 中 DAG 执行 HEFT 算法的调度结果，优先序已得到了正确考虑。我们不能期望生成与 ASAP 或 ALAP 调度一样的短调度，因为这些策略忽略了资源约束。　　　　　　　　　　　　　　　　　　　　　　　　　　　　　　　$\triangledown$

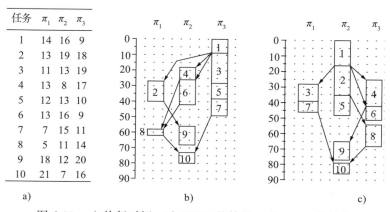

图 6-31　a）执行时间；b）HEFT 的结果；c）CPOP 的结果

CPOP 算法聚焦于 DAG 中的关键路径并使用不同的任务优先级和不同的处理器分配策略。CPOP 的逻辑如下：

将计算和通信开销设置为平均值；

计算$\forall i$: $\text{rank}_u(\tau_i)$和$\text{rank}_d(\tau_i)$；

计算$\forall i$: $\text{priority}(\tau_i)=\text{rank}_d(\tau_i)+\text{rank}_u(\tau_i)$；

$|CP| = \text{priority}(\tau_{\text{entry}})$；　　　　　　　　　　　　　　　/* 关键路径长度 */

$\text{SET}_{\text{CP}}=\{\tau_{\text{entry}}\}$，　其中$\text{SET}_{\text{CP}}$是关键路径上的任务集；

$\tau_i = \tau_{\text{entry}}$；

while τ_i 不是退出任务 {

　　选择$\tau_j \in \text{succ}(\tau_i)$，　其中$\text{priority}(\tau_j)==|CP|$.

　　$\text{SET}_{\text{CP}} = \text{SET}_{\text{CP}} \cup \{\tau_j\}$；

　　$\tau_i = \tau_j\}$；

选择处理器π_{CP}，使得关键路径上的执行时间最小化；

使用入口任务初始化优先级队列；

while 优先级队列中存在未被调度的任务 {

　　从优先级队列中选择最高优先级的任务τ_i；

　　if $\tau_i \in \text{SET}_{\text{CP}}$ { 将任务τ_i分配至π_{CP}}

　　else { 将任务τ_i分配至使$f_e(\tau_i, \pi_k)$ 最小化的处理器 }；

　　如果τ_i的后继任务已经就绪，就用它们更新优先级队列；

}

示例6.18 图 6-31c 给出了由 CPOP 算法得出的调度。　　　　　　　　　　▽

HEFT 和 CPOP 算法是快速且相对简单的算法，显然，这些算法使用了一些近似（例如，平均通信开销）和启发式方法。本书中选择它们来证明异构调度算法中的一些关键问题。当然，对这两种算法的结果进行改进也是有可能的。例如，Kim 等[282] 就提出了可生成更好结果的更为复杂的算法，Castrillon 等[87] 提出了以完成时间最小化为目标的 KPN 映射。

6.5.3　采用整数线性规划的静态调度

整数线性规划也可应用于异构处理器的情形。Maculan 等[344] 已经提出了一种方法。最为重要的是，要考虑与处理器相关的执行时间。然而，在将所提出的这些公式输入给 ILP 求解器之前，需要对它们进行某些细化，但无须包括应用。同样，也可以对高级综合部分给出的技术进行改造[45, 301]。

在大多数出版物中，优化旨在优化单个目标。一般而言，应该考虑更多的目标。例如，Fard 等[154] 就提出了要考虑 4 个不同目标的算法。

6.5.4　采用进化算法的静态调度

基于整数规划的方法潜在地要受到长的执行时间的影响。在许多情况下，使用进化算法会有更好的优化效果，同时仍可保证执行时间很短。我们将用 ETH Zürich⊖的分布式操作层（DOL）工具来进行说明，ETH Zürich 的 DOL 工具[514] 包括以下内容。

- **计算模板的自动选择**：处理器类型可以是完全异构的。标准处理器、微控制器、DSP

⊖　苏黎世联邦理工学院。——译者注

处理器、FPGA 等都是可能的选项。

- **通信技术的自动选择**：不同的互连机制（如中央总线、层次化总线以及环）都是可行的。
- **调度与仲裁的自动选择**：DOL 设计空间探索工具可在单调速率调度、EDF、基于 TDMA 的机制以及基于优先级的机制之间自动选择。

DOL 的输入由一组任务以及用例组成，输出描述了执行平台、任务到处理器的映射以及任务调度。我们期望这个输出能满足约束（如内存大小以及时间约束等）并最小化目标（如大小和能量等）。应用则是由所谓的问题图来表示的，该类图在本质上是特定的任务图。图 6-32 给出了一个简单的 DOL 问题图，图中建模了计算（见节点 1、2、3、4）以及通信（见节点 5、6、7）。

除此之外，**体系结构图**表示可能的执行平台。图 6-33 给出了一个简单的硬件平台及其体系结构图。此外，通信被显式地建模。

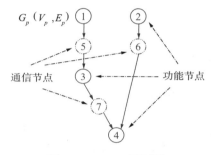

图 6-32　DOL 问题图

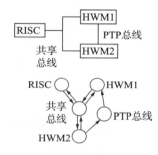

图 6-33　DOL 体系结构图

问题图和体系结构图在**规格图**中连接。图 6-34 给出了一个 DOL 规格图。规格图由一个问题图和一个体系结构图构成，两个子图之间的边表示了可能的实现。例如，计算 1 仅可在 RISC 处理器上实现，计算 3 则可在 RISC 处理器或 HWM1 上实现。

通信 5 可在共享总线上实现，如果通信 1 和 3 都被映射到该处理器上的话，也可在处理器本地实现。

这些实现被表示为三元组。

- **分配 A**：A 是体系结构图的一个子集，表示分配（选定）给特定设计的硬件组件。
- **绑定 b**：选定的规格和体系结构之间的边的子集标识了二者之间的关系。选定的边被称为**绑定**（binding）。
- **调度 $\mathcal{S}$**：$\mathcal{S}$ 为问题图中的每个节点 τ_i 分配一个启动时间。

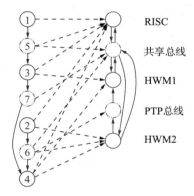

图 6-34　DOL 规格图

示例6.19 图 6-35 给出了如何将图 6-34 所示的规格转换为一个实现。HWM2 和 PTP 总线未被使用，且未被包含在集合 A 中。选定用于映射的边的子集 b。节点 1、2、3、5 确实已全部被映射到 RISC 处理器，且通信 5 被转换为本地通信。节点 4 被映射到 HWM1 上且通过共享总线进行通信。调度 $\mathcal{S}$ 指定，计算 1 在时间 0 开始，通信 5 和计算 2 在时间 1 开始，计算 3 和通信 6 在时间 21 开始，通信 7 在时间 29 开始，最后，计算 4 在时间 30 开始。　▽

在 DOL 中，采用进化算法生成实现。基于该类算法，解被表示为染色体"个体"中的串[29,30,107]。使用进化算法，可以从已有解的集合中派生出新的解集合。这种派生是基于进化算子的，如选择、变异和重组等。新的解集合的选择则是基于**适应度值**的。进化算法能够解决其他类型算法难以处理的复杂优化问题。找出将解编码至染色体的适当方式并非易事。一方面，解码不应占用过多的运行时间；另一方面，我们必须处理进化转化后的情形。这些转换可能会生成不可行解，除了某些精心设计的编码之外。

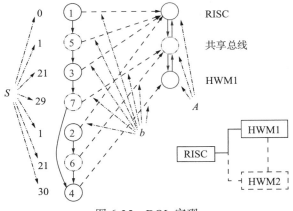

图 6-35   DOL 实现

在 DOL 中，染色体对分配和绑定进行编码。为了评估某个解的适应度，必须从该个体中解码出分配和绑定（见图 6-36）。在 DOL 中，调度不能被编码到染色体中。相反，它们是从分配和绑定中派生而来的。这避免了带有调度决策的重载进化算法的方式。一旦求解出了这样的调度，就可以评估这些解的适应度。

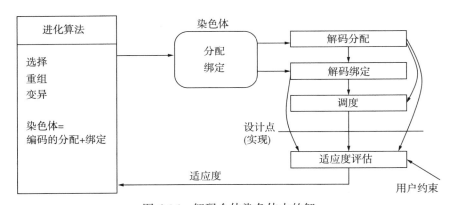

图 6-36   解码个体染色体中的解

DOL 的总体结构如图 6-37 所示。首先，定义了任务图、用例以及可用资源。这可用称为 MOSES 的专用编辑器来完成。初始信息是在工作于 EXPO 的评估框架中进行评估的。随后，由 EXPO 计算出的性能值被发送给 SPEA2，这是一个基于进化算法的优化框架。SPEA2 选择良好的候选体系结构。这些结果被回送给 EXPO 进行评估。之后，评估结果再次发送给 SPEA2，以进行另一轮的进化优化。EXPO 与 SPEA2 之间的这种往复游戏一直持续，直到找到了良好的解。解的选择是基于帕累托最优化原则的。一组帕累托优化设计被反馈给设计人员，之后，设计人员可以根据它们分析不同目标之间的折中。

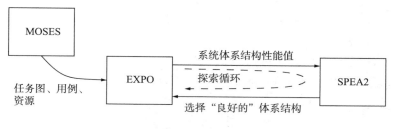

图 6-37　DOL 工具

示例6.20 图 6-38 给出了帕累托前沿的可视化结果。可以看到两个应用的性能与特定于应用平台的开销之间的折中。

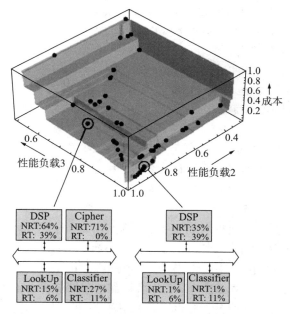

图 6-38　一个设计问题解的帕累托前沿，©ETHZ

进化算法已经成为求解更高级调度问题（超越由 HEFT 或 CPOP 所求解的问题）的标准技术。

SystemCodesigner[272] 的功能与 DOL 的有些相似。然而，它在描述规格（可以用 SystemC 表示）以及执行优化的方式上有所不同。应用的映射被建模为 ILP 模型。第一个解是由 ILP 优化器生成的，之后，可通过切换到进化算法来改进这个解⊖。

Daedalus[401] 包括了自动并行化。为此，顺序应用被映射为卡恩进程网络。之后，用卡恩进程网络作为中间表示来设计空间探索。　　　　　　　　　　　　　　　　　　　　　▽

其他方法从给定的任务图开始，并映射到一个固定的体系结构。例如，Ruggiero 将应用映射到 Cell 处理器[451]。使用 Ptolemy 工具支持的计算模型，HOPES 系统可以映射到不

⊖　在最新的版本中，为该目标使用了可满足性（SAT）求解器。

同处理器上 [188]。某些工具考虑了附加的目标。例如，Xu 考虑了对所得系统的可信寿命的优化 [577]，Simunic 在她的工作中涵盖了热分析并尝试避免 MPSoC 上产生过热的区域 [467]。更多的工作还包括了 Popovici 等 [432]，该研究使用了多个层次的建模，并采用 Simulink 和 SystemC 作为建模语言。

固定体系结构上的自动并行方法包括了 Mnemee 工具集 [346] 和爱丁堡大学的成果 [163]。MAPS 工具 [90] 将自动并行化与有限的 DSE 进行了组合。

6.5.5 动态混合调度

对于动态调度，是在运行时而不是设计时进行处理器分配的。动态调度有一系列优点 [468]。

- **可用资源的自适应性**：动态调度可以考虑诸如能源、内存空间和通信带宽等变化资源的可用性。
- **使能不可预见升级的能力**：当进行动态调度时，变化的应用需求的整合更加容易。
- **对缺陷的弹性**：动态调度可以考虑处理器故障等有缺陷的资源。
- **非实时平台的使用**：动态调度是非实时计算的标准，可以使用面向非实时计算的技术，这有助于降低开发工作量。

然而，动态调度也存在一些不足。

- **缺乏实时保证**：在完全动态的调度系统中，即使并非不可能，也很难提供实时保证。
- **运行时开销**：动态调度需要在运行时进行调度决策，因此，必须避免复杂的调度技术。
- **有限的知识**：运行期间，关于任务系统及其参数的知识通常是有限的。

有两种用于动态调度的方法：**运行时映射**和**使用之前分析（DSE）结果的混合映射**。Singh 等 [468] 讨论了面向运行时映射的 25 种不同方法。这种映射类型最接近非实时系统中的映射。

通过从在运行时可用的设计时分析中得出一组结果，可以使用之前分析（DSE）结果的混合映射技术尝试避免以上列出的某些不足。例如，我们可以为可能的运行时场景预先计算出调度，之后，在运行时为当前场景选择合适的调度。Singh 等对面向单个应用预先计算的多个映射、面向多应用预先计算的多个映射以及可靠性感知分析之间进行了区分⊖。作者依次给出了在一个队列中执行设计时分析和运行时映射的 21 种不同方法。

6.6 习题

我们建议在家或在翻转课堂的教学中解决如下这些问题。

6.1 假设有 4 个作业的集合。释放时间 r_i、截止期 D_i 以及执行时间 C_i 等参数如下：

- J_1：$r_1=10, D_1=18, C_1=4$
- J_2：$r_2=0, D_2=28, C_2=12$
- J_3：$r_3=6, D_3=17, C_3=3$
- J_4：$r_4=3, D_4=13, C_4=6$

使用最早截止期优先（EDF）和最小松弛度（LL）调度算法，为该任务集生成一个图形化的调度表示！对于 LL 调度，给出全部任务在所有上下文切换时间上的松弛度。某个任务是否会错过其截止期？

⊖ 我们将 Singh 的混合映射合并为这三个类型。

6.2 假设有 6 个任务集合 $\tau_1 \sim \tau_6$，它们的执行时间及截止期如下：
- τ_1：$D_1=15$, $C_1=3$
- τ_2：$D_2=13$, $C_2=5$
- τ_3：$D_3=14$, $C_3=4$
- τ_4：$D_4=16$, $C_4=2$
- τ_5：$D_3=20$, $C_3=4$
- τ_6：$D_4=22$, $C_4=3$

图 6-39 给出了优先序。任务 τ_1 和 τ_2 是立即可执行的。

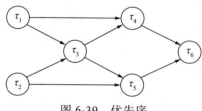

图 6-39 优先序

使用最晚截止期优先（LDF）算法为该任务集生成一个图形化的调度表示。

6.3 假设有一个包含两个任务的系统。任务 1 的周期为 5、执行时间为 2。第二个任务的周期为 7、执行时间为 4。令截止期都等于任务周期，假设我们在使用单调速率调度（RMS）。在两个任务中，任务会因为处理器利用率过高而错过截止期吗？计算该利用率并将其与能保证可调度性的边界进行比较，给出所生成调度的图形化表示。假设这些任务总是运行完成，即使它们错过了截止期。

6.4 考虑与之前分配相同的任务集。使用最早截止期优先（EDF）进行调度。有任务可能会错过截止期吗？如果没有，为什么？给出所得调度的图形化表示，假设这些任务总能运行完成。

优　　化

嵌入式系统必须是高效的，这尤其适用于嵌入在物联网中的传感器网络。为了达成这一目标，人们已经研究了许多优化方法。在本书中，仅阐述其中很小的一个子集。在本章中，我们将选择讨论该类优化中的几个。如我们在设计流程中所说明的，这些优化是将应用映射到最终系统工具（如第6章所描述）的补充，如图7-1所示。

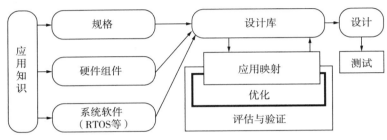

图 7-1　本章内容

映射工具可以优化，而且优化技术可能包括调度，因此本章内容与第6章内容有部分重合。第6章聚焦于有关平台映射的基础知识，而本章则主要是基础技术之上的提升，属于选修章节。

本章的内容结构如下：首先，我们将讨论某些高级优化技术，其可提前编译源代码或者与之集成。之后，我们将阐述任务的并发管理。7.3节涵盖了高级编译技术。最后，7.4节介绍了功率和热管理技术。

7.1　高级优化

在下一节，我们将考虑在编译之前或早期编译阶段可应用于嵌入式软件源代码的优化。对源代码级别的数组访问模式等正则结构进行检测要比机器码级别的更加容易。同样，优化效果通常可以通过重写源程序来体现，例如，修改过的代码可被体现在源语言中，这有助于理解该类变换的效果。我们也考虑这样的一些情形，其中可能需要使用编译器指令和提示来注解源代码，这样的代码变换被称为**高级优化**。它们具有提升嵌入式软件效率的潜力。

7.1.1　简单循环变换

有很多可应用于源代码的循环变换，如下列出了标准的循环变换。

- **循环排列**（loop permutation）：考虑一个二维数组。根据C标准[276]可知，二维数组在内存中的排列如图7-2所示。

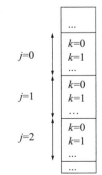

图 7-2　C 程序中二维数组 p[j][k] 的内存布局

其中第二个索引的相邻索引值被映射到内存中一个相邻的位置块，这种排列被称为**行优先顺序**[388]。对于行优先的布局，这样组织循环通常是有益的，使得最后一个索引对应于最内层的循环。

请注意，这个数组布局与 FORTRAN 中的不同：第一个索引的相邻值被映射到内存中的一个连续块（**列优先顺序**）。因此，在描述 FORTRAN 语言优化和 C 语言优化的文献之间切换会令人感到困惑。

示例7.1 如下是一个循环排列：

`for(k=0; k<m; k++)`
　`for(j=0; j<n; j++)`
　　`p[j][k]=...`
	⟺	`for(j=0; j<n; j++)`
		　`for(k=0; k<m; k++)`
		　　`p[j][k]=...`

这样的排列会对高速缓存中数组元素的重用产生积极影响，因为最内层循环的下一次迭代将访问内存中的相邻位置。　　　　▽

高速缓存通常是这样组织的：访问相邻位置的速度要比访问远离之前位置的速度快很多。正因为如此，高速缓存形成了**空间局部性**。

定义 7.1 考虑对内存地址 a 和 b 的内存引用。我们假设要访问 a，在这种条件下，观察**空间局部性**，a 和 b 地址的微小差异是否会增加访问 b 的概率。

- **循环展开**（loop unrolling）：循环展开是创建循环体中多个实体的标准变换。

示例7.2 本例中，我们展开如下循环：

`for(j=0; j<n; j++)`
　`p[j]=... ;`
	⟺	`for(j=0; j<n; j+=2)`
		　`{p[j]=... ;`
		　　`p[j+1]=...}`

在本例中，循环被展开了一次。　　　　▽

循环副本的数量被称为**循环展开因子**（unrolling factor），循环展开因子大于 2 是可能的。展开降低了循环开销（原始循环体中每次执行的分支更少），因而，这通常会提升速度。极端情况下，循环可被完全展开，将控制开销和分支一同消除。循环展开通常支持以下多种变换，并且即使是在展开程序本身并无任何优势的情况下也可能是有益的。然而，展开增加了代码的规模。通常，展开被限定于带有恒定迭代次数的循环。

- **循环融合、循环分裂**：可能会有这样一些情形，其中两个独立的循环可被合并，同时也存在单个循环被分裂为两个的情形。

示例7.3 考虑如下两个版本的代码：

`for(j=0; j<n; j++)`
　`p[j]=... ;`
`for(j=0; j<n; j++)`
　`p[j]=p[j]+ ...`
	⟺	`for(j=0; j<n; j++)`
		　`{p[j]=... ;`
		　　`p[j]=p[j]+ ...}`

如果目标处理器仅提供了一个可用于小循环的零开销循环指令，那么左侧版本就是有益的。同样，左侧版本会为展开提供更好的候选，这是由于它是简单的循环体。右侧版本可能会改进高速缓存的行为（由于对数组 p 的局部引用得到了改进），同时，也增加了循环体中

并行计算的可能性。和其他许多变换一样，很难知道哪个变换会生成最佳的代码。 ▽

7.1.2 循环分块

由于小型存储器比大型存储器要快，分层存储体系的使用会是有益的。可能的"小型"存储器包括了高速缓存和暂存存储器。对于这些存储器中的信息，就要求有一个重要的重用因子，否则就不能利用分层存储体系。

示例7.4 通过分析如下示例，可以证明重用的效果。我们来看大小为 $N \times N$ 的数组的矩阵乘法：

```
for(i=0; i<N; i++)
  for(j=0; j<N; j++) {
      r=0;
      for(k=0; j<N; k++)
        r+=X[i][k]*Y[k][j];
      Z[i][j]=r;
  }
```

我们来看看这段代码的访问模式。标量变量 r 表示位于最内侧循环的所有迭代中的 Z[i,j]，这应该有助于编译器将这个元素临时分配到寄存器中。假设数组元素是以行优先的顺序来分配的（如 C 语言中的标准），这意味着具有相邻行（最右侧的）索引值的数组元素将被存储在相邻的内存位置。相应地，在最内侧循环的迭代期间，X 相邻位置中的数据会被取出。如果存储系统使用了预取（每将一个字载入高速缓存后，就开始载入下一个字），那么，这个特性就是有益的。图 7-3 给出了这段代码的访问模式，然而，对于 Y 的访问并不呈现空间局部性。如果该高速缓存的大小并不足以保存一个完整的缓存行，则对 Y 的每次访问都将是缓存未命中的。因此，将会有 N^3 次对主存中 Y 元素的引用。

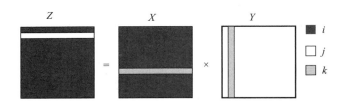

图 7-3 未分块矩阵乘法的访问模式

关于科学计算的研究引发了对**分块**（blocked 或 tiled）**算法**的设计[306, 578]，这些算法改进了**引用的局部性**。如下是上述算法的分块版本⊖，块大小参数为 B：

```
for(ii=0; kk<N; ii+=B)
  for(jj=0; jj<N; jj+=B)
    for(kk=0; kk<N; kk+=B)
      for(i=ii; i<min(ii+B-1,N); ii++)
        for(j=jj; j<min(jj+B-1,N); jj++) {
            r=0;
            for(k=kk; k<min(kk+B-1,N); k++)
```

⊖ 这段代码引自 http://www.netlib.org/utk/papers/autoblock/node2.html。

```
        r+=X[i][k]*Y[k][j];
      Z[i][j]=r;
    }
```

现在，两个最内侧的循环被限制为数组 Y 遍历大小为 N² 的块。假设适合加载到高速缓存的块大小为 N²，那么最内侧循环的第一次执行会把这个块加载至缓存。在最内侧循环的第二次执行期间，这些元素将被重用。总体而言，对 Y 元素的重用将会有 B−1 次。因此，在主存中访问该数组元素的次数将减少到 N³/(B−1) 次。　　　　　　　　　　　▽

重用因子的优化已经成为一个被广泛研究的领域，早期研究聚焦于可由分块得到的性能提升。Lam[306] 发布了使用 3～4.3 之间的因子来提升矩阵乘法性能的方法。随着处理器与存储器速度之间的差距越来越大，性能改进也会越来越多。分块也可减少存储系统的能耗[103]。

7.1.3　循环分裂

接下来，我们讨论循环分裂，其是在编译之前可用的另一种优化方法。潜在地，这种优化也可添加至编译器中。

许多图像处理算法都会执行某种滤波处理，在这种滤波中，考虑了某个像素的信息以及与之相邻的某些像素的信息。相应的计算通常是非常有规则的，然而，如果所涉及的像素邻近图像的边界，那么，并非所有的邻近像素都存在，必须修改该计算。在对滤波算法的简单描述中，这些修改可能会引起在算法最内侧循环中执行测试。通过分裂这些循环，可得出一个更为高效的算法版本，由此得到一个循环体处理常规情形而另一个循环体处理特殊情形。图 7-4 所示为这个变换的图形化表示，最右侧方框中箭头所指的区域需要边缘检测。

图 7-4　将图像处理划分为常规和特殊情况

手动进行循环分裂是非常困难且易于出错的。Falk 等提出了一个算法[152]，其对于更大的维度也可自动执行，以循环中数组元素访问的复杂分析为基础。使用遗传算法得出了优化解。

示例7.5　如下代码给出了来自 MPEG-4 标准执行运动估计的循环嵌套：

```
for(z=0; z<20; z++)
  for(x=0; x<36; x++) {x1=4*x;
    for(y=0; y<49; y++) {y1=4*y;
      for(k=0; k<9; k++) {x2=x1+k-4;
        for(l=0; l<9; l++) {y2=y1+l-4;
          for(i=0; i<4; i++) {x3=x1+i; x4=x2+i;
            for(j=0; j<4; j++) {y3=y1+j; y4=y2+j;
              if(x3<0 || 35<x3 || y3<0 || 48<y3)
                then_block_1; else else_block_1;
              if(x4<0 || 35<x4 || y4<0 || 48<y4)
                then_block_2; else else_block_2;
}}}}}}
```

使用 Falk 的算法，这个循环嵌套可变换为如下形式：

```
for(z=0; z<20; z++)
  for(x=0; x<36; x++) {x1=4*x;
    for(y=0; y<49; y++)
      if(x>=10 || y>=14)
        for(; y<49; y++)
          for(k=0; k<9; k++)
            for(l=0; l<9; l++ )
              for(i=0; i<4; i++)
                for(j=0; j<4; j++) {
                  then_block_1; then_block_2}
else {y1=4*y;
  for(k=0; k<9; k++) {x2=x1+k-4;
    for(l=0; l<9; l++) {y2=y1+l-4;
      for(i=0; i<4; i++) {x3=x1+i; x4=x2+i;
        for(j=0; j<4; j++) {y3=y1+j; y4=y2+j;
          if( 0 || 35<x3 || 0 || 48<y3)          /*x3<0, y3<0 永远不为真 */
            then_block_1; else else_block_1;
          if(x4<0 || 35<x4 || y4<0 || 48<y4)
            then_block_2; else else_block_2; }}}}}}
```

我们没有在最内侧循环中进行复杂的测试，而是在第三个 for 循环语句之后使用了一个分裂 if 语句。常规情形是在该语句的 then 部分处理的，而 else 部分则处理相对较少的剩余的其他情形。　　　　　　　　　　　　　　　　　　　　　　　　　　　　　　　▽

通过为不同应用和体系结构使用循环分裂，可以减少运行时间。所得到的相对运行时间如图 7-5 所示。对于运动估计算法，循环次数可减少高达 75%（原始值的 25%）。大量压缩运行时间（比前面提到的简单变换要更大）是可能的。为了利用这个潜能，Falk 的算法可被实现，例如，一个编译器预处理工具。

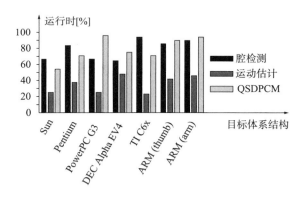

图 7-5　循环分裂的结果

7.1.4　数组折叠

某些嵌入式应用（特别是多媒体领域的），包括了大型数组。因为嵌入式系统中的存储空间是有限的，所以，应该研究降低数组存储要求的方法。图 7-6 给出了由 5 个数组使用的地址，其是时间的函数。在任何特定时间，仅需要数组元素的一个子集，所需元素的最大数量被称为**地址引用窗口**[118]。在图 7-6 中，该最大值是用双向箭头来表示的。

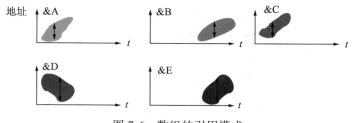

图 7-6　数组的引用模式

图 7-7a 给出了数组的经典内存分配。在整个执行时间里（如果我们考虑了全局数组），为每个数组分配所需要的最大空间。

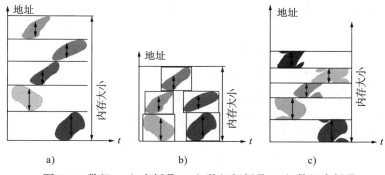

图 7-7　数组：a）未折叠；b）数组间折叠；c）数组内折叠

可能的改进之一是**数组间折叠**，如图 7-7b 所示。在重叠时间区间内未被请求的数组可以共享相同的内存空间。第二个改进是数组内折叠[117]，如图 7-7c 所示，它利用了**数组中**所需要组件的有限集。通过以更为复杂的地址计算为代价，可以节省存储空间。这两种折叠也可组合使用。

Chung、Benini 以及 De Micheli[103, 501] 等已分析了其他形式的高级变换。在编译器社区，还有许多其他的成果。

7.1.5　浮点到定点的转换

浮点到定点的转换是一种常用的优化技术。许多信号处理标准（如 MPEG-2 或 MPEG-4）都是以使用浮点数据类型的 C 程序形式来指定的，这一事实引起了这种转换。找出这些标准的有效实现是留给设计人员的问题。

对于许多信号处理应用，用定点数代替浮点数是可能的，其益处是非常显著的。例如，据参考文献 [216] 中给出的结论可知，MPEG-2 视频压缩算法的循环次数减少 75%，能耗减少 76%。然而，这常常会导致一些精度的损失。更确切地讲，在实现成本与算法质量（例如，以质量度量进行评估，见 5.3 节）之间要有一个折中。对于小的字长，质量可能会受到严重影响，因此，必须分析质量损失。这种替代最初是手动执行的。然而，这是一个非常乏味且容易出错的过程。

因此，研究人员已经尝试用工具来支持这种替代。FRIDGE（Fixed-point Programming Design Environment）[271, 560] 就是这样一个工具。现在，FRIDGE 的功能已成为美国 Synopsys 公司 System Studio 工具套件中的商用组件 [495]。

在 FRIDGE 中，设计过程从使用 C 语言描述的算法开始，包括浮点数。之后，该算法被转换为使用 fixed-C 描述的算法。fixed-C 用两个定点数据类型对 C 语言进行扩展，并使用了 C++的类型定义特性。fixed-C 是 C++的子集且提供了两个数据类型 fixed 和 Fixed。定点数据类型的声明和其他数据类型的非常相似。

示例7.6 如下代码将一个标量变量、一个指针以及一个数组声明为定点数据类型。

```
fixed a,*b,c[8];
```

这些声明在它们的整个作用域内都是有效的，这个作用域可以是整个程序。 ▽

假定定点数据类型的参数可被延迟到赋值的时间。

示例7.7

```
a=fixed(5,4,s,wt,*b)
```

a 的字长参数被设置为 5 位，小数字长为 4 位，符号表示为 s，溢出处理为回绕（w），且舍入模式为截断（t）。 ▽

在赋值中被读取的变量参数是由给这些变量的赋值来决定的。数据类型 Fixed 与 fixed 类似，不同点是 Fixed 要对声明中使用的参数和执行赋值时使用的参数进行一致性检查。对于每个变量的赋值，这些参数（包括字长）可能是不同的。在模拟应用之前，参数信息可被添加到原始的 C 程序。模拟为所有赋值提供了值的范围。基于这些信息，FRIDGE 为所有的赋值添加参数信息。FRIDGE 也从上下文中推断参数信息，例如，加法的最大值被认为是参数的和。所添加的参数信息可以是基于模拟的，也可以是基于最坏情形的。基于模拟，与形式化分析相比，FRIDGE 不必假设最坏情况的值。所得出的 C++程序再次被模拟以检查质量损失。SystemC 可用来模拟定点数据类型。

Shi 和 Brodersen[461] 以及 Menard 等 [372] 提出了对额外引入的噪声和所需字长之间的折中分析，这个主题一直吸引着研究人员 [321]。

7.2 任务级并发管理

如前所述，任务图的**粒度**是其最为重要的属性之一。即使是层次化的任务图，改变节点的粒度也可能是有用的。将规格划分到任务或进程并不一定要以最大实现效率为目标。当然，在规格阶段，对所关注问题以及净软件模型的清晰分解要比过多关注实现重要得多。例如，对所关注问题的清晰分解包括对它们所使用的抽象数据类型实现进行清晰分解。同样，我们也可能在规格中以流水线方式使用多个任务，而将它们中的一些进行合并会降低上下文切换开销。因此，没必要将规格中的任务与其在实现中的任务一一对应起来。这意味着，任务的重组是可取的。通过任务的合并与分裂，这样的重组的确是可行的。

每当某个任务 τ_i 是另一个任务 τ_j 的直接前驱且 τ_j 没有任何其他的直接前驱时，就可以执行任务图的合并（见图 7-8，$\tau_i=\tau_3$ 且 $\tau_j=\tau_4$）。

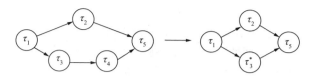

图 7-8　任务的合并

另一方面，任务分裂可能是有益的，原因如下。

任务可能在等待某个输入的时候持有资源（如大量的内存）。为了使这些资源的使用最大化，最好是将这些资源的使用限定在真正需要这些资源的时间区间里。在图 7-9 中，我们假定任务 τ_2 的代码在某个地方需要某个输入。

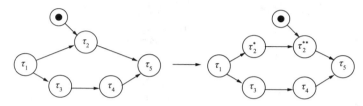

图 7-9　任务分裂

在初始版本中，任务 τ_2 仅在这个输入可用时才能开始执行。我们将该节点分裂为 τ_2^* 和 τ_2^{**}，以便仅 τ_2^{**} 的执行需要该输入。现在，τ_2^* 就可以更早开始，由此得到更多的自由调度。这个提升的调度自由度可能会改进资源利用率，甚至使得某个截止期得到满足。这也可能影响到数据存储所需的内存，因为在 τ_2^{**} 等待输入时，τ_2^* 可能在结束前释放了它所占用的部分内存且这些内存有可能已被其他任务使用。

可能有人会说，任务在等待输入之前无论如何也应该释放资源（如大量的内存），然而在较早的设计阶段，对实现问题的关注可能会影响到原始规格的可读性。

如 Cortadella 等[110]所述，可以采用基于 Petri 网的技术进行相当复杂的规格变换，这些技术从采用 FlowC 语言描述的任务集所构成的规格开始。FlowC 语言用进程头部以及以在 READ- 和 WRITE- 函数调用形式中指定的任务间通信对 C 语言进行了扩展。

示例7.8　图 7-10 给出了使用 FlowC 的输入规格。这个示例的输入端口为 IN 和 COEF，输出端口为 OUT。进程间的点到点通信是通过单向缓冲通道 DATA 实现的。任务 GetData 从环境中读取数据并将其发送给通道 DATA，每次发送 N 个采样，也通过该通道发送它们的平均值。任务 Filter 从通道读取 N 个值（并忽略它们），之后，读取平均值并乘以 c 值（可以从端口 COEF 读得 c）。Filter 向端口 OUT 写入结果。READ 和 WRITE 调用中的第三个参数是要读取或写入的项数。READ 调用是阻塞的，如果通道中的项数超过了预定义的阈值，WRITE 调用也是阻塞的。SELECT 语句与 Ada 中的同名语句的语义相同：这个任务的执行被挂起，直至某个端口有输入到来。这个示例满足图 7-9 所示上下文中所提及的任务分裂的所有条件。两个任务将等待输入且占用资源，通过重组这些任务可以提升效率。然而，图 7-9 所示的简单分裂是不够的。Cortadella 等提出的技术更加复杂：Flow-C 程序首先被转换为（扩展的）Petri 网，随后，每个任务的 Petri 网都被合并到一个 Petri 网。使用 Petri 网理论的结果，随后就生成了新的任务。图 7-11 给出了一个可能的新任务结构。在该新任务结构中，有一个任务执行所有的初始化，另外，每个输入端口也有一个任务。一个高效的实现将在每次有新中断到达端口时引发中断，每个端口上应只有唯一一个中断。随后，这些中断可直接启动这些任务，且不需要为此调用操作系统。通信可被实现为共享的全局变量（假设在共享的地址空间内）。即使需要的话，操作系统的开销也会很小。

图 7-11 所示任务 tau_in 的代码就是在任务结构内由基于 Petri 网的任务间优化所生成的。它应由任务内优化进一步进行优化，因为对第一条 if 语句的测试总为假（在这种情况下，j 等于 i-1，且每当 i 等于 N 时 i 和 j 就被置为 0）。对于第三条 if 语句，这个测试总为真，因为仅在 i 等于 N，且每当到达 L0 时 i 等于 j 时，才到达这个控制点。同样，变量的数量可减少。如下是 tau_in 的一个优化版本。

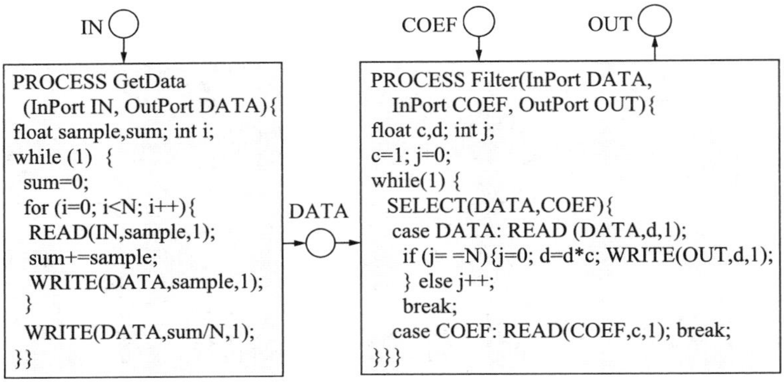

图 7-10 系统规格

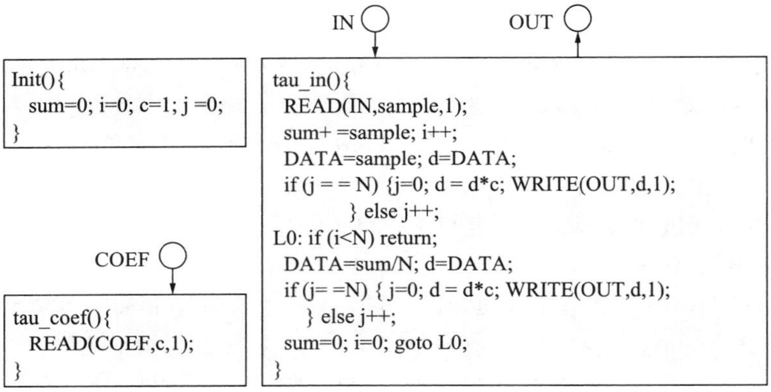

图 7-11 生成的软件任务

```
tau_in() {
    READ(IN,sample,1);
    sum+=sample; i++;
    DATA=sample; d=DATA;
L0: if(i<N) return;
    DATA=sum/N; d=DATA;
    d=d*c; WRITE(OUT,d,1);
    sum=0; i=0;
    return;
}
```

通过智能的编译器可以生成 Tau_in 的优化版本。当今的编译器几乎都不能生成这个版本，但这个示例给出了生成"良好的"任务结构所需变换的类型。   ▽

要想了解任务生成的更多细节，请参见 Cortadella 等 [110] 的文献。在 Thoen[515] 的著述以及 Meijer 等 [371] 的论文中也对类似的优化进行了阐述。

7.3   嵌入式系统编译器

7.3.1   概述

显然，对于 PC 和服务器中的处理器，优化和编译器都是可用的。面向常用处理器的编译器生成是很好理解的。对于嵌入式系统，标准的编译器在许多情形下都可使用，毕竟它们常常是廉价或者免费可用的。

然而，鉴于如下原因要为嵌入式系统设计专用的优化和编译器。

- 嵌入式系统中的处理器体系结构呈现出特殊特性。这些特性应被编译器利用起来生成高效的代码，编译技术也可能必须支持相关的压缩技术。
- 代码的高效性比快速编译更为重要。
- 编译器潜在地有助于满足和检验实时约束。首先，如果编译器包含了显式的时间模型，那就太好了，这些模型可用于优化实际改进的计时行为。例如，为了防止被执行代码频繁地换入换出，冻结某些缓存行可能会带来益处。
- 编译器可能有助于降低嵌入式系统的能耗。编译器应当能够执行能量优化。
- 对于嵌入式系统，存在各种各样的指令集。因此，应该为更多的处理器提供所需的编译器。有时候，甚至存在需求支持带有**重定向编译器**的指令集优化。对于该类编译器，指令集可被指定作为某个编译器生成系统的输入，该类系统可用于实验性地修改指令集，以及之后对生成的机器码观察产生的变化。这是**设计空间探索**的一个特例，而且被 Tensilica 等工具 [83] 所支持。

在关于本主题的书籍中给出了一些用于重定向编译器的方法 [361]。在 Leupers 等 [323, 324] 的书籍中可以找到关于优化的内容。在本节，我们将阐述面向嵌入式处理器的编译技术示例。

7.3.2   能量感知编译

许多嵌入式系统都是必须用电池供电的移动系统。移动系统上的计算需求不断增加，但电池技术的改进却比较缓慢 [248]，因此，能量的可用性依然是新应用的重要瓶颈。

我们可以在不同层次（包括制造过程技术、器件技术、电路设计、操作系统以及应用算法等）实现节能。从算法到机器码的合理转换也会对此有所帮助，高级优化技术也有助于降低能耗。在本节，我们将着眼于可降低能耗的编译器优化（通常称为低功耗优化）。**能量模型**是所有能量优化中非常基础的元素。第 5 章讨论了能量模型。基于这样一些模型，如下编译器优化已被用于降低能耗。

- **能量感知调度**：只要不改变程序的功能，指令的顺序是可以改变的。由于指令顺序可被改变，从而使得指令总线上的切换数量可被最小化。这个优化可在由编译器生成的输出上执行，并不需要对编译器进行任何改动。
- **能量感知的指令选择**：通常，存在多个实现相同源代码的指令序列。在标准的编译器中，指令数量或周期数量被当作指标（成本函数）来选择一个好的序列，这个指标可被该序列的能耗所替代。Steinke 及其他研究者发现，能量感知的指令选择降低了几个百分点的能耗[485]。

- 对于其他标准的编译器优化而言，**替代成本函数**也是一种可能的方式，如寄存器流水线和循环不变量代码移动等。可能的改进也大约在几个百分点。
- **利用分层存储体系**：如前面已解释的，越小的存储器提供越快的访问速度且每次访问消耗更少的能量。因此，如果系统使用了分级存储体系，就能节省大量的能量。在 Steinke[486, 488] 分析的所有编译器优化中，分级存储体系能够节省的能量最大。除了使用大的后台存储器，使用小的暂存存储器（SPM）也是有益的。之后，相应地址范围内的所有访问都将需要更少的能量，而且比访问大存储器要更快。编译器应负责将变量和指令分配到暂存存储器，然而，这种方法要求识别出频繁访问的变量和代码序列并将其映射到这个地址空间。

7.3.3　存储体系感知编译

7.3.3.1　面向暂存的编译技术

使用 SPM 的优势已被清晰阐述[36]，因此，利用 SPM 就是利用分层存储体系最为重要的情形。可用的编译器通常可以将存储对象映射到存储器的特定地址范围。为实现此目的，必须对源代码进行注解。

示例7.9　对于 ARM 工具，通过使用类似如下的编译指示（pragma），可将内存段引入源代码之中。

```
# pragma arm section rwdata="foo", rodata="bar"
```

编译指示之后的变量声明会被映射到读 - 写段"foo"，常量则被映射到只读段"bar"。之后，连接器命令将这些段映射到特定的地址范围，包括属于 SPM 的地址范围。　　▽

这是 ARM 处理器中的编译器所采用的方法[21]，这不是一个令人满意的方法，如果编译器能够为频繁访问对象自动执行这样一个映射就好了。因此，有人设计了一些优化算法，ARTIST 暑期学校发表了一个综述[359]。可用的 SPM 优化可被分为如下两类。

- **非覆盖的**（或"静态的"）存储器分配策略：对于这些策略，在执行相应的应用程序时，应将这些存储对象存放在 SPM 中。
- **覆盖的**（或"动态的"）存储器分配策略：对于这些策略，存储器对象在运行期间被移入 SPM 或从中移出。这是一种"编译器控制的分页"，除了对象的迁移发生在 SPM 和一些更慢的存储器之间，且不涉及任何磁盘。

7.3.3.2　非覆盖分配

就非覆盖分配而言，我们可以从考虑函数和全局变量到 SPM 的分配开始。为此，每个函数和每个全局变量都可建模为存储器对象。其中各个参数的含义如下。

- S 是 SPM 的大小。
- sf_i 和 sv_i 分别是函数 i 和变量 i 的大小。
- g 是每次访问 SPM 所节省的能耗（即每次访问较慢主存所需的能耗与每次访问 SPM 所需能耗的差值）。

- nf_i 和 nv_i 分别是对函数 i 和变量 i 的访问次数。
- xf_i 和 xv_i 可被定义为：

$$\mathrm{xf}_i = \begin{cases} 1 & \text{如果函数} i \text{被映射到SPM} \\ 0 & \text{其他} \end{cases} \tag{7.1}$$

$$\mathrm{xv}_i = \begin{cases} 1 & \text{如果变量} i \text{被映射到SPM} \\ 0 & \text{其他} \end{cases} \tag{7.2}$$

目标就是要最大化这个收益：

$$G = g\left(\sum_i \mathrm{nf}_i \times \mathrm{xf}_i + \sum_i \mathrm{nv}_i \times \mathrm{xv}_i\right) \tag{7.3}$$

同时要遵从大小约束：

$$\sum_i \mathrm{sf}_i \times \mathrm{xf}_i + \sum_i \mathrm{sv}_i \times \mathrm{xv}_i \leqslant S \tag{7.4}$$

这个问题被认为是一个（简单的）**背包**问题（更一般的情形请参见 6.3.1 节）。标准的背包算法可用于选择要被分配给 SPM 的对象，式（7.3）和式（7.4）也有整数线性规划（ILP）问题的形式（见附录 A），ILP 求解器也可被使用。g 是目标函数中的一个常量因子，在求解 ILP 问题时并不需要。相应的优化可被实现为一个预先优化（见图 7-12）。

这个优化会影响函数和全局变量的地址，编译器通常允许在源代码中手动指定这些地址。因此，编译器本身并不需要进行任何改动。这种预先优化的优点在于，它可以与许多不同目标处理器的编译器一起使用，无须对大量的目标专用编译器进行修改。

背包模型可被扩展为不同用法。

基本块的分配：刚刚讨论的方法只允许将整个函数或变量分配给 SPM。如果函数和变量很大，则 SPM 中的大部分可能仍然是空的。我们要尝试减小分配给 SPM 的对象粒度，通常的选择是将**基本块**作为存储对象。另外，我们也考虑相邻基本块的集合，这里，相邻是指在控制流图中的相邻[485]。我们将这些相邻块的集合称为**多块**。图 7-13 给出了一个控制流图以及所考虑的多块集合。

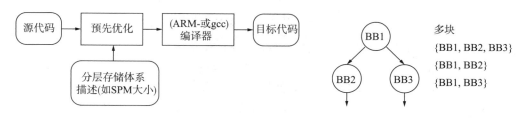

图 7-12　预先优化　　　　　　　图 7-13　基本块与多块

相应地，ILP 模型也可被扩展，其参数的含义如下所示。

- sb_i 和 sm_i 分别是基本块 i 和多块 i 的大小。
- nb_i 和 nm_i 分别是对基本块 i 和多块 i 的访问次数。
- xb_i 和 xm_i 被定义为：

$$\mathrm{xb}_i = \begin{cases} 1 & \text{如果基本块} i \text{被映射到SPM} \\ 0 & \text{其他} \end{cases} \tag{7.5}$$

$$\text{xm}_i = \begin{cases} 1 & \text{如果多块}i\text{被映射到SPM} \\ 0 & \text{其他} \end{cases} \tag{7.6}$$

目标就是要最大化收益:

$$G = g\left(\sum_i \text{nf}_i \times \text{xf}_i + \sum_i \text{nb}_i \times \text{xb}_i + \sum_i \text{nm}_i \times \text{xm}_i + \sum_i \text{nv}_i \times \text{xv}_i\right) \tag{7.7}$$

同时要遵从如下约束:

$$\sum_i \text{sf}_i \times \text{xf}_i + \sum_i \text{sb}_i \times \text{xb}_i + \sum_i \text{sm}_i \times \text{xm}_i + \sum_i \text{sv}_i \times \text{xv}_i \leqslant S \tag{7.8}$$

$$\forall 基本块 i: \text{xb}_i + \text{xf}_{\text{fct}(i)} + \sum_{i' \in \text{multiblock}(i)} \text{xm}_{i'} \leqslant 1 \tag{7.9}$$

其中,fct(i) 是包含基本块 i 的函数;multiblock(i) 是包含基本块 i 的多块集合。

约束(7.9)确保了一个基本块仅被映射至 SPM 一次,而不是潜在地映射为一个封闭函数的成员以及一个多块的成员。

Steinke 等 [488] 用该模型进行了实验。在某些基准测试应用中,即使 SPM 的大小只有应用代码总规模的一小部分,也可发现能量最多降低大约 80%。图 7-14 给出了冒泡排序程序的结果[⊖]。

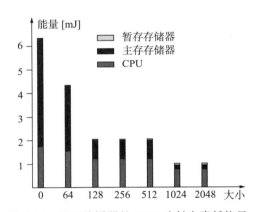

图 7-14　基于编译器的 SPM 映射来降低能量

显然,更大的 SPM 将使得主存中的能耗降低(见图中顶段)。CPU 中需要的能量也被降低,这是因为需要更少的等待周期。SPM 只需要少量能量(见图中的中段)。假定电源电压是恒定的,更快的执行可以让我们按比例调低频率和电压,从而减少更多的能量。

对存储器进行分区 [547]:小的存储器的访问速度更快且每次访问需要更少的能量,因此,将存储器划分为几个更小的存储器是很有意义的。ILP 模型也容易扩展用来建模一些小的存储器。这里,我们不对存储对象(函数、基本块、变量等)的不同类型之间的差异进行区分。索引 i 表示任意存储对象,其他参数的含义如下。

- S_j 是存储器 j 的大小。
- s_i 是对象 i 的大小(同前)。

⊖　在该柱状图中,每个柱分为三段,底段为 CPU 数据,中段为主存存储器数据,顶段为暂存存储器数据。——译者注

- e_j 是每次访问存储器 j 的能耗。
- n_i 是访问对象的 i 次数（同前）。
- $x_{i,j}$ 被定义为：

$$x_{i,j} = \begin{cases} 1 & \text{如果对象} i \text{被映射到存储器} j \\ 0 & \text{其他} \end{cases} \quad\quad (7.10)$$

现在，我们是在最小化总能耗，而不是最大化地节省能量。因此，当前的目标是最小化：

$$C = \sum_j e_j \sum_i x_{i,j} \times n_i \quad\quad (7.11)$$

同时遵从如下约束：

$$\forall j : \sum_i s_i \times x_{i,j} \leqslant S_j \quad\quad (7.12)$$

$$\forall i : \sum_j x_{i,j} = 1 \quad\quad (7.13)$$

存储器分区对不同的存储器需求特别有用。频繁访问的存储单元被称为应用的**工作集**。工作集小的应用可使用非常小而快的存储器，然而，需要更大工作集的应用则可能被分配到一些更大的存储器中。因此，存储器分区的主要优点在于，它们适应调整工作集大小的能力。

此外，可关闭未被使用的存储器，以节省额外的能量。然而，我们当前仅考虑访问存储器所产生的"动态"能耗。除此之外，即使存储器在空闲时也可能会存在一定的能耗，我们在此并不考虑这种能耗。因此，式（7.11）和式（7.12）并不反映关闭存储器所节省的能耗。

连接/加载时的存储器分配 [399]：在编译时，根据特定的 SPM 大小进行代码优化也有缺点：如果我们在某个处理器的不同版本上运行这段代码，且这些版本具有不同大小的 SPM，这段代码的运行效果就可能会很差。我们应避免对不同处理器版本请求不同的执行文件，因此，我们对不依赖于 SPM 大小的可执行文件充满兴趣。如果我们在连接时执行优化，这就是可行的。所提出的这种方法在编译时计算访问次数除以变量大小的比值，并将该值和有关变量的其他信息共同存放在可执行文件中。在加载时，操作系统会查询 SPM 的大小。之后，对这段代码打补丁，以使得尽可能多的有益变量被分配给 SPM。

7.3.3.3　覆盖分配

较大的应用可能会有多个热点（有多个包含计算敏感循环的代码区域）。非覆盖方法在这种情形下无法提供可能的最佳结果，对于该类应用而言，每个热点都应利用 SPM。这要求在分级存储体系的不同层之间进行自动迁移。对于覆盖算法，存储对象在该分层体系的不同级之间迁移⊖。这个迁移可以显式设计在应用程序中，也可以自动插入。对于具有多个热点的应用，覆盖算法是有益的，对于这些热点，代码或数据可能会彼此冲突。对于覆盖算法，我们通常假定所有应用在设计时全部已知，这样，在该阶段就可以考虑存储器分配。Verma [531] 以及 Udayakumararan 等 [524] 提出的算法是该类算法的早期示例。

Verma 的算法以被优化应用的 CFG 为起点。对于图中的边，Verma 考虑为本地使用的

⊖　本节中的部分素材已包括在本书作者的另一部书籍中 [360]。

存储对象释放 SPM。

示例7.10 在图 7-15 中，我们考虑控制块 B1～B10 以及 B2 处的控制流分支。假设沿着左侧路径定义、修改和使用数组 A，T3 仅用于分支的右侧部分。我们考虑 SPM 可能释放，使得 T3 可在本地被分配给 SPM。这要求在可能插入的块 B9 和 B10（细虚线）中执行溢出（spill）和加载（load）操作。之后，这些溢出操作的成本和收益被合并到一个全局的 ILP 中。求解 ILP 会产生一个存储器复制操作的优化集合。   ▽

对于一个测试基准集合，相比于非覆盖情形，能耗和执行时间分别平均降低了 34% 和 18%，代码块就像数据数组那样被处理。

Udayakumararan 的算法与之类似，但其根据所访问存储器的次数除以大小来评估存储器对象。随后，这个度量被用来启发式地指导优化过程，这个方法也可考虑堆对象。

大数组是很难分配给 SPM 的，实际上，即使单个数组也可能会因为太大而不能装入 SPM。Verma[153] 的分裂策略被限定于单个数组分裂。循环分块是更为通用的技术，可以以手动或自动的方式进行应用 [327]。此外，可以详细地分析数组索引，以便被频繁访问的数组元素可保留在 SPM 中 [340]。

迄今为止，我们的讨论主要关注代码和全局数据，栈和堆数据需要特别的关注。在这两种情形下，两个平凡解都是可行的：某些情况下，我们可能根本不希望将代码或堆数据分配给 SPM；而在其他情况下，我们可能运行栈 [5] 和堆大小的分析 [211] 以检查栈或堆是否完全适应 SPM，如果适应，就将它们分配给 SPM。

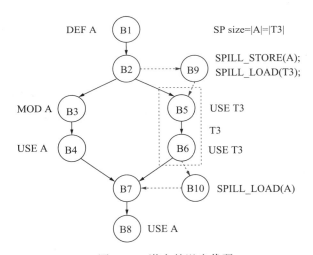

图 7-15   潜在的溢出代码

就堆而言，Dominguez 等 [129] 提出要分析堆对象的活性。每当潜在地需要某个堆对象时，就应生成代码以保证该对象将在 SPM 中，这些对象总是位于相同的地址，这就避免了 SPM 中堆对象的引用抖动。McIllroy 等 [366] 提出了一个考虑 SPM 特性的动态存储器分配器。Bai 等 [31] 建议，程序员应该通过两个函数 p2s 和 s2p 对全局指针的访问进行封装。这些函数提供全局和本地（SPM）地址的转换，同时也确保存储器内容的正确复制。

对于栈变量，Udayakumararan 等 [524] 提出要使用两个栈，一个用于调用短函数（函数的堆栈位于主存中），另一个调用栈区域在 SPM 中的计算开销较大的函数。Kannan 等 [269] 建议以循环方式将栈顶的帧保留在 SPM 中。在函数调用期间，会检查所需栈帧空间是否足够。如果空间不可用，旧的栈帧就被复制到主存中的预留区域，在从函数调用返回期间，这些帧可被复制回来。不同的优化旨在最小化那些必要的检验。

7.3.3.4 多线程 / 进程

上述方法仍然局限于单个进程或线程的处理。对于多线程，必须要考虑在上下文切换时将对象移入和移出 SPM 的情形。Verma[532] 提出了 3 种不同的方法。

1. 在第一种方法中，在任何给定的时间内只有一个进程拥有 SPM 中的空间。每次上下文切换时，保存已占用空间中抢先进程的信息并恢复已执行进程的信息。这个方法被称为**保存 / 恢复方法**。这种方法不适合较大的 SPM，因为复制会消耗大量的时间和能量。

2. 在第二种方法中，SPM 中的空间根据不同进程被划分为不同的区域。分区的大小是在特定优化中确定的。SPM 在初始化期间被填充，不需要编译器控制的进一步复制。因此，这种方法被称为**无保存方法**。这种方法仅在 SPM 大到足以包括几个进程区域时才有意义。

3. 第三种是**混合方法**：SPM 被分割为一个由多个进程共同使用的区域以及另一个区域，在后一个区域中，进程获取某个独占分配的空间。两个区域的大小是在优化中被确定的。

在更多的动态情形中，应用集在系统使用期间可能会发生变化。对于该类情形，动态存储器管理器是适合的。Pyka[438] 给出了一个基于 SPM 管理器的算法，该管理器是操作系统的一部分。

如果内存管理单元（见附录 C）是可用的，则可以避免这种间接的附加层次。Egger 等[143]开发了一种利用 MMU 的技术：在编译时，根据是否从 SPM 的分配中受益对代码区进行划分。受益的代码存放在虚拟地址空间的某个特定区域中。最初，这个区域未被映射到物理内存，因此，当第一次访问这段代码时就会出现页失效。之后，页失效处理会调用 SPM 管理器（SPMM）且由其分配（以及释放）SPM 中的空间，并总是根据需要更新虚拟 - 实际地址转换表。这个方法被设计用来处理代码，并且能够支持动态改变的应用集。然而，现在的 SPM 大小只对应了当前页表中很少的项，从而导致了粗粒度的 SPM 分配。

7.3.3.5 支持不同的体系结构和目标

到目前为止，我们已经考虑了不同的分配类型。SPM 分配中的另一个维度是体系结构维度。隐含地，我们已经考虑了具有单个分层存储结构层和单 SPM 的单核系统，也存在其他的体系结构。例如，可能存在具有高速缓存和 SPM 的混合系统。在缓存冲突的情况下，我们可以尝试通过选择性地分配 SPM 来降低缓存未命中的概率[94, 268, 584]。同样，我们也拥有不同的存储技术，如 flash 存储器或其他类型的非易失性 RAM[538]。对于 flash 存储器，负载均衡是很重要的，另外，也可能存在多级存储器。

SPM 也可能在多个核之间共享。同样，可能会有多个分层存储级别，其中某些可被共享。对此，Liu 等[333] 给出了一个基于 ILP 的方法。

SPM 分配中还有一个目标函数的维度。迄今为止，我们已经聚焦了能量或运行时间的最小化，其他目标也要被考虑。隐式地，我们已经建模了平均情况下的能耗，并建模了最坏情况能耗（WCEC）。WCEC 是一些文献中所关注的目标，例如 Liu[333]。对于可靠应用的设计，可靠性和耐久性是相关的，特别是存在老化的情况下[541]。避免存储器过热也可能是必要的。

7.3.4   协调编译与时间分析

几乎当今所有可见的编译器都不包括时间模型。因此，实时软件的开发通常必须经历一个迭代过程：软件是由不了解任何时间信息的编译器编译的，之后使用 aiT[4] 等时间分析器对所得出的代码进行分析。如果时间约束未能满足，就必须改变编译器运行的某些输入，而且这个过程必须重复执行。我们将其称作基于"试错法"的实时软件开发，这个方法会受到几个问题的影响。首先，所需的设计迭代次数最初是未知的。此外，该方法中使用的编译器是"优化的"，但通常不可能对除了代码之外的目标进行精确评估。因此，编译器开发者只是希望他们的"优化"能对相关目标的代码质量产生积极影响。鉴于现代处理器的复杂时间行为，这种希望很难找到证据来支持。最后，基于"试错法"的实时软件开发要求设计人员要找出对编译器输入的适当修改，以使得实时约束最终被满足。

如果时间分析被集成到了编译器中，那么就无须使用基于"试错法"这一方法。这正是多特蒙德工业大学开发最坏执行时间感知编译器 WCC 的目标所在。WCC 的开发是从把时间分析器 aiT 集成到 TriCore 体系结构的试验性编译器开始的。图 7-16 所示为其总体结构。

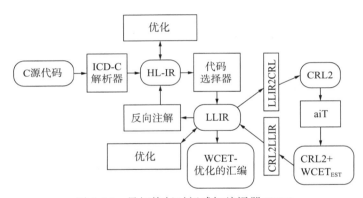

图 7-16   最坏执行时间感知编译器 WCC

WCC 用 IDC-C 编译器部件[222] 来读取并解析 C 源代码，之后这段源代码被转换成"高级中间表示"（HL-IR），HL-IR 是源代码的抽象表示。我们可将不同的优化应用到 HL-IR，优化后的 HL-IR 被传递给代码选择器。代码选择器将源代码操作映射至机器指令。WCC 支持英飞凌 TriCore 和 ARM7 体系结构。TriCore 的指令用低级中间表示（LLIR）来表示。为了评估 $WCET_{EST}$，LLIR 被转换为由 aiT 使用的 CRL2 表示（使用 LLIR2CRL 转换器）。随后，针对给定机器码 aiT 可以生成 $WCET_{EST}$，这些信息可被转换回 LLIR（使用 CRL2LLIR 转换器）。基于这些信息，WCC 将 $WCET_{EST}$ 当作优化期间的目标函数。这可以直接完成 LLIR 级的优化。然而，许多优化是在 HL-IR 级执行的，该级的 $WCET_{EST}$ 定向优化需要使用从 LLIR 级到 HL-IR 级的反向注解，在 ICD-C 中包括这个反向注解。

WCC 在编译器中已被用来研究降低 $WCET_{EST}$ 优化的影响。对于寄存器分配而言，大量结果涵盖了关于该目标影响的研究[151]。图 7-17 所示的结果展示了非常显著的影响。

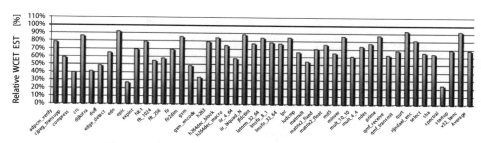

图 7-17 由 WCET 感知寄存器分配降低的 $WCET_{EST}$

只使用 WCC 中的 WCET 感知寄存器分配，$WCET_{EST}$ 就可平均降低至原有 $WCET_{EST}$ 的 68.8%。降幅最大时，$WCET_{EST}$ 仅是原有 $WCET_{EST}$ 的 24.1%。Lokuciejewski 等[337] 对多个该类优化的组合效果进行了分析，在所采用的基准测试中，Lokuciejewski 发现其降低到了原始 $WCET_{EST}$ 的 57.1%。

7.4 功率与热管理

7.4.1 动态电压与频率调节

某些嵌入式处理器支持动态电源管理以及动态电压调节。我们可采用其他的优化步骤来利用这些特性，通常，这种优化步骤是在编译器生成代码之后进行的。这个步骤中的优化需要系统中所有任务的全局视图，包括它们的依赖性以及空闲时间。

示例7.11 接下来的示例说明了可能的动态电压调度[242]。假设有一个运行在 2.5V、4.0V 和 5.0V 三个不同电压下的处理器。假设在 5.0V 时每个周期的能耗为 40nJ，那么，可采用式（3.14）来计算其他电压时的能耗（见表 7-1，25nJ 是一个四舍五入的值）。

表 7-1 带有 DVFS 处理器的特性

V_{dd}（V）	5.0	4.0	2.5
每个周期的能量（nJ）	40	25	10
f_{max}（MHz）	50	40	25
周期时间（ns）	20	25	40

此外，假设任务需要在 25s 内执行 10^9 个周期。有几种方法可以做到这一点，如图 7-18、图 7-19 和图 7-20 所示。使用最大电压（如图 7-18 所示），在 5s 的空闲时间里就可以关闭处理器（假设在此期间功耗为 0）。

另一个可选方案是让处理器一开始就全速运行，然后如果在剩余周期内可以以最低电压完成，则调低电压（如图 7-19 所示）。

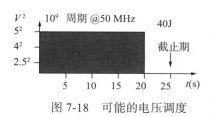

图 7-18 可能的电压调度

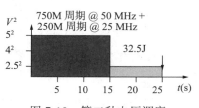

图 7-19 第二种电压调度

最后，我们可以在可用时间内使用刚刚足以完成这些周期的时钟速率来运行处理器（如图 7-20 所示）。

相应的能耗可由以下公式计算：

$$E_a = 10^9 \times 40 \times 10^{-9} = 40 \text{ J} \tag{7.14}$$

$$E_b = 750 \times 10^6 \times 40 \times 10^{-9} + 250 \times 10^6 \times 10 \times 10^{-9} = 32.5 \text{ J} \tag{7.15}$$

$$E_c = 10^9 \times 25 \times 10^{-9} = 25 \text{ J} \tag{7.16}$$

在理想的 4V 电源电压时，达到了最小能耗。 ▽

接下来，我们仅对允许**任何**电源电压达到某个最大值的处理器使用**可变电压处理器**一词。支持真正的可变电压的成本很高，因此，实际的处理器仅会支持几个固定的电压。

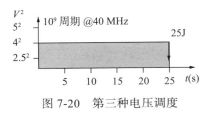

图 7-20   第三种电压调度

对上述示例所进行的观察可被概括为以下几个命题，Ishihara 和 Yasuura[242] 给出了这些命题的证明。

- 如果一个可变电压处理器可以在截止期之前完成一个任务，那么能耗就可以被降低⊖。
- 如果处理器使用单电源电压 V_s 且刚好在截止期时完成任务 τ，那么，V_s 就是最小化 τ 能耗的唯一电压。

如果一个处理器只能采用几个离散的电压等级，那么，就可以选择使用与理想电压 V_{ideal} 直接相邻的两个电压的电压调度。除非采用整数个周期这个要求会导致对最小值有较小的偏差⊖，否则这两个电压产生的能耗是最小的。

这些命题可用来为任务分配电压。接下来，我们将关注这样的一个分配，并使用如下符号。

- n：任务数量
- EC_j：任务 j 的执行周期数
- L：目标处理器的电压数
- V_i：第 i 个电压，其中 $1 \leqslant i \leqslant L$
- f_i：电源电压 V_i 对应的时钟频率
- d：所有任务必须全部完成的全局截止期
- SC_j：任务 j 执行期间的平均切换电容（SC_j 包括实际电容 C_L 以及切换动作 α（见式（3.14）））。

随后，电压调节问题被描述为整数线性规划（ILP）问题。为此目的，我们引入变量 $X_{i,j}$ 来表示在某个特定电压上执行的周期数，其中 $X_{i,j}$ 表示任务 j 在电压 V_i 时的时钟周期数。

ILP 模型的简化假设包括以下内容。

- 有一个在有限个离散电压上运行的处理器。
- 电压和频率的切换时间忽略不计。
- 每个任务的最坏周期数是已知的。

使用这些假设，ILP 问题可被描述为：最小化

⊖ 这个表述使得 Ishihara 和 Yasuura 论文中的引理 1 的隐含假设显式化了。

⊖ 在原文中，并未考虑这个需求。

$$E=\sum_{j=1}^{n}\sum_{i=1}^{n}\mathrm{SC}_j\times X_{i,j}\times V_i^2 \qquad (7.17)$$

满足

$$\forall j:\sum_{i=1}^{L}X_{i,j}=\mathrm{EC}_j \qquad (7.18)$$

以及

$$\sum_{j=1}^{n}\sum_{j=1}^{L}\frac{X_{i,j}}{f_i}\leqslant d \qquad (7.19)$$

其目标是找出每个任务 τ_j 在特定电压 V_i 上执行的周期数 $X_{i,j}$。根据之前给出的命题，任何任务都不需要两个以上的电压。采用这个模型，Ishihara 和 Yasuura 证明，如果任务可以选择多个电压，效率通常都会得到提高。如果有大量的空闲时间，多个电压等级就有助于找到接近最优的电压等级。然而，4 个电压等级通常已经能够给出好的结果。

存在许多这样的情形，任务的实际运行要比使用最坏执行时间预测的快得多。以上算法不能利用这一点。通过比较实际执行时间和最坏执行时间的检查点，这个不足可以被消除，之后，使用这些信息尽可能地调低电压[28]。另外，参考文献[454]中提出了多速率任务图中的电压调节。DVFS 可与衬底偏压（body biasing）[353] 等其他优化组合起来使用，衬底偏压是一种用于降低漏电流的技术。

7.4.2　动态电源管理

为了降低能耗，我们也可以利用一组节能状态。利用动态电源管理（DPM）的本质问题是：我们应在何时进入节能状态？较简单的方法是，只使用一个简单的定时器将系统切换到节能状态。更为复杂的方法是采用随机过程来建模空闲时间，并使用这些模型以便更为准确地预测子系统的使用。基于指数分布的模型已被证明是不准确的，足够精确的模型中应包括基于更新理论的那些模型[465]。

关于电源管理的全面讨论已在很多文献中被述及（例如，请参考文献[48, 339]）。也有一些高级算法，其通过将 DVS 和 DPM 集成到单个优化方法中来实现节能[466]。

为 DPM 分配电压并计算转换时间会是嵌入式软件优化的最后两步。

电源管理也与热管理相互关联。

7.4.3　MPSoC 的热管理

设计时的热行为规划会在可用性能方面留有很大的余地，因此，就需要在运行时检测温度。这意味着，在可能变得过热的系统中必须有热传感器。随后，这些信息被用来控制过多热量的产生，而且，可能也会对冷却机制形成影响。许多移动电话用户可能已经观察到了这一点：例如，当一部正在充电的移动电话已经变得过热时，通常的做法就是停止充电。控制风扇（存在的时候）可被认为是另一种热管理的情形。另外，如果系统温度已经超过了最大阈值，则可能会完全关闭系统。一些系统可能会降低时钟频率和电压。也还存在其他选项，例如，通过故意不使用某些可用硬件来降低性能。再比如，每个时钟周期发射更少的指令或者停止使用处理器的某些流水线等，这都是可能的。对于多处理器系统，任务会自动在不同处理器之间迁移。在所有这些情况下，"温度"这一目标是在运行时进行评估的，并且在运行时产生影响。在 Merkel 等 [373] 和 Donald 等 [130] 的研究中，避免过热是这些工作的目标。使用温度传感器来控制系统意味着正在创建一组控制环路。潜在地，该类环路可能会开始振荡。Atienza 等已经比较了不同控制策略的行为并得出这样的结论：相较于标准方法，一个高级环路控制算法可提供最好的结果，在更低的温度下获得更高的计算性能 [582]。有关这个控制循环的设计细节超出了本科生教材的范畴。

7.5 习题

我们建议在家或在翻转课堂的教学中解决如下这些问题。

7.1 循环展开是潜在有效的优化方法之一。请给出两个潜在的好处以及两个潜在的问题。

7.2 考虑如下程序：

```
1  #include<stdio.h>
2  #define DATALEN 15
3  #define FILTERTAPS 5
4  double x[DATALEN]={ 128.0, 130.0, 180.0, 140.0, 120.0,
5                      110.0, 107.0, 103.5, 102.0, 90.0,
6                      84.0, 70.0, 30.0, 77.3, 95.7 };
7  const double h[FILTERTAPS]={0.125,-0.25,0.5,-0.25,0.125};
8  double y[DATALEN]; // 结果;
9  int main(void)
10 {int i,n;
11   for(i=0;i<DATALEN;++i)
12 {y[i]=0;
13     for(n=0; n<FILTERTAPS; ++n)
14       if((i-n) >=0) y[i] +=h[n]*x[i-n];
15    }
16 for(i=0; i<DATALEN; ++i) printf("%.2f ",y[i]);
17 return 0;
18 }
```

请至少执行如下优化：

- 从最内层循环中移除 if（第 14 行）
- 循环展开（第 13 行）
- 常数传播
- 浮点到定点的转换
- 避免所有对数组的访问

请在每次转换之后都给出程序的优化版本，并检查结果的一致性。

7.3 假设你的计算机配置了一个主存储器和一个暂存存储器，每次访问的大小及所需要的能量如表 7-2 所示。

表 7-2 存储器特性

存储器	大小（字节）	每次访问的能量 (nJ)
暂存存储器	4096(4k)	1.3
主存储器	262 144（256k）	31

另外，假设我们正在访问表 7-3 所示的变量。

表 7-3 变量特性

变量	大小（字节）	访问次数
a	1024	16
b	2048	1024
c	512	2048
d	256	512
e	128	256
f	1024	512
g	512	64
h	256	512

假定使用一个静态、非覆盖的变量分配，这些变量中的哪一个应该被分配至暂存存储器？请使用整数线性规划（ILP）问题模型来选择变量，答案应该包括 ILP 模型和结果。可使用 lp_solve 程序 [15] 来求解这个 ILP 问题。

测　　试

8.1　范畴

测试的目的是保证所制造的嵌入式系统的行为符合预期。测试可以在制造期间或之后进行（制造测试），也可在系统被交付给客户之后进行（现场测试）。我们需要特别注意信息物理系统或物联网系统中的嵌入式系统测试，原因有如下几点。

- 集成到物理环境中的嵌入式系统可能是安全关键型的。由于它们产生故障可能会比办公设备出故障更加危险，因此对其产品质量的期望就要比非安全关键型系统的高。
- 时间关键型系统的测试必须验证时间行为的正确性。这意味着，只测试功能行为是不够的。
- 在真实环境中测试嵌入式 / 信息物理系统可能是很危险的。例如，测试核电站中的控制软件可能会引起严重而深远的问题。

测试准备应在设计阶段结束之前完成，更好的方法应尽早考虑对测试的必要支持，与设计过程交织在一起且将可测试性作为评估设计的目标之一。为了不与第 5 章重复，我们已将与测试有关的所有方面的内容全部移至本章。这里的阐述只考虑设计流末端的测试（见图 8-1），虽然在实际设计中尽早进行考虑会更加合适。然而，在早期考虑它并非总是常见的做法，因此，图 8-1 也可能对应一个实际的设计流。

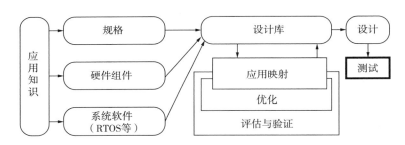

图 8-1　最后进行测试的设计流

测试中，通常将在设计系统（SUD）表示为**在测设备**（DUT）。我们采用一组选定的特定输入模式（称为 DUT 输入的**测试模式**），观察其行为并与期望的行为进行比较。测试模式常常应用于实际已制造的系统，测试的主要目的是找出未被正确制造的系统（制造测试）以及找出后期有故障的系统（现场测试）。

测试包括了若干个不同的动作。

1. 测试模式生成

2. 测试模式应用

3. 响应观察

4. 结果对比

8.2　测试过程

8.2.1　门级模型的测试模式生成

在测试模式生成中，我们尝试找出一组测试模式，以区分正常运行和非正常运行的系统。测试模式生成通常是基于**故障模型**的，该类故障模型是可能故障的模型。测试模式生成尝试根据某个故障模型为所有可能的故障生成测试。

固定故障（stuck-at-fault）模型是频繁使用的故障模型，基于这样一个假设：电路中的任何内部线路永久地连接到 0 或 1。我们已经观察到许多故障的实际行为就像某条线路被以这种方式永久地连接在一起。

示例8.1　作为示例，图 8-2[⊖]给出了所考虑的电路。

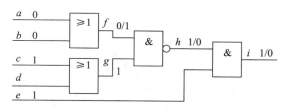

图 8-2　门级的测试模式

假设想要检查信号 f 是否存在固定为 1 的故障。为此目的，我们尝试通过设定 $a=b=0$ 将 f 设置为 0。因此，如果存在故障，f 就应该为 1；否则，其应该为 0。为了观察这个差异，我们必须将其传播至输出信号 i。要想做到这一点，我们必须将 e 设置为 1 且将 c 或 d 设置为 1。如果没有故障，h 和 i 将为 1，否则为 0。该测试模式涵盖了从输入 a 到 e 的所有值。D 算法可用于生成这样的测试模式[304]。　▽

用于测试模式生成的许多技术都是基于固定故障模型的，然而，CMOS 技术需要更为综合的故障模型。在 CMOS 技术中，故障可以将组合器件转换为具有内部状态的器件。如果线路断开了，就会出现这一问题（这种情况就是**固定开路故障**）。其结果是，晶体管的门可能变成断开的。这样的晶体管可能是导通也可能是不导通的，这取决于在线路断开之前门中所存储的电荷。在这种方式下，这个门会因存储电荷而"记住"了输入信号。此外，还可能有瞬态故障和延迟故障（改变电路延迟的故障）。延迟故障可能是由相邻线路之间的串扰所引起的，也存在考虑了该类硬件故障的故障模型[298]。

尽管存在面向硬件测试的良好的故障模型，但对于软件测试却并非如此。

8.2.2　自检程序

测试现代集成电路的关键问题之一是它们的引脚数量有限，这使得对内部组件的访问越来越困难。另外，对这些电路进行全速测试也正变得更加困难，因为测试装置必须至少要和电路本身一样快。许多嵌入式系统是基于处理器的，这一事实提供了走出这一两难境地的出路：处理器能够运行测试程序或诊断。几十年来，这种诊断方法已被用于测试大型主机。

⊖　请记住：与 ANSI/IEEE 91 相一致，符号 ≥1 和 & 分别表示或门（OR）和与门（AND）。

示例8.2　图 8-3 给出了可能由某些处理器所包含的组件。

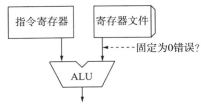

图 8-3　处理器硬件中的某段

为了测试 ALU 输入端的固定故障，我们可以执行一个小的测试程序。　　　▽

```
在寄存器文件中存储所有 '1' 的模式;
在常量 "0000...00" 和寄存器之间执行异或操作;
测试结果中是否包含一个 '0' 位;
如果是, 报告错误;
否则, 开始下一个故障的测试;
```

可以为其他故障生成类似的小型程序。然而，为主机生成诊断的过程主要是手动进行的。研究人员已经提出了一些自动生成诊断的方法 [51, 56, 66, 295, 299, 300]。

8.3　测试模式集与系统鲁棒性的评估

8.3.1　故障覆盖率

测试模式集的质量可以用**故障覆盖率**作为度量标准来评估。

定义 8.1　故障覆盖率是在一个给定的测试模式集中可以发现的潜在故障的百分比：

$$覆盖率 = \frac{给定测试模式集中可检测的故障数量}{因该故障模型可能出现的故障数量}$$

实际上，要达到好的产品质量，需要故障覆盖率至少为 98%～99%。在某些系统中，该类要求可能会更高。另外，对于特定的硬件组件（如电池）可能需要专门的故障模型。

除了达到高覆盖率，我们也必须达到高的**正确性覆盖率**。这意味着，必须识别出无故障系统。否则，通过将所有系统分类为有缺陷的，有可能达到 100% 的覆盖率。

为了增加现有系统校验的选项数量，有人提出在设计阶段就使用测试方法。例如，测试模式集可应用于系统的软件模型，以检查两个软件模型的行为是否相同。时间开销更大的形式化验证仅需适用于这种情形，即系统通过了基于测试的等价检验。

8.3.2　故障模拟

现在，完全预测故障出现时的系统行为或者分析性地计算覆盖率都是不可行的（将来也可能是不可行的）。因此，故障出现时的系统行为常常是被模拟的，这种类型的模拟被称为**故障模拟**。在故障模拟中，对系统模型进行了修改，以反映特定故障出现时的系统行为。

故障模拟的目标包括以下内容。

- 了解组件故障在系统级的影响（即检查故障是不是冗余的）

- 了解用于改进容错的机制是否实际有用

定义 8.2 如果故障不影响可观察的系统行为，那么就称这些故障是**冗余的**。

故障模拟要求系统对故障模型中所有可能的故障进行模拟，同时，也对大量不同的可能输入模式进行模拟。相应地，故障模拟是一个极耗时间的过程。为此，研究人员已提出了加速故障模拟的不同技术。

该类技术中有一种可应用于门级的故障模拟。在这种情况下，内部信号都是单位信号，这个事实使得我们能够将一个信号映射到模拟宿主机的某个机器字中的一位。之后，AND 和 OR 机器指令就被用于模拟布尔网络。然而，每个机器字中仅有一位被使用。使用并行故障模拟可以提升模拟的效率。

定义 8.3 如果同时模拟 $n > 1$ 个不同的测试，其中 n 是用作仿真处理器的机器数据类型所支持的位向量长度，那么，这个故障模拟就被称为**并行故障模拟**。

在 n 个测试模式中，每一个的值都被映射到机器的不同位的位置。随后，相同的 AND 和 OR 指令集的执行将模拟 n 个而非只是一个测试模式的布尔网络行为，前面述及的 AVX 指令对此非常有用。

8.3.3 故障注入

故障模拟对于实际系统可能会过于耗时。如果实际系统已经可用，那么，就可使用故障注入。在故障注入中，实际存在的系统被修改，并检验对系统行为的总体影响。故障注入并不依赖于故障模型（即使使用了它们）。因此，故障注入潜在地可以生成故障模型所不能预测的故障。

我们可以区分两种类型的故障注入。

- 系统中的本地故障
- 环境中的故障（其行为并不对应于规格）。例如，我们可以检查系统在指定温度或辐射范围以外运行时的行为会是什么样的。

可用于故障注入的方法有很多种。

- 硬件层的故障注入：示例包括引脚操作、电磁与核辐射
- 软件层的故障注入：示例包括翻转存储器的某些位等。

故障注入的质量取决于"探测效应"：探测可能会对系统行为造成影响，这个影响应尽可能地小且本质上是可以忽略不计的。

根据 Kopetz[292] 给出的实验报告，本质上基于软件的故障注入和基于硬件的故障注入同样有效。核辐射是一个显而易见的例外，它可能产生其他方法所不能生成的错误。

8.4 可测试性的设计

8.4.1 动机

8.2.1 节已经阐述了布尔电路的测试模式生成的思想。对于实现状态机（自动机）的电路，测试模式生成会更有难度。验证两个状态机是否等价可能需要复杂的输入序列[290]。

示例8.3 为了方便起见，图 8-4 再次给出了图 2-55 所示的状态图：假设我们想要测试从状态 C 到状态 D 的迁移，这要求我们首先通过使用输入模式的适当序列进入状态 C。假设从默认状态开始，因此必须生成一个包括信号 g 和 h 的序列。接下来，我们必须生成输

入事件 i 并检查是否生成了输出 y。另外，需要检查是否到达了状态 D，可以应用输入信号 j 并检查是否生成了输出 z。不过，我们仍然不能确定是否真正到达了状态 D。可能存在一个故障，对于来自不同状态的迁移，其导致了 z 的生成。这个过程相当复杂，会占用大量时间，且易于受到其他错误的干扰。尽管如此，这个过程可能会更为复杂，因为示例中的整个测试都由 FSM 中包含一个线性迁移链的事实给简化了（见本章的习题）。   ▽

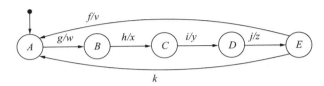

图 8-4　待测的有限状态机

这个示例说明，如果测试仅是在事后进行的，那么测试系统可能会非常复杂。为了简化这些测试，可以采用专用硬件，以使得测试变得更加容易。面向更好可测试性的设计过程被称为**可测试性设计**（DfT）。用于测试有限状态机的专用硬件就是一个突出的例子。

8.4.2　扫描设计

使用**扫描设计**（scan design）可以极大地简化到达某些状态并观察从应用输入模式中所得的状态。在扫描设计中，所有存储状态的触发器被连接在一起，形成了串行移位寄存器（见图 8-5）。

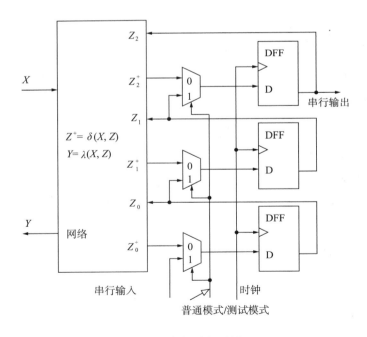

图 8-5　扫描路径设计

这个电路包括 3 个 D 型触发器 DFF 且在每个触发器的输入端都有一个多路复用器。通过控制多路复用器的输入（位于多路复用器输入的底端），我们可以将触发器连接到生成下一个状态的网络，这个状态来自当前状态和输入，或者，我们也可以将触发器连接成一个串行链。将这些多路复用器设置为扫描模式，我们就可以将一个又一个状态位加载到扫描链中（每个时钟节拍一位）。在这种方式下，我们也可以将任何状态串行地加载到这3个触发器中。在第二阶段，我们可以将一个输入模式应用到FSM，同时这些多路复用器应被设置为正常模式。在下一个时钟节拍，FSM将处于一个新的状态。再次使用串行模式（每个时钟节拍一位），在第三个及最后阶段，这个新状态就可被串行移出。其净效应在于，我们无须担心如何进入特定状态，以及当我们正为FSM生成测试的时候如何观察对下一个状态计算的布尔函数δ是否已正确实现。实际上，我们正在处理基于状态的系统，这一事实仅对两个（简单的）移位阶段有影响，而且，面向（无状态）布尔网络的测试模式生成可用于检查正确的输出。这意味着，对布尔函数使用测试模式生成方法就够了，而不用关心复杂的输入序列等。

扫描设计是对单个芯片运行良好的一种技术。对于板级集成而言，则需要使用连接多个芯片的某些扫描链技术，JTAG就是为此设计的标准。该标准定义了所有芯片边界处的寄存器、一组测试引脚以及控制命令，这样一来所有芯片都可连接到扫描链中。JTAG也被称为边界扫描[425]。

8.4.3　特征分析

同样，为了避免移出在测设备（DUT）的响应，这些响应可被压缩。类似于图8-6所示流程的配置可用于此目的。

图 8-6　在测设备（DUT）的测试

生成的测试模式可用作DUT的输入（或称为激励）。之后，DUT的响应被压缩为**特征**（signature）的形式，其刻画了该响应的特性。随后，将该响应与期望响应进行比较，期望的响应可由模拟计算得出。

通常使用线性反馈移位寄存器（LFSR）以及带有XOR反馈的移位寄存器进行压缩。

示例8.4　图8-7给出了一个4位LFSR（见图8-7a）以及相应的状态图（见图8-7b）[304]。

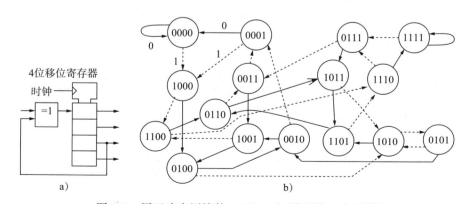

图 8-7　用于响应压缩的LFSR。a）原理图；b）状态图

虚线表示输入 1，实线则表示输入 0。这个选定的反馈会生成所有可能的特征。在测试期间，被测系统的响应会发送到 LFSR 的输入端。之后，LFSR 将生成反映该响应的特征。　▽

由于是存储特征而不是所有响应，多个响应模式可被映射到同一特征上。那么，从一个不正确响应获得一个正确特征的概率有多大？

一般而言，一个 n 位特征生成器可以生成 2^n 个特征。对于在测系统的一个 m 位响应，我们能做到最好的就是将 $2^{(m-n)}$ 个响应平均地映射到一个相同的特征。假设我们希望对系统的正确响应生成某个特征，那么，$2^{(m-n)}-1$ 个不正确响应也将被映射到这个相同的特征上。如果响应的长度是 m 位，就总共会有 2^m-1 个不正确的响应。因此，将一个不正确响应映射到正确特征（假设模式被平均映射到一组特征）的概率就是

$$P = \Pr\left(\frac{\text{映射到相同特征的其他模式}}{\text{其他模式的总数}}\right) \tag{8.1}$$

$$= \frac{2^{(m-n)}-1}{2^m-1} \tag{8.2}$$

$$\approx \frac{2^{(m-n)}}{2^m} \quad m\gg n \text{时} \tag{8.3}$$

$$\approx \frac{1}{2^n} \quad m\gg n \text{时} \tag{8.4}$$

这意味着，如果移位寄存器很长，那么从一个不正确测试响应生成正确特征的概率会非常小。例如，实际移位寄存器的长度是 32 位。尽管如此，仍然有可能为错误的输入得出正确的特征，相应的效应被称为**混叠**（aliasing）。我们建议读者至少要对关键应用进行细致的混叠分析。

8.4.4　伪随机测试模式生成

对于带有大量触发器的芯片，移入测试模式可能会占用大量时间。为了加速芯片上的模式生成过程，有人已提出在芯片上集成生成测试模式的硬件。当芯片外部的访问带宽远低于芯片内部带宽的时候，这种方法特别有用。

例如，伪随机模式（也是由 LFSR 生成的）可用作测试模式。这种方法通常比将模式存储在表中需要更少的芯片空间。

示例8.5　我们可将图 8-7 所示的电路修改为图 8-8 所示的形式。该电路生成所有可能的测试模式，全部为零的模式除外。　▽

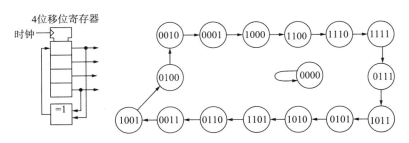

图 8-8　用于测试模式生成的线性反馈移位寄存器

必须避免由全零构成的模式，因为一旦到达这个模式，生成器将会在这里卡住。相比于简单的计数器，其生成的模式通常能够更好地测试系统。

8.4.5　内置逻辑块观察器

内置逻辑块观察器（BILBO）[286] 是一种结合了测试模式生成、测试响应压缩以及串行扫描能力的电路。图 8-9 给出了一个带有 3 个 D 型触发器的 BILBO。

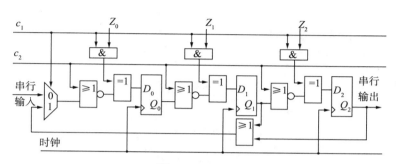

图 8-9　BILBO

BILBO 寄存器的模式如表 8-1 所示。图 8-9 所示的 3 位寄存器可以位于扫描路径、线性反馈移位寄存器（LFSR）以及普通模式中。在 LFSR 模式中，它可用来生成伪随机模式或者压缩输入（$Z_0 \sim Z_2$）生成的响应。在这种情况下，压缩是基于并行输入的，而不是我们目前考虑的串行输入。并行输入的压缩目的与行为都与串行输入的类似。

表 8-1　BILBO 寄存器模式

c_1	c_2	D_i	注释
0	0	$0 \oplus \overline{Q}_{i-1} = \overline{Q}_{i-1}$	扫描路径模式
0	1	$0 \oplus \overline{1} = 0$	复位
1	0	$Z_i \oplus \overline{Q}_{i-1}$	LFSR 模式
1	1	$Z_i \oplus \overline{1} = Z_i$	普通模式

通常，BILBO 以配对方式来使用（见图 8-10）。

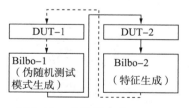

图 8-10　交叉耦合的 BILBO

一个 BILBO 生成一组伪随机测试模式，并将这些模式输入给某个布尔网络。随后，布尔网络的响应被连接到该网络输出端的第二个 BILBO 所压缩。在测试序列的结尾，压缩的响应会被串行移出并且与期望的响应进行比较。期望的响应可由模拟计算得出。

在第二个阶段，可以交换两个 BILBO 的作用。在该阶段，采用了图 8-10 所示的虚线连接。在普通模式中，BILBO 可用作状态寄存器。

DfT 硬件在建立硬件原型及调试期间非常有用。在最终产品中提供 DfT 硬件也是非常有用的，因为硬件制造从来不会有零缺陷率。测试制造的硬件会极大提升产品的总成本，而降低这些成本的机制也受到了所有公司的高度认可。

8.5 习题

8.1 考虑图 8-2 所示的电路。请为信号 h 上固定为 0 的故障生成一个测试模式。

8.2 哪个状态图对应于图 8-11 所示的 LFSR？

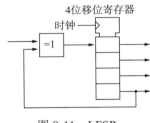

图 8-11 LFSR

8.3 为图 8-4 所示的 FSM 指定测试模式以及期望的响应，这些模式必须被指定为测试模式与期望响应对的序列。图 8-4 所示的事件可用作测试模式。假设该 FSM 在上电后将处于默认状态，请给出对所有迁移的完整测试。请注意，特定的 FSM 链状结构将会简化测试。

整数线性规划

整数线性规划（ILP）是适用于大量优化问题的数学优化技术。

ILP 模型提供了建模优化问题的一般方法。ILP 模型由两部分构成：一个成本函数和一个约束集，这两部分涵盖了对整数值变量集 $X=\{x_i\}$ 的引用。成本函数必须是这些变量的线性函数。因此，它们必须具有如下一般形式：

$$C=\sum_i a_i x_i \quad 其中 a_i \in \mathbb{R}, x_i \in \mathbb{N}_0 \tag{A.1}$$

约束集 J 也必须由整数值变量的线性函数构成，它们必须具有如下形式：

$$\forall j \in J: \sum_i b_{i,j} x_i \geq c_j \quad 其中 b_{i,j}, c_j \in \mathbb{R} \tag{A.2}$$

定义 A.1 **整数线性规划（ILP）** 问题是根据式（A.2）给定的约束来最小化式（A.1）中成本函数的问题。如果所有变量都被限定为 0 或 1，那么，相应的模型就被称为 **0/1 整数线性规划模型**。在这种情况下，变量也表示为**（二元）决策变量**。

请注意，如果常量 $b_{i,j}$ 被相应地进行了修改，就可用 $\leq$ 替代式（A.2）中的 $\geq$。另外，可通过乘以常数 -1 将负变量 x_i（例如，允许 x_i 取任何整数值）转换为上述非负变量。对于需要**最大化**某个**收益**函数 C' 的应用，可以通过设置 $C=C'$ 的方式来转换为上述形式。这些公式可由约束对来表示，但它们通常用来消除某些变量。

例如，假设 x_1、x_2 和 x_3 必须是整数，如下的公式组表示了一个 0/1-IP 模型：

$$C=5x_1+6x_2+4x_3 \tag{A.3}$$

$$x_1+x_2+x_3 \geq 2 \tag{A.4}$$

$$x_1 \leq 1 \tag{A.5}$$

$$x_2 \leq 1 \tag{A.6}$$

$$x_3 \leq 1 \tag{A.7}$$

由于这些约束，所有变量要么为 0 要么为 1。这里有 4 个可能的解，如表 A-1 所示，其中开销为 9 的解是最优的。

表 A-1　所给 ILP 问题的可能解

x_1	x_2	x_3	C
0	1	1	10
1	0	1	9
1	1	0	11
1	1	1	15

ILP 是线性规划（LP）的一个变体。对于线性规划，变量可以取任意实数值。使用数学规划技术，可以对 ILP 和 LP 模型进行优化求解。但令人遗憾的是，ILP 是 NP 困难的（而 LP 不是），并且 ILP 的执行时间可能会变得很大。

虽然如此，只要模型的规模不是很大，ILP 模型对于建模优化问题仍然是很有用的。将优化问题建模为整数线性规划问题是有意义的，尽管问题很复杂，因为许多问题能在可接受的执行时间内被求解，如果不能，ILP 模型也为启发式求解提供了好的起点。执行时间依赖于变量的数量以及约束的数量与结构。好的 ILP 求解器（如 lp_solve[15] 或 CPLEX）可以在可接受的计算时间内（如分钟量级）求解包含几千个变量的结构良好的问题。关于 ILP 和 LP 的更多信息，请参阅关于本主题的相关书籍（如 Wolsey[566]）。

基尔霍夫定律与运算放大器

我们在对 D-A 转换器的讨论中提及了一些关于运算放大器的基础知识，计算机科学专业的学生常常缺乏这些知识，因此，很有必要在本附录中对必要的基础知识进行阐述。这些基础知识要求学生要理解基尔霍夫定律，在本附录中也将提醒学生注意这一点。

基尔霍夫定律

基尔霍夫定律为分析电路提供了一种方法。第一个法则是基尔霍夫电流定律，也被称为基尔霍夫结点法则，或者基尔霍夫第一定律。该法则适用于图 B-1 所示的结点。

定理 B.1（基尔霍夫电流定律） 对于电路中的任意一点，流向该点的电流之和等于从该点流出的电流之和[261]。形式化地，对于电路中的任何节点，我们有：

$$\sum_k i_k = 0 \tag{B.1}$$

如果以式（B.1）所示的形式使用基尔霍夫定律，则由离开节点方向的箭头表示的电流被当作负值进行计算，而且这个计算与电子实际的流动方向无关。

示例B.1 对于图 B-1 所示的电流，我们有

$$i_1 + i_2 - i_3 + i_4 = 0 \tag{B.2}$$

$$i_1 + i_2 + i_4 = i_3 \tag{B.3}$$

这种不变性的存在是由于电荷守恒，若没有这个法则的话，总的电荷数将不会保持恒定，且电压也会增加。

基尔霍夫第二法则适用于电路中的环路，也被称为基尔霍夫电压定律、基尔霍夫循环法则或基尔霍夫第二定律。图 B-2 给出了一个示例。

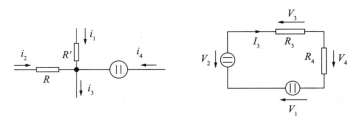

图 B-1　电路的一个结点　　　　图 B-2　电路中的环路

定理 B.2（基尔霍夫电压定律） 任何闭合电路中的所有元件的电位差（电压）之和必须为零[261]。形式化地，对于电路中的任何环路，我们有：

$$\sum_k V_k = 0 \tag{B.4}$$

如果设定电压沿着环路中的箭头方向通过，则必须将其记为负的。

示例B.2 对于图 B-2 所示的原理图，我们有

$$V_1 - V_2 - V_3 + V_4 = 0 \qquad (B.5)$$

这个不变性的潜在原因是能量守恒。如果没有这个法则，我们将在环路中增加电荷，电荷将会积累能量且不消耗其他地方的任何能量。

一般而言，这与电子的实际流动方向以及两个端子中某个端子相对于另一个端子是否是正的都并不相关。可以任意方式选择箭头，我们只是要必须确定，在应用基尔霍夫定律时要遵守箭头的方向。如果通过元件的电压和电流的箭头指向相反方向，那么，用于该元件的公式就必须要考虑这一点。

示例B.3 对于图 B-2 所示的电阻 R_3，欧姆定律可表示为如下形式，这是由于电压和电流箭头的方向是相反的：

$$I_3 = -\frac{V_3}{R_3} \qquad (B.6)$$

当然，我们通常会尝试定义电压和电流的方向，这样就可以避免出现太多的负号。

运算放大器

在电子产品中，常常需要放大某个信号 $x(t)$，以获得某个放大的信号 $y(t) = a \cdot x(t)$（$a > 1$），其中 a 被称作**增益**。为每个增益设计不同的电路是非常艰苦的工作。因此，设计人员常常使用通用放大器，其可根据具体的增益需求进行配置。这样的通用放大器被称为**运算放大器**，简写为 op-amp（简称运放）。运算放大器中所设计的最大增益一般都很大。我们可通过选择电路中放置在运算放大器周围的硬件元件值来调整所需的实际增益。

更确切地讲，运算放大器是一个具有两个输入信号和一个输出信号的器件。另外，至少还有两个电源（见图 B-3）。

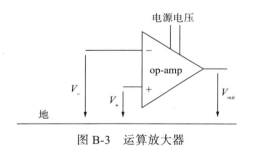

图 B-3　运算放大器

运算放大器用增益 g 放大两个信号输入端相对于地的电压差：

$$V_{out} = g(V_+ - V_-) \qquad (B.7)$$

g 被称为**开环增益**且通常非常大（$10^4 < g < 10^6$）。对于一个理想的运算放大器，g 趋于无穷。此外，运算放大器通常具有非常高的输入阻抗（$> 1\mathrm{M}\Omega$）。因此，我们通常可以忽略信号输入端的电流。对于一个理想的运算放大器，输入端阻抗是无穷大的且输入电流为零。

运算放大器作为独立集成电路以及其他集成电路中的器件已被使用了几十年，且可根据速度、电压范围、电流驱动能力以及其他特性对其进行区分。通过使用外部电阻，就可以选

择电路的实际增益。图 B-4 给出了实现方式。

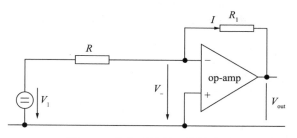

图 B-4　带有反馈的运算放大器

在两个信号输入端之间任何小的电压都会被一个大的因子所放大。通过电阻 R_1，所得到的输入出端电压会被反馈。反馈是反相输入的，因此，任何的正电压 V_- 都会产生一个负电压 V_{out}，反之亦然。这意味着，该反馈将对输入电压起作用，而且，由于放大倍数很大，其作用会很强。因此，反馈将降低输入端引脚处的电压。问题在于：降低了多少？我们可以使用基尔霍夫法则来求出所得到的电压 V_-（见图 B-5）。

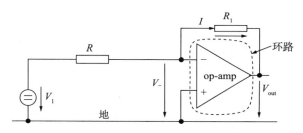

图 B-5　带有反馈的运算放大器（标注了环路）

由于运算放大器的特性，我们有

$$V_{out} = -gV_- \tag{B.8}$$

对于图 B-5 中虚线所示环路使用基尔霍夫定律，我们有

$$IR_1 + V_{out} - V_- = 0 \tag{B.9}$$

请注意，我们为 V_- 增加了负号，这是因为我们沿着箭头的方向遍历了环路的一段。由式（B.8）和式（B.9）我们可以得出

$$IR_1 + (-g)V_- - V_- = 0 \tag{B.10}$$

$$(1+g)V_- = IR_1 \tag{B.11}$$

$$V_- = \frac{IR_1}{1+g} \tag{B.12}$$

$$V_{-,\,ideal} = \lim_{g \to \infty} \frac{IR_1}{1+g} \tag{B.13}$$

$$= 0 \tag{B.14}$$

这意味着，对于一个理想的运算放大器，V_- 为 0。鉴于此，反相信号的输入端被称为**虚拟接地**。尽管如此，该输入不能被连接到地，因为这会改变电流。

图 B-4 所示电路的实际增益的计算已被列为第 3 章中的一道习题。

分页与内存管理单元

在本部分，我们讨论管理内存的一项基本技术。在较简单的系统中，物理内存的寻址方式使用（汇编语言）程序员所见的地址。从硬件技术的视角来看，这种方法是非常容易实现的。然而，这种方法在使用内存方面也有不足。例如，对象到内存的分配是静态的，需要在实际分配内存之前估计存储对象的大小。

当我们将（汇编语言）程序员所见的内存地址和用于寻址物理内存的地址进行区分时，就可以获得更多的灵活性。程序员所见的地址被称为**虚拟地址**，内存中所见的地址被称为**实地址**或**物理地址**。

对于名为**分页**的内存组织，我们将虚拟地址空间分为相同大小的组块，并称为页。这些页的大小是 2 的幂，如 2k 字节或 4k 字节等。因此，虚拟地址是由寻址特定页的位和在页内寻址一个字或字节的那些位构成的。第一组位被称为页号，第二组被称为偏移。

物理内存被分区为具有相同大小的**页帧**。

映射表（被称为页表）包含了将页号映射到物理内存中相应起始地址的信息。对于虚拟地址和实地址，偏移都是相同的（见图 C-1a）。

这允许更加动态地进行内存分配。连续的虚拟地址范围无须被分配至实际内存的连续地址范围中，支持更加自由的分配（见图 C-1b）。特定的内存对象（如栈）可以以页大小的倍数增加或缩小。

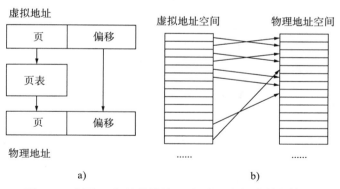

图 C-1　分页：a）地址转换；b）地址空间映射的效果

可能存在多个虚拟地址空间，例如在操作系统管理下，每个进程有一个地址空间。这种情况下，必须在上下文切换期间设置相关的页表。从虚拟地址到实际地址的实际映射通常是在内存管理单元（MMU）中执行的，MMU 位于处理器与存储器之间，将虚拟地址转换为实地址。在其运行期间，MMU 需要知道页表的内容。页表可能会很大，因此，快速缓冲区可用作访问页表的专用高速缓存。这些快速缓冲区被称为**地址变换高速缓存**（也称快表，Translation Look-aside Buffer，TLB）或者**地址翻译存储器**（Address Translation Memories，ATM）。假设 TLB 中存放了虚拟地址和实地址间常用对应项的副本。

对于 PC，该方法常与**按需分页**组合起来使用，例如，按照需要从较慢的后台存储器中获取当前不在主存中的页帧。按需分页在嵌入式系统中并不常用，这通常是因为没有可用的后台存储器。"分页"一词常用于我们所称的按需分页。然而，对于嵌入式系统而言，将分页作为将虚拟地址映射到实地址的一种方法与从后台存储器中自动获取信息的分页进行区分是非常重要的。

除了上述原因，分页对于内存保护也是非常有用的。页表项一般包含一些位，这些位用来说明该表项所对应内存的访问权限。常见的权限位包括读、写和执行权限，这些保护位使得系统设计人员能够在不同任务或进程之间隔离彼此的内存空间，也有助于保护操作系统免受由任务或者尝试破坏系统防护安全的恶意进程所发起的错误内存访问所造成的影响。尤其是在网络化嵌入式系统的环境中，后者正日益变得相关，正如在物联网应用中所使用的那样。

关于内存管理的更多信息，请参考计算机体系结构的相关书籍[205]。